给苏茜，她令此行得成

无疑是大海
拥有宇宙间最美的面孔。

——玛丽·奥利佛《浪》

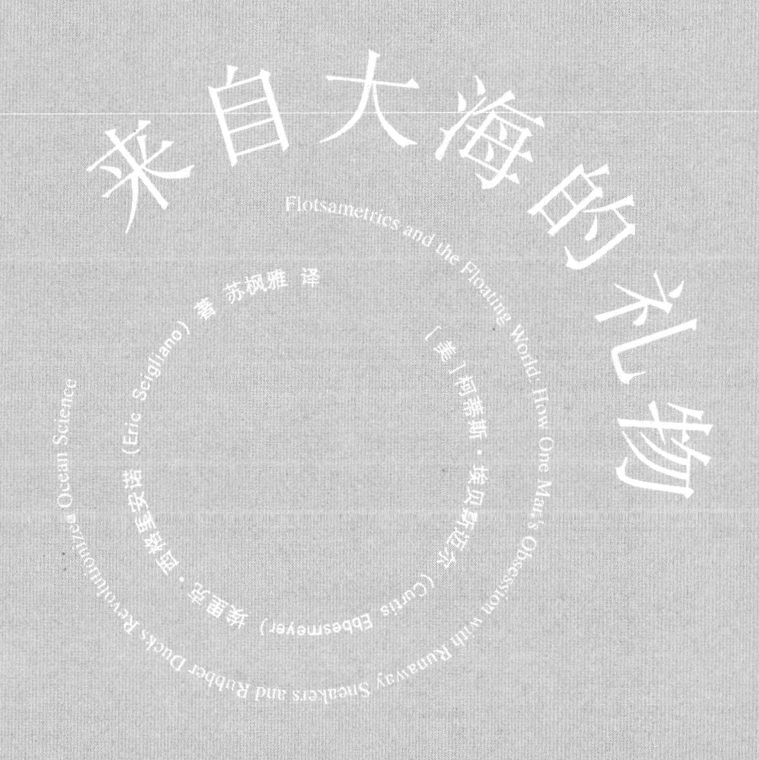
来自大海的礼物
Flotsametrics and the Floating World: How One Man's Obsession with Runaway Sneakers and Rubber Ducks Revolutionized Ocean Science
［美］柯蒂斯·埃贝斯迈尔（Curtis Ebbesmeyer） 埃里克·西格里亚诺（Eric Scigliano）著 苏枫雅 译

中国大百科全书出版社

图书在版编目（CIP）数据

来自大海的礼物 /（美）埃贝斯迈尔，（美）西格里安诺著；苏枫雅译．-- 北京：中国大百科全书出版社，2012.8

ISBN 978-7-5000-8970-4

Ⅰ．①来… Ⅱ．①埃… ②西… ③苏… Ⅲ．①海流—普及读物 Ⅳ．① P731.21—49

中国版本图书馆 CIP 数据核字（2012）第 167507 号

出　　品　北京全景地理书业有限公司
出 品 人　陈沂欢
策　　划　董佳佳
责任编辑　徐世新 韩小群 杨朝霞 马晓茹
地图编辑　程　远
责任印制　乌　灵
装帧设计　何 睦 韩 捷

出　　版　中国大百科全书出版社（北京西城区阜成门北大街 17 号 100037）
　　　　　网址：http://www.ecph.com.cn 电话：(010) 88390718
发　　行　新华书店总经销
印　　刷　北京华联印刷有限公司
开　　本　720mm × 1000mm 1/16
印　　张　15
字　　数　160 千字
版　　次　2012 年 10 月第 1 版
印　　次　2012 年 10 月第 1 次印刷
书　　号　ISBN 978-7-5000-8970-4
审 图 号　GS（2012）204 号
图　　字　01-2012-6811
定　　价　35.00 元

目录｜CONTENT

序：研究海洋漂流物的奇人

曾获普利策新闻奖的专栏作家巴里（Dave Barry）经常回忆自己崭露头角时，做负责报道污水处理新闻记者的生涯，但他并不是唯一喜欢回顾那条枯燥采访线的新闻工作者。

你大可说这是执迷，但我觉得这个领域其实非常令人关注，情况似乎非常严重，西雅图及邻近的城镇，都把污水排入美丽、富饶却又脆弱不堪的皮吉特湾（Puget Sound）。

另外一个原因是，我跟其他一起采访报道这件事的人，都可以向柯蒂斯·埃贝斯迈尔（Curtis Ebbesmeyer）讨教。这位海洋学家可以解释峡湾里的水是如何流动的，告诉你丢入峡湾的东西是否会冲进大海。他总是乐于随时分享自己知道的一切，并且道理讲得深入浅出。

我和埃贝斯迈尔离开了污水处理领域后，经常在报纸上读到旁人引述的埃贝斯迈尔讲过的话，或是听到他在电台做访谈。话题变得越来越诡异：散落到海里的货柜、运动鞋"海啸"、一群群落海漂浮的橡皮小鸭、漂流的尸体，甚至还有断掉的腿。

可是，无论这些东西是多么奇怪，却都有一个共同特征：它们都在海上漂浮，而且有时漂浮的距离之远令人难以置信，漂浮的过程也显示了海洋的错综复杂，其复杂程度就像钟表和活生生的生物。

许多人认为海洋是变化万千的，但是对大多数人而言，这说法只是个比喻或直觉印象而已。对埃贝斯迈尔而言，海洋是实实在在的存在，研究海洋就应该像生理学家解释身体的运作方式，或者像医生诊断病情一样。

就像一位好医生懂得不放过任何一条与疾病有关的线索一样，埃贝斯迈尔也是如此，其他人视为垃圾的，他却能从中发现有用的信息。正如他所说的，每一件漂浮物都有自己的故事，而这些小小的故事都是伟大的海洋故事里的点点滴滴。只要你不畏艰险，细心观察，有好奇心，就可以一起挖掘这些故事。

我曾在“海滩拾荒同乐会”上，亲眼看见埃贝斯迈尔如何用自己的好奇心感染其他人，带给众人极大的启发。这个同乐会定在每年刮狂风的三月举办，地点在华盛顿州度假胜地海滨市（Ocean Shores）。有的科学家可能会把参加这类活动的人视为疯子，的确海滩拾荒者就像集邮者或玩偶收藏家一样，狂热地寻找他们的漂流藏品。可是，埃贝斯迈尔却把这些人当做海洋漂浮物研究员——一群未经琢磨、有潜力的新兵，将来可能组成一支世界级的队伍，担任漂浮物发现者和海洋观察员的角色。

海滨市每年“海滩拾荒同乐会”的高潮就是“垃圾争夺战”——大地寻宝兼净滩活动。许多“垃圾争夺者”分散在绵延的沙滩上，把黑色垃圾袋装满，然后围拢到埃贝斯迈尔身边。

“垃圾争夺者”一个接着一个展示自己的战利品。埃贝斯迈尔将东西摊开，仔细打量，耐心解释每件“瑰宝”所代表的意义：这条塑料管子是生蚝的插植杆，从日本的养殖场脱落了漂流过来的；那个锯齿状的黑色塑料锥形物是盲鳗（一种生活在海底，像鳗鱼的食腐动物）捕捉器的盖子；这些化学荧光棒是绑在几千米的长线钓钩上，用来吸引剑鱼和大比目鱼的；你能够在大潮把东西拖回海里之前捡到这一小块渔网，真是件好事，这样就能少让一只海豹或海鸟被勒死；这个垃圾袋……只要一个就足以让海龟误以为是水母，误吞而被噎死。还有，这是什么怪东西啊？

埃贝斯迈尔习惯性地弓着背向前倾，并且此时比平时向前倾得更低，好听得见小朋友问的问题。弯腰的姿势显露出他习惯——长时间仔细审视漂浮物分布图和瓦砾遍布的沙滩，他的姿势又像是一只伸长脖子嗅食物的熊。

埃贝斯迈尔是个高大魁梧的壮汉，一头天生浓密蓬乱的白发，流露出与年龄不协调的孩子气；胡子遮住面颊和下巴，尽管剪短了，却仍让他透露出圣诞老人的特点，脸上大大的笑容和眼镜后发亮的双瞳，更是加深了这种印象。他的穿着是典型的西雅图休闲打扮：卡其裤、舒适的鞋子、宽松的素色毛衣，再套上轻薄连帽风衣，正适合走在西北的海滩上。

别人经常误以为埃贝斯迈尔是大学教授，其实他在拿到博士学位之后，就投入到更广阔的世界。比起在勾心斗角的学术圈子里打转，晃动的船舶和忙乱的钻井平台更让他感到心旷神怡。

埃贝斯迈尔耐心倾听别人说话，对所有事情都充满好奇心，而他周围的人就像海上的漂浮物一样，经常告诉他一些令人始料未及的事情。他说话时，为了强调所说的重点，会稍作停顿，睁大眼睛，抬高眉毛，仿佛被自己的鲁莽吓了一跳，等对方表示赞成或反驳后，才继续说下去。当听到好消息和有趣的想法时，他会大叫一声，"酷！"然后以 20 世纪 60 年代的方式与对方握手。不知为何，这位 65 岁海洋学家的这些举动，不会让你感觉过时或做作，而是更多的显露出他的热情与和蔼可亲。

埃贝斯迈尔有一副温和的嗓音，粗哑低沉，并不是典型演讲者特有的那种声音，但却能吸引听众，而他的听众也确实不少。尽管别人给予的尊称会让他脸红，可是对那群海滩拾荒人、海洋观察员以及业余"漂浮物学家"而言，他正是一位大师、一位先知、一位教导他们解读漂浮物并且要爱惜海洋的人。埃贝斯迈尔却坚持认为那些人才是他的导师。

在海岸市的"海滩拾荒同乐会"上，我跟开朗的青年安德烈·哈特，还有他的妻子和母亲聊天。对他们而言，海滩拾荒并不是副业或消遣，而是一条"救生索"。

1993 年，安德烈不幸被一个醉酒的人驾驶的车撞伤，头部受到严重创伤，陷入长期昏迷的状态。安德烈的母亲蒲莉丝拉说："安德烈苏醒后的那几年，找不到可以参与或能使他乐在其中的事物，于是我们就带他来参加海滩拾荒。现在的他完全投入其中，早上四点就起床。他的生活就围绕着海滩拾荒和他自己转。"蒲莉丝拉看了一眼正在检查垃圾的埃贝斯迈尔，继续对我说道："一开始，我们做的只是捡垃圾，后来受到埃贝斯迈尔博士的启发，我们才开始从垃圾里看见更多的东西。"

现在他们正在讨论要卖掉房子买一辆野营车，全年追着暴风雨和漂浮物行驶。

安德烈一家人从埃贝斯迈尔的身上收获知识，我们作家也获益匪浅。许多人以漂流的运动鞋和玩具为主题著书立说，有些人甚至挪用了埃贝斯迈尔的想法，或是采纳了这些想法却完全不知道出自何处。北太平洋的大型“垃圾带”(garbage patch)，已经是耳熟能详的词汇，却很少有人记得这个词汇是埃贝斯迈尔喊出来的。

然而那些人能够分享的，只不过是冰山之一角。埃贝斯迈尔最令人兴奋、最原汁原味的作品，依旧埋在学术期刊或地下室堆积如山的档案里。就连埃贝斯迈尔都觉得，要将所有漫无边际的想法和研究资料整合成有条理的文章，是一件令人望而却步的任务，用他的话说：“简直像用消防水龙头取水喝一样。”

我很荣幸能协助完成这本书，跟埃贝斯迈尔一起遨游在漂浮物的世界里。

埃里克·西格里安诺（Eric Sciglian）

2008年7月31日，写于西雅图

OCEANOGRAPHIC RESEARCH VESSEL ALGUITA
ALAMITOS BAY

1 | 追逐海水的流转

我是个没受过什么教育的穷小子，
一块漂流的浮木。

1990 年 5 月 27 日的凌晨，“汉撒船运号”货轮在从首尔到西雅图的北太平洋上，遇上一场突如其来的暴风雨，结果，就跟大多数的货轮一样，损失了一些捆绑在高处甲板上的货柜。21 个 12 米长的货柜，挣脱了捆绑，落入大海。有 5 个货柜里，装满高价的耐克运动鞋，准备运往美国的篮球场和街市。其中，一个货柜沉入海底，另外 4 个货柜裂开，61820 只鞋子倾泻进海里，进入漂浮物的巨流当中。这条巨流无所不有，从情趣玩具到电脑屏幕样样都有，全来自每年落入大海的近一万个货柜。

1991 年 6 月初，我像往常一样，顺道去西雅图的父母家，吃个午饭，聊聊最近的新闻。

母亲喜欢替我剪报，她帮我从报纸上剪下了一则快讯，快讯报道了一个奇特的现象：上百只耐克球鞋被冲上了加拿大不列颠哥伦比亚（British Columbia），美国华盛顿州、俄勒冈州的太平洋沿岸（俄勒冈州恰好是耐克的家乡），这些鞋子几乎是全新的，只不过沾了些海草和藤壶。一个新兴市场由此诞生：住在海边的居民先是把还可以穿的鞋子清洗、漂白一番，去除在海洋中漂浮的痕迹，然后举办换鞋聚会，凑出可配对的球鞋。

至于鞋子是如何漂到海岸上的，详细情形很模糊，近乎无迹可循，这引起了我母亲的好奇。“这不就是你学的东西吗？”她问道，跟往常一样以为她的海洋学家儿子对大海无所不知。“我会研究研究。”我回答道。

于是我开始研究，从此就再也没停过。经过了 17 年，看过成千上万的鞋子、泡澡玩具、曲棍球手套、人的尸体和古物等各种漂浮物之后，我仍在观察研究。

自有航海以来，一直都有类似的东西掉落海里，然后被冲上岸。如果你将漂流木、火山浮石及其他漂在海上的天然物质全都算进去，那么漂浮物的历史已经有几十亿年了。一般来说，漂浮物很快就会从人的记忆消失，但是，海洋的记忆却并非如此，稍后你就会明白这一点。如果我母亲没有问我，如果我没有准备好去发现那道开启的研究之门，也许"运动鞋大外泄"事件终究只是为海滩拾荒史增添了一件有趣的事而已。

直到现在我才领悟到，我这一生仿佛就为准备迎接这次运动鞋外泄事件所带来的谜团。至于成千上万散落在海里的运动鞋，则成了一次从天而降的大规模科学实验（由耐克全额赞助，但是他们可能并不知情），也成为一个通往海洋最深层秘密的偶发窗口。从挪威到新西兰，遍布全球的海滩拾荒义工，都以这些运动鞋为中心，积极搜索和记录那些冲上各地海岸的漂浮物。

这些远洋上的漂浮物，提供了一个观察海洋的新角度，你可以称它为"漂浮物度量学"（flotsametrics），它引领我进入一个充满美和秩序，又极端危险的漂浮世界。即使对我这个研究海洋数十年的海洋学家而言，在这个漂浮世界里，仍旧充满了各种无法想象的事。

我并不是在海边长大的，我的老家在炎热且尘土飞扬的圣费南多谷，放眼望去就是圣拉斐尔山脉。我的父母都是在芝加哥长大，从没见过海，直到1941年太平洋战争他们才被带到了加州。不过我们住得离海边够近，常常盼望见到大海，只要一放假，就会抛开一切到海边去玩。也许就是因为这种既靠近大海，又跟大海隔绝的状态，让我更强烈地渴望亲近海洋。

自从我记事以来，我就非常着迷于水和水的流动。一拿到庭院里的水管，我就会把水管插进土里，看着泥土一圈圈地往外冒着泡泡，再从四周流走，像海边的沙一样。我会把自己的红色小拖车灌满水做一个池塘，然后把玩具和啤酒瓶放在水上漂。上小学时，我写了一个故事，把神话中出现在森林里的巨人保罗·班扬，改写成大海里的巨人，穿着巨靴涉过一个个海洋。

父亲是巧克力销售员，囤积了大量的德国知名品牌Merckens巧克力。每个月有两次，他会开车从洛杉矶北上到旧金山，沿途拜访并培训小糖果店，教授他们如何把美国一般的巧克力蘸上融化的Merckens巧克力。高大风趣的父亲天生就是吃这碗饭的。他是个天生的行动派，回到家之后总有一堆计划要进行：送我们卡丁小赛车，在庭院里多种几棵树，给我们家的半英亩地砌外墙。

父亲每次出差，通常为一个星期，回来都会给史考特和我带礼物。有一年复活节，我那时大概十岁，父亲买了两只黄色的小玩具鸭回来，异想天开地将鸭子取名为“浮浮”和“漂漂”，这两个名字让我永生难忘。当时没有人想得到这件礼物能预示未来。

回首往事，仿佛连父亲的巧克力生意都预示了我将来会走的路，西方国家的第一个巧克力销售员就是航海家哥伦布，他从美国回到欧洲时带回了第一批可可豆。而且，当初促使哥伦布前往美国的，正是漂浮物。

在成长过程中，我经常回到海边。我学习冲浪和浮潜，想把自己的身体当

正在成长的4岁小小海洋学家柯蒂斯·埃贝斯迈尔，在加州祖迈海滩（Zuma Beach）跟着父母辨认海草。

做漂浮的实验工具。海洋在我生命中是如此重要，以至于我认为我所做的一切都是理所当然的。准备要上大学的时候，我压根儿没想过海洋竟然也是一门专门的学科。

要选什么学校并不是问题，圣费南多谷州立大学（现在的加州州立大学北岭分校）就在我家附近，而且一学期的学费只要25美元。但是我根本不知道我想读什么，当时我感觉自己就像林肯所说的“一块浮木”。

父母没有办法提供什么帮助，因为他们从来没有上过大学。既然我的数学和自然科学成绩都不错，又喜欢做专题报告，我就趁参观校园的机会顺便绕到工程系去看看。工程系才刚刚成立，期盼招收好的学生以获得好评。系里的行政人员让我做了能力测验，我获得了最高分，于是他们希望我注册入学，当时听起来是个很吸引人的邀请。

拿到机械工程学位后，我才发现自己对这个学科毫无兴趣。话虽如此，我在圣费南多谷州立大学还是找到了自己热爱的项目。

那个年代，体育在高中和大学仍是必修课，我经过一番努力才把体育纳入课表里，开始修体育学分。因为大三那年，我每周修17节物理、化学和工程的课，同时要在电信公司打40个小时的工，所以我能选的体育课时间必须很早，而且还得穿西装打领带去，好在上完课后赶去上班，结果我选了早上七点的舞蹈课。

我穿着西装去上第一堂舞蹈课，发现有3个男生和30个女生也选了这门课。其中一个女生马上吸引了我的目光，而且我至今依然记得她那天的打扮：白色高跟鞋，粉红色无袖连身裙外搭同色系毛衣，梳着那个年代流行的蜂窝头。到了选择舞伴的时候，我直接走到她面前邀请她跳第一支舞。那场一见钟情是我这辈子最幸福的时刻。整堂课我们都在一起跳舞，下课后我问她能否陪她步行到下一堂课的教室去，而且速度要快，因为我还得赶去打工。从此之后，我们就成了形影不离的情侣。

1965年4月，在毕业前夕我跟苏茜结婚了。婚后不久苏茜就带我去了解她最热爱的芭蕾舞。43年的婚姻生活里，我们肯定看过不下100场的表演。我从中了解到，海洋的流转其实也像是一种芭蕾，漂浮物随着水流的音乐移动舞步。

1965年6月，有一次申请延修学分的好机会。早在3个月前第一批海军陆

一切都是从舞蹈课开始的。埃贝斯迈尔与苏茜这对甜蜜佳偶，抵达联谊会会馆。

战队已经登陆越南，年底将有 18 万美国陆、海、空军上前线，而我很有可能会加入作战队伍。

不过，那并不是我在毕业前夕最着急的事。在担心自己是否会上战场之前，我得先找份工作才行。结果命运首次（且绝非最后一次）将石油带入我的人生。想想我一生将与石油打交道，实在让我感到讶异，又有点震惊。没有其他物质像石油一样，既是最好也是最坏的，既可给船舰提供燃料、制造塑料，又会污染海洋，破坏人们的生活。石油润滑了我的人生之路，也在我探索漂浮世界的过程中立下大功。

毕业的日子一天天临近，有一天我恰巧看到商学院布告栏上的一张启事，公告说纽约的标准石油公司（即后来的美孚石油）即将来校举办校园招聘活动。我到场时，发现在场的只有该公司广告部门的代表。不过，面试官替我引荐了另一个人：标准（美孚）石油贝克斯菲炼油区的主管克劳泽（Bill Clauser）。

克劳泽是个老派的南方绅士，深谙南方人周到的好客之道。与克劳泽的面试很特别：他邀请我和苏茜到他位于帕沙第纳市的家中，亲自烤牛排并调制玛格丽特酒招待我们。要缓和面试气氛，用玛格丽特酒是再好不过的了。克劳泽似乎蛮喜欢我的，于是我就被录取了。

不过在20世纪60年代，美孚的工程师并不是马上就坐进办公室，一开始都得以油井工人的身份通过6个月的试用期，美孚不信赖没有油井作业经验的办公人员（这项明智的政策，如今却没有任何一家石油公司赞成与力行）。

贝克斯菲的油田是美国国内最老的油田之一（自19世纪80年代就设立了），当时的油井简直难以想象。我们在古老的木头塔架上工作，在简陋的棚屋里吃午饭，用两米宽的大冰块代替冰箱冷藏食物。但同时，我们也是率先使用蒸汽注入法，挤出油田最后残油的少数几家公司。所以我们既落后又先进。

我正是那些全身上下沾满石油的工人之一，我非常享受这份工作带来的乐趣。然而一开始为美孚工作的时候，我并不知道其实自己已经被免除入伍义务了，因为生产石油毕竟是关系国家安全的大事。

不过，我仍然担心这个“石油缓征”撑不了太久。招募制度一直在改变，我们看到年轻情侣开车经过贝克斯菲，想赶在政府停止核发结婚缓征令之前到拉斯维加斯去结婚。我每个月都会给征兵委员会写信，告知他们我仍有意愿继续深造，每天晚上还在贝克斯菲社区大学上课。

我想进研究所，不过除非是机械工程以外的，否则我不想读。当时有两个选择：核子工程和海洋科学。苏茜决定专攻图书馆学，不过她后来没能完成学位。（苏茜选择了工作好供我读书，躲离越战，这件事一直让我感到内疚。）

我们申请了四所州立大学：俄克拉荷马、密歇根、华盛顿和加州大学柏克莱分校，每个大学都有核子工程、海洋科学、图书馆学这3个专业，而且我们全被录取了。仔细比较之后，我们发现华盛顿大学在这三方面都很强，于是，1965年12月，我们把所有家当搬上红色的日产小型载货卡车，开往北部。到了来年1月我仍未拿定主意，便跑到各系所去参观，最后选择了海洋科学，因为它看起来有趣多了。

这一次，不仅是石油，就连石油大亨洛克菲勒（John D. Rockefeller）都为我开启了大门。

早在1927年，美国国家科学院审查北美海洋科学的情况，发现美国只有124位在职的海洋科学家，海洋科学发展远远落后于其他国家。科学院提出了几项改革建议，其中包括在国内沿岸地区设立或扩建海洋研究所。第二年，洛克菲勒捐出350万美元（这在当时是一笔巨款），以便落实改革建议中的提案。于是，麻省兴建了坞兹荷海洋研究所（WHOI），位于加州拉贺亚的斯克里普斯海洋研究所（SIO）也增建了新大楼，华盛顿大学则在西雅图校区成立了一个海洋科学实验室。

华盛顿大学获得的这笔补助款有一项要求，即新设的实验室要由化学教授汤普森（Thomas G. Thompson）领导，他是该校第一位当选国家科学院院士的化学家。汤普森在任教期间聘任了他以前的天才学生巴恩斯（Clifford Barnes），当时巴恩斯在俄亥俄州担任内燃机工程师。

1966年我进入华盛顿大学海洋科学实验室的时候巴恩斯仍在那里任教。不过一开始我并没有跟随巴恩斯，而是在著名的海洋理论家拉特雷（Maurice Rattray）手下做研究。情况并不顺利，理论海洋学让人感觉枯燥空洞，与实际的海洋距离甚远。更何况我并不是有天分的理论家，我需要的是有更多实践机会的学习途径。

使我感到吃力的并不只有这个原因。当时的课业繁重得近乎残酷，海洋学有4门科目：地质学、生物学、化学和物理海洋学，每一个学科都必须学习长达一年。每个想进入博士班的学生，都得通过一年一度的考试，一天考一科，一共考4天，各科目考试时间都长达8个小时。另外，还必须通过两门外语考试（我学的是俄文和法文，已经记不清当时选修的理由了）。此外，在研究所的头两年，我们的必修课是地质学和生物学，再加上航空工程系开设的入门高等数学课。

我们这些外系转入的学生，也必须在4个通识系列的每个系列中，选修大四程度的通识课，而且如果成绩未达B，就会惨遭退学——对我来说，这就意味着去越南。更糟的是，我已经通过兵役体检了。因为我在学年中途才进校就读，已经错过了全部4个系列的第一轮课程，处于非常不利的情势。生物学系列的第一次考试，我拿了个D，这一来要怪自己准备不足，另外要怪教课的老师才刚从德国来，说着一口烂英文。

尽管我很想融入海洋学系，但步调似乎总与别人不同。不过，最大的问题是，我还没体会到海洋是如何流转的，而我总是需要先对大局有所了解，才能理解细部内容。面对这一切，我很想自己能回到 19 世纪，跟着自然学家用比较宏观的方式学习。

幸运的是，我遇到了一位有同样理念的导师。他不但拯救了我的学业，也为我开启了这条延续至今的研究之路。

巴恩斯跟一般性格阴郁的教授很不同，他洪亮的笑声响彻整栋海洋系大楼，他的鼾声也具有同样的穿透力。他自称一个晚上的鼾声，可以锯掉 25000 板尺[①]，以至于跟他一起到野外研究考察的人，都会在距他至少 100 米以外扎营睡觉。巴恩斯在大讲堂为客座教授的讲座担任主持人时，我们这群研究生总会远远地看到他坐在第一排打盹儿，讲台上的灯光在他的秃头上闪烁着——我们还真希望他开始打鼾，让讲课的人讲不下去。

我去上巴恩斯开设的物理海洋学课程，对他的思路相当敬佩。巴恩斯显然也从我的考卷答案中，发现了我是他所喜欢的学生。某天，我去敲巴恩斯办公室的门，直接问他是否可以介绍工作给我。（美孚后来资助我读书，但是在那之前，我跟苏茜过得很艰苦。）过了几天，巴恩斯让我接下了他跟美国海军签订的其中一份研究合约，负责调查皮吉特湾（Puget Sound）水域。

事情从此步入正轨，我得到了最高水平的全方位教育。我的同学还在试图定义海洋学细枝末节的时候，我却能够趁着陷进更细密的研究之前，追求更广、更完整的知识。我终于找到我所需要的导师，并且通过他，找到了我的方向。

巴恩斯并不是只会书写板书的海洋学家，他很有热情，常年热衷于追踪现实世界里的水流。世界上有追逐飓风、龙卷风的追风族，巴恩斯则是不折不扣的追水族。托他的福，我也成了一个追水族，并且在皮吉特湾三大分支

---

① “板尺”是美国、加拿大计算木材体积的单位，一板尺等于面积一平方英尺、厚一英寸的木材。

之一的胡德峡湾（Hood Canal），找到了自己的使命。

华盛顿大学鼓励海洋科学的研究生在攻读学位的头两年就选好论文题目。我现在的指导老师巴恩斯，对许多题材都感兴趣：冰山、冰屿、皮吉特湾、哥伦比亚河以及鲜为人知的水结构体“水板”（water slab）。水板这种“水体中的水体”，与周围的水有 0.1℃ ~ 1℃的轻微温差，因此密度也不同，它们在水中流动，就像云在空中飘浮一般。

最初发现水板的是欧洲的海洋学家。他们把水瓶放进海里取水样，发现不同的深度会有不同的水温。巴恩斯的学生荣恩 · 柯迈尔在达博湾（胡德峡湾的分支），发现了首例当地水板。

柯迈尔是利用一种称为“南森瓶”的金属容器，方法是把这些金属瓶挂在一条缆绳上，瓶与瓶之间有固定的间隔，接着放到水下，采集各个深度的水样。可是，这过程既费力又耗时，10 海里长的达博湾沿途一共设置了 9 个测量站。而柯迈尔每个月只能取一次样，要想了解达博湾的动态和全貌，这样根本不够——这就像用显微镜观察阿米巴原虫，却没有调整好焦距一样。

尽管如此，柯迈尔的探测依旧描绘出了达博湾大型水板的轮廓，显示出水板极可能于夏末和秋季在那里形成。在此季节，达博湾的水域会分成 3 个流层：上、下两流层朝同一方向流动，中间流层的流向相反；此季节盛行的北风，会将最上层的海水向南推出达博湾，中间层（第二流层）的水就会往海湾内流，填补上层海水的外流，而这又会把底层（第三流层）的水向外、向下推至海槛的深度（“海槛”是冰川作用留下来的冰碛堆积物，像门槛一般横在海湾口）。这个过程产生的换水量，超过达博湾的潮水量。

同时，阵阵北风也会将表层的海水，从胡安德富卡海峡沿着海岸往南推（胡安德富卡海峡东南端连接了胡德峡湾和皮吉特湾）。于是，较暖、较咸的海水从底下往上涌升，填补了表层海水留下的位置。这些向上涌升的海水，就慢慢流进皮吉特湾和胡德峡湾，秋天时便抵达达博湾口。大部分的水流会绕过达博湾，但是每隔几天就会吹起南风，逆转海水的流向。南风把上层的海水往北推进达博湾，将中间流层挤出，使底层海水流入，比起先前几个月留下的海水，现在

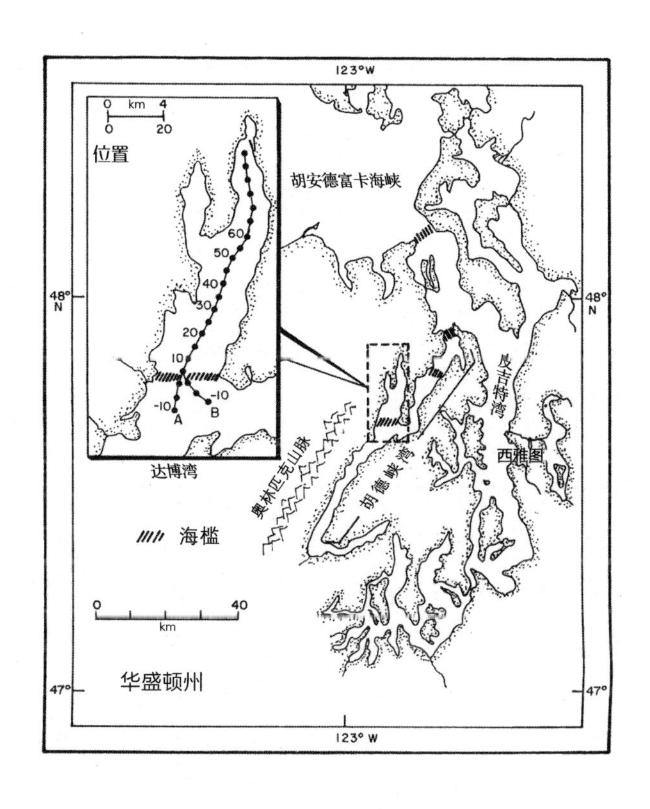

达博湾就像海洋的缩影，局部放大图中，标出了海槛与中转点的位置。

流入的海水显得暖一些，水板就此形成。

现在，轮到我寻找水板了，而我可使用的探测工具，比柯迈尔所用的有效率多了。

1967 年夏天，巴恩斯让我试用新购买的最先进电子设备“盐（盐度）温（水温）深（水深）测量仪”（STD）。这个仪器放到水下之后，可以在大约每 10 厘米深的位置记录一次水温及盐度。盐温深测量仪尚未在皮吉特湾进行过测试，因此我们很想知道这种仪器的功能如何。巴恩斯把测量仪借给我，外加一艘拖船——研究船 HOH 号。HOH 号有个靠近水面的船尾甲板，很适合用来升降盐温深测量仪。配有这些装备，我便能够在达博湾的 20 个探测站，采集每米深度的水样，并且在几天的时间就可进行好几回。

结果，我在达博湾的首次测量相当成功。第一次海洋探险结束后，我一回到学校，就把读数标示在方格纸上，画出等温线图。一圈圈的等温线，呈现出丰富多样的水板。我分秒不停地工作了整整一个周末，制作出达博湾的 7 个横切面图，这些图显示：有个水板跟着潮水南北移动了一两千米。我后来发现，一旦水板成为可辨认的独立实体，便可维持一星期或更久。(再后来，我了解到水板在海洋里可以维持原状好几年，久得足以在数千米的深度横跨北大西洋。)

我把等温线圈描到牛皮纸上，涂上鲜艳的颜色，然后送给巴恩斯看。他很欣赏，把牛皮纸上的资料制作成讲课的投影片，至今我的电脑简报中仍然使用到这些投影片。

于是，我选择了刚起步的水板科学，展开我的海洋学田野调查。这是一门不折不扣的科学，但水板特质怪诞，却也是事实。我女儿温迪喜欢称水板为“水盒”，而我想抓住水板行踪飘忽的特色，所以取名为“蛇鲨”(snark)，灵感来自英国作家刘易斯 · 卡罗尔[①]在长诗《蛇鲨之猎》中虚构的那种“不可思议的生物”。

我知道自己的论文题目就是：猎捕达博湾的蛇鲨。可是，很难争取到出海的时间，原因是海洋系来了一大批新学生，因而资源分配不足。为了应付过多的学生，美国海军提供了一艘 12 米长的木制单螺旋桨炮艇“特纳斯号”，船身被漆成了灰色。

我们的研究生开着“特纳斯号”，带着家人和柴油信用卡一起到处跑。我的同学鲍勃和汤姆，花了 12 个小时把船开到温哥华岛南端靠海的尼蒂纳特湖(Nitinat Lake)。我则把船开到达博湾，8 个小时的航行，苏茜和两岁的女儿丽莎就睡在甲板上。我们一家在星期五下午出发，近午夜时分抵达，然后我毫不停歇地进行采样，最后在星期日晚上回航。

当时我 24 岁，拥有无穷的精力。

并不是每次航行都很顺利。特纳斯号不像 HOH 号有先进的雷达设备，没有雷达的特纳斯号，在黑夜中行驶很危险。当时伐木业仍然兴盛，数不尽的原

① 刘易斯 · 卡罗尔 (Lewis Carroll)，最为人熟知的作品《爱丽丝漫游奇境记》和《爱丽丝境中奇遇记》。

木就浮在皮吉特湾附近。有一晚回航的时候，我竟愚蠢地将马力开足，撞上了原木，所幸只撞弯了螺旋桨的驱动轴，但回家的路也因此变得缓慢又吃力。

还有一次，我看错了原住民部落渔网的灯光，甲板上的强烈灯光照得我眼花，我又害怕有人会朝我开枪，结果困在当中动弹不得。花了好几个小时，才终于在螺旋桨没被渔网缠住的情况下，让“特纳斯号”脱身。

行驶在胡德峡湾上，会碰到更奇怪的事情。

跟达博湾隔着胡德峡湾正对面的班戈（Dangor），是美国核动力潜舰的母港，我经常开船经过那些潜舰。军方把达博湾当做鱼雷测试区域，在湾口设有类似

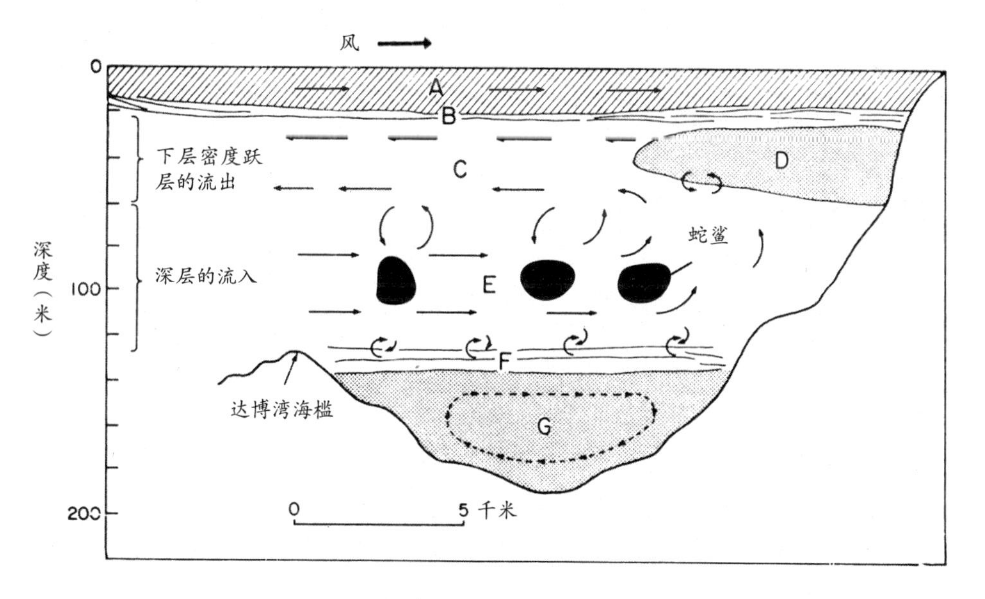

达博湾的纵剖面图，深度的刻度特意放大，以便画出蛇鲨（我给“水板”取的昵称）越过海槛（见图左）的上方，然后往下流动，填补达博湾底部比较温暖、密度较小的海水。A 到 G 表示各种水流的特性：南风把海面的水吹向北边（A）；B 是海水密度快速变化的区域，称“密度跃层”（pycnocline），它把表层海水与下方的外流海水（C）隔开；D 是达博湾头的滞留水；E 是入流深水层；F 是另一个海水密度快速变化的区域，隔开向内流的蛇鲨层（顺时针箭头处）与困在海槛深度以下的海水（G）。

交通标志的灯，标明他们是否正在试射：红灯代表“禁入”，绿灯代表可以进去。

有一次，遇上浓雾，我们刚经过班戈，HOH 号上的雷达就失灵了，除了进港，别无选择。海军用无线电通话器命令我们不可以进港停靠，可是浓雾密布，我们没有别的选择。刚一转眼，就有位海军的雷达专家出现了，他没几分钟就修好雷达，令我们开船离开。我从没见过这般厉害的技师。

海军对水板产生浓厚兴趣是后来的事，因为水板可以让声波偏转，提供潜艇躲开声呐探测的藏身之处。此外，处理污水扩散、石油外泄及其他水污染物的人，也都应该关注水板，因为水板可以减缓污染物的扩散。不过，吸引我的并不是水板的实用价值，而是我觉得蛇鲨本身就美丽得令人着迷。

1968 年夏天，我展开一连串紧锣密鼓的实地考察，每两个星期左右，我就开着“提纳斯号”进入达博湾。我连续找到 3 个蛇鲨(由 3 个时段的南风吹拂产生)，还意外发现微弱的风竟然能在海面下 90 米深的地方，促使水板形成。但是，两周一次的惊鸿一瞥，只能看到蛇鲨形成之后的样子。我想要看到整个过程，看到蛇鲨实际形成的每一步。这并不容易，因为使用船和盐温深测量仪的机会很少，操控“提纳斯号”又很费力，同时还要努力跟上学校里的课程进度。不过，到了 9 月，我察觉到蛇鲨的形成已达到了最高峰。整个系都知道，我有任务在身。

幸运的是，我有贵人相助。巴恩斯视我为“金童”，尽管当时我不知情，我猜他在联邦商业渔业局的某位同事面前，为我说了好话。商业渔业局借了我一艘研究船，为期 7 天，两星期后，我就好好利用上了这艘船。系里的教授看到这艘船停泊在海洋系外头，准备随时供一个普通的三年级研究生使用，无不目瞪口呆。

经过半天的航程，我们抵达了达博湾，当时正好有个巨大的蛇鲨流进来。很幸运的是，那星期没有潜艇在测试鱼雷，信号灯刚好是绿灯，于是我们就迅速地在海湾内来回跑。在每个横切面上，我们都看到巨大的蛇鲨向达博湾内推得更远。一开始，蛇鲨正常移动，可接着就有一团密度较大的水跟在后头，迸发出一堆蛇鲨。这一堆蛇鲨接着沉入死水盆地，取代前一年滞留的海水。我真是幸运极了，不但观察到新的蛇鲨形成，还看见它们取代海槛下方旧海水的整个过程。

我发现在风吹得不稳定的情况下，海水总是猛冲进湾里，连续增添许多蛇鲨，极像一个个套在香肠肠衣上的环。风平浪静的时候，蛇鲨会漂浮到湾头，最后满溢，消失不见。在这种较为平静的环境下，蛇鲨可以维持好几个星期。

密度与水流的微小变化，可产生极为不同的蛇鲨。我从没见过蛇鲨有重复的形状，就像雪花一样，每个都是独一无二的。

我花了一整个夏天来追踪蛇鲨，终于有足够的资料来写论文。而且，我还提出了关于海水流转的新观点，不仅是针对这小小的峡湾，还包括全世界的海洋。两百米深的达博湾，是研究海洋的天然实验室，它的环境与海洋的中间深度类似。后来我们才发现，温暖而密度大的海水离开直布罗陀海峡时所形成的水板（即地中海“涡旋”）运作的情况跟达博湾的蛇鲨几乎一模一样。跟蛇鲨一样，地中海涡旋可以漂浮很远的距离（可到百慕大那么远），都不会破碎。

一般认为水是均质的，水分子一个连着一个，全部一模一样。大部分的海洋学家，也确实都如此看待海洋。这种观点称为“欧拉法”，命名自18世纪的数学家欧拉（Leonhard Euler），欧拉主张从固定的参考点来观察世界。

可是，水体同时也是粒状结构的，由独特的实体组成(例如我行我素的水板)。我总是倾向于把水体看成动态元素的汇集，这种观点称为“拉格朗日法”，取名自欧拉的同事拉格朗日（Joseph Louis Lagrange)。

你可以想象两名警察监视着高速公路的交通。欧拉派的警察站在公路旁，利用雷达记录每辆经过的汽车在某个瞬间的速率及位置，而拉格朗日派的警察，则穿梭在车阵当中，追踪某辆车在一段时间内的行进情况。两种观点都会增进我们的理解，也都有各自的局限。我们这种拉格朗日派的追水者，为欧拉派的传统思维提供了必要的修正。

水体就像人体一样，有一个个器官，水板及旋涡穿梭其间，就像食物、空气、血液在身体里流动，或者像20世纪60年代流行的熔岩灯，彩色蜡滴受热之后会上下浮动，但在室温下，却呈现为均质的状态。

你可以把海洋想象成一个更大、更扁的熔岩灯，蜡滴横向拉长，而时间的流动如蜗牛般缓慢。如果每个水板都有不同的颜色，那么海洋看起来就像一幅点描画。想象这些水板或彩点，任风四处推着、碰撞和分离，如巴恩斯喜欢说的："比起混合水板，移动它们要简单多了。"水板形成的等温线，就像木头上的木节疤，每当看到老树的剖面，我很容易就想起显现在蛇鲨周围的等温线图。

巴恩斯鼓励我揭开达博湾的秘密时，这样告诉我："那是一片小海洋。"他说的没错。达博湾有缓慢的水流和多层的流层，就像海洋的缩影，触手可及。

2 | 在“油水”里漂泊的科学家

在生命中，你必须随波逐流，

有如小溪里的软木塞。

——[法国印象派画家]

回顾学生时代，我惊奇地发现，许多我在大学里建立的人脉，多年之后都促成了极其重要的合作关系。

学长吉姆·英格拉哈姆（Jim Ingraham）比我大4岁，1966年我刚进研究所时，他已经在进修海洋研究所的课程了。我们俩在读研究生的同时，都有一份与海洋学有关的工作。我兼职帮美孚石油和美国海军做研究，另外也是巴恩斯的助教。吉姆则在联邦商业渔业局（现为国家海洋渔业局）有份全职的工作，地点就跟华盛顿大学校区隔着一条运河“山湖水道”（Mountlake Cut）。我们俩都非常幸运，能跟随海洋科学的先驱者做事：我跟的是巴恩斯，吉姆跟的是渔业局海洋计划的负责人费沃里特（Felix Favorite）。我们俩都站在巨人的肩膀上。

时间倒回到1962年底准备完成硕士学位的吉姆，到联邦渔业局的实验室去面试一份短期工作。那份工作后来变成长期的，因为有一位联邦渔业局的海洋学家，来华盛顿大学接了巴恩斯负责的一份工作。

两个星期后，吉姆出发到位于阿拉斯加外海的阿留申群岛，加入费沃里特的渔业海洋学考察。他们驾驶的那艘船，正是日后帮助我完成大博湾蛇鲨之猎的大功臣。在当时，北太平洋东部属于“未知海域”，海洋学资料上几乎没有任何记载。这片海域也是各种鲑鱼的活动范围。（鲑鱼返乡的迁徙旅程长达2～4年，与北太平洋亚北极环流[①]绕行一次的时间一样长，这也许不是巧合）费沃里特想

---

① 北太平洋亚北极环流（North Pacific Subarctic gyre），绕行的海域从阿拉斯加东南部到西伯利亚。

了解是哪些海洋因素，影响鲑鱼选择冬季的近海栖息处。那一年和接下来两年，还有很多次考察。费沃里特和吉姆所搜集的资料，日后会经过分析，进而发现鲑鱼如何选择迁徙路线。这些路线是由温度、盐度的急剧变化划分出来的，而温度与盐度也正是影响蛇鲨形成的因素。

1965 年，吉姆回到西雅图的实验室，开始着手进行一项电脑模拟的突破性计划，直到很久以后，才证实了这项计划真是海洋科学的一大福音。

当时的电脑还很原始，但是渔业局的科学家却是电脑使用方面的革新者。他们是首批把当时最先进的资料处理器应用在海上的人。这让他们可以直接在船上处理全部的数据资料，省去回来后要坐好几个月办公室的时间。可是，他们需要找出一个办法，评估海流对鲑鱼迁徙的影响程度。吉姆在指导老师拉瓦斯都（Taivo Laevastu）的鼓励下，成功开发出一个电脑程序，可以快速且大量地处理海流与鲑鱼的运动速率与方向。

吉姆所开发的程序，就是“表层洋流模拟程序”(Ocean Surface Current Simulator)，简称 OSCURS。追水者为了追踪海洋的活动，会使用各种海洋漂流器材，而 OSCURS 日后将成为漂流器材的主力军。

我跟吉姆在学校里并不常联系，我们俩都忙于自己的学业、研究和工作。不过，我们至少有私下互打电话的那种交情。

1969 年，我离开华盛顿大学，接下在纽约市全职工作，成为美孚（标准）石油的第一位海洋学家。若不是有柯尔曼（Clare J. Colman)，那将会是一份孤单又无聊的工作。柯尔曼是美孚近海采油作业的负责人，是个宽容仁慈的主管，懂得授权给在一群工程师当中孤军奋战的海洋学家。不过，有的时候，我甚至会挑战他的容忍底线。

海洋系的其他毕业生也都转进石油业工作。其中一位是道格·埃文斯（Doug Evans)，他在 1968 年拿到硕士学位后，去休斯敦的壳牌石油公司工作。另一位是鲍勃 · 汉密尔顿（Bob Hamilton)，他在 1967 年读完硕士学位之后，到阿拉斯加安克雷奇市的一家顾问公司工作，次年转到休斯敦，为贝勒企业（Baylor Corporation）服务，该公司专门制造测量浪高的测波杆。

洛克菲勒40年前的馈赠算是开花结果了。我们在私营企业的成就，也为巴恩斯实用的教学方式做了见证。尽管如此，巴恩斯似乎很失望。“我以为你还会再多待几年呢。”在我搬去纽约之前，他这样对我说。可是，我需要一份工作来养活妻小。

1969年11月，就在第二个女儿温迪出生后不久，我们全家抵达纽约。我们刚在史卡斯戴尔镇的公寓安顿下来，公司就要求我帮忙设计钻油平台，地点位于偏远的塞布尔岛（Sable Island），在加拿大新斯高沙省东边约97海里处。

我利用一个周末的时间完成了建在沙上的高塔设计。我把报告往上呈递给美孚的工程部副总经理，他困惑地问我：“为什么需要盖得这么高？”我解释道：“这高度是为了防范暴风雨和大潮侵袭，我把这两个因素一起考虑进来，所计算出来的最大浪高值，远远超过当时海上建造工程的衡量标准。”于是，副总经理派我到塞布尔岛进行实地勘查。

1970年，我搭乘水陆两用飞机，从新斯高沙省首府哈利法克斯（Halifax）飞到了塞布尔岛。这个岛屿状似回力镖，是个全长近42千米的沙洲，靠近北大西洋两大环流的汇合处。这个特殊位置形成了一个海洋墓园，来自两个环流的船骸和其他垃圾全被冲刷到沙洲上。我们降落在五颜六色的垃圾上，沙子几乎埋住了机轮。这是我第一次看到（或至少是注意到）因冲刷而形成的海滩。这类型的沙滩以后会被证实是漂流物资料的重要来源。我带了一个渔网回家，这差不多可以说是我第一次的海滩拾荒经历。

1970年底，我代表美孚参加了跨公司的“海洋资料搜集计划”。这个计划实际上是一群在石油产业工作的华盛顿大学海洋系毕业生搞出来的。我们的目的是挑战普遍存在的行业，重新评估狂风大浪对墨西哥湾钻油平台造成的威胁。石油公司遵循的原则是，针对百年一遇的巨浪，建盖钻油平台的标准是55英尺（约17米）。但是我们相信，墨西哥湾的海浪会更高，可能带来严重的后果。我们需要数据支持这个观点，于是构思出“海洋资料搜集计划”。

我们请来了鲍勃·汉密尔顿为墨西哥湾的6个钻油平台装置测波杆。鲍勃年富力强，他和他的工作人员也拥有必要的工具，很快就替近海的钻油平台装好了仪器。卡米尔（Camille）飓风在不到14海里外的距离，经过密西西比河三角洲的一座钻油平台时，鲍勃的仪器记录到一道 22 米高的海浪。我们证明了自己的论点，促使业主提高设计标准，足够防范 23 米高的巨浪。这个标准沿用至今，但是最近的测量结果显示：伊万（Ivan）飓风曾引起将近 29 米高的骇浪，这表明该把标准提得更高了。

接下来的 5 年，我为美孚不停地四处奔走，研究塞布尔岛以及威胁到海伯尼亚（Hibernia）海上油田的冰山。海伯尼亚油田位于加拿大纽芬兰岛圣约翰市东南方 170 海里处，在大岸滩（Grand Banks）这片海域的外围。每两个月，我从纽约飞到美孚在加拿大卡尔加里市（Calgary）的办公室，呈报这些研究结果。每一次我都会顺道去西雅图待上几天，采访巴恩斯，顺便整理蛇鲨的资料。这种流动式的工作行程，实际上帮助我完成了论文。要是不离开校园，我就无法更进一步了解巴恩斯这个人了。

去拜访巴恩斯的时候，我就睡在他的地下室，身旁都是绑着飞蝇假饵的钓具。（巴恩斯是飞蝇钓的名人，拥有的相关藏书可追溯到 17 世纪。）我们一起在周末整理蛇鲨的资料，我为他正在进行的皮吉特湾研究计划提供一些协助，他向我征求意见，在我看来这就是天底下最好的称赞。晚上，我们坐在火炉前，巴恩斯会拿出他最爱的啤酒和烤花生。

巴恩斯是个天生的故事大王，能讲许多故事。他讲钓鱼，讲他怎么在华盛顿黄金谷的农场长大，骑马到只有一间教室的学校去，而且讨厌在农场上干活。他叙述自己战时从军的奇异经历。1946 年他奉令从纽芬兰岛的阿金夏海军基地，马上赶到太平洋上的比基尼环礁（Bikini Atoll），见证了第一次氢弹试爆，匆忙得身上还穿着极地的御寒厚外套。

第二次世界大战期间，巴恩斯在“泰坦尼克号”沉没的海域追踪冰山，在生死攸关的险境下，帮助前往英国的护卫舰避开潜艇的攻击。护卫舰小心翼翼地驶过虎口，南边，德军潜艇等着将他们击沉，但如果护卫舰太往北偏，又会进入“冰山巷”，每年从格陵兰脱离的上万座冰山，可轻易地把他们撞沉。介于南北之间有条安全的航道，由洋流明确划分出来，巴恩斯海军少校的职责就是协助找到这条航道。

有一次，巴恩斯正在反潜巡逻机上执行勘察。在距离“泰坦尼克号”葬身之地100海里处，他发现了一座冰山，长约1400米，宽约1100米，高出海面约18米，没入水中约180米。接着，纽芬兰恶名昭彰的浓雾逼近。等到浓雾终于散去，那座冰山也裂成碎冰舰队，正漂浮在护卫舰的航线上。这一连串接踵而至的混乱局面，造成约60艘船舰为了避开小冰山而彼此相撞。但据我所知，没有船舰沉没。

战时的那个浓雾夜，巴恩斯看到之后又消失的并非是一般的格陵兰冰山，而是宽广平坦的“平顶冰山”。常见的冰山都来自格陵兰的冰川，至于平顶冰山，则来自格陵兰西北边的埃尔斯米尔岛（Ellesmere Island）所延伸出来的冰棚。平顶冰山长度与厚度的比例，大约和水板一样，而且体积可以非常巨大，正如同海洋里的水板。

位于极区的水道上，经常出现超级巨大的冰屿。1883年10月，人类学家博厄斯（Franz Boas）在巴芬岛与加拿大大陆之间的坎伯兰湾，发现了一座5000米×13000米大的冰屿。1918年，挪威探险家史多科森（Storker T. Storkerson）临时带领“加拿大北极探险队”，要搭乘一块“冰制的蛋糕”从阿拉斯加北边的十字岛漂到西伯利亚，因为他当时坚信有个往西行的洋流环绕北极海。

海军少校巴恩斯，替护卫舰队计算该如何避开冰山。1945年5月摄于纽芬兰阿真舍（Argentia）海军基地。

史多科森和他的4位同伴，显然是有史书记载的第一批特意搭乘浮冰的勇士，在海上漂流了184天440海里。史多科森估计他们所处的大浮冰，约11千米宽，至少24千米长。“轮廓起伏的丘陵上看得到几个小湖泊和池塘，上头的山脉和平地，就像某些绵亘的大草原一样。”他如此叙述道。

史多科森一行人带了6星期的粮食，但只吃了两个星期的量，就开心地改吃海豹肉和北极熊肉度日。“就目前为止，我们判断自己可以在冰屿上生活8年，就像8个月一样容易。”他们证实了北极探险可以仰赖陆地或冰上的东西为生，而且环绕北极圈的西行海流并不存在。探险队没有抵达预定的目的地西伯利亚，而是循着环绕波弗特海（Beaufort Sea）的环流绕行。（在这本书里，我们就把这道环流称为“史多科森环流”，以纪念他的英勇事迹。）

后来，还陆续有一些“殖民者”在冰屿上待上更长的时间。

20世纪30年代，俄罗斯开始配置人员，从北极附近漂流到格陵兰北端。

1946年8月，美国空中勘察的巡逻队在阿拉斯加最北端的巴罗角（Barrow Point）以北300海里处，发现了一大块360平方千米的窄形浮冰，比一般的大块浮冰厚十倍，表面呈现起伏的轮廓，如史多科森形容的“波状草原”，波峰与波谷的高度落差达7.5米，与周围那些外表如裂镜的浮冰形成强烈的对比。

尽管这座冰屿规模巨大且邻近阿拉斯加，美国军方在冷战期间，却仍有办法保密，而且除了这一座，还有其他两座。军方一旦确定这些冰屿的稳定性，就开始在上面驻扎。由于这些冰屿在雷达上的独特外观，军方把它们昵称为“靶”（target），依序编号为一号靶（简称T1）、二号靶（T2），以此类推。

T1往西漂移到巴罗角，接着往北循着史多科森环流朝北极移动，最后在格陵兰搁浅。T2也依同样的路线开始漂移，随着跨北极海流（Transarctic Stream）离开了北极圈，最后消失。

但是T3却持续随着史多科森环流，环绕将近30年之久，引来一批同时代的海洋学家住在上面，进行研究工作。其他的研究人员则进行植物资源调查，发现树枝、驯鹿鹿茸、大圆石以及一丛青苔。树的年轮显示出T3也许是在1936～1947年间，从埃尔斯米尔冰棚断裂形成的，从青苔推测，植物可能是靠着冰屿散播到北极各地的。

跟随史多科森环流环绕完两圈之后，T3 最后也脱离了跨北极海流，其中一些碎块最终漂到了格陵兰的南端。到了 1984 年，T3 残留的部分总共旅行了 8000 海里，可以说是漂流物史上保持纪录最久的一趟漂流。

大部分的冰山到达我们戏称的“泰坦尼克终点站”时，就会融化，地点位于大岸滩的南端，冰山巷里的冰山全部在此落入温暖的墨西哥湾流（Gulf Stream）。不过，有些冰山漂得更远，尽管体积因为融化而急剧缩小。依旧有冰山横越过大西洋，抵达英国，而在 1926 年 6 月，一个 4.5 米 ×9 米的大冰块，经过了百慕大，它很可能原本是来自 4000 多海里外的北极海。

冰山并不是近海钻井平台面临的唯一威胁。20 世纪 70 年代初期，美孚和其他石油公司，都渴望开采北海（位于英国和挪威之间）深处发现的丰富油矿。可是，怎样的钻油平台才禁得起海浪的冲击呢？渔夫曾通报有超级大浪，但官方海洋学家多半只当作趣闻听听罢了。我们欠缺必需的海洋学数据来支撑工程设计，于是我整合了一些早期的调查资料，以此说明北海海面上确实出现过落差达 29 米的骇人巨浪，只有巨大的架构才足以抵挡。

美孚率领一个由各石油公司组成的联盟，协力设计这样的架构。该计划的首席工程师是我的近海小组成员之一曼宁（Frank Manning），他是解决问题的高手，名下有超过 25 项专利。我监督整个计划的环境因素，风险很高。有一回我飞到挪威，参观了一个正在船坞里维修的超大钻油平台，它先前遭到暴风雨的摧残而毁损。这样的意外，很容易就变成人民、经济及环境的灾难。

我们征求提案，得到了意料中的回应：设计合乎当时标准的钢结构。不过，其中一家挪威工程公司，提出了极为新颖的设计，成为后来广为人知的“深水混凝土结构”（Condeep）：12 个左右的石油储仓，以数米厚的混凝土围起，立于 10020 米深的海底，其中 3 个将高出水面 30 多米，支撑钻油平台。

最后，我们反抗传统，选择了挪威工程公司的设计，成为首批在北海上建盖 17 座混凝土结构的公司，每座造价约 3 亿美元（1975 年的币值）。我们提出的警戒值似乎也获得了证明：在那之后，至少有一次 29 米高的巨浪，袭击了北海的钻油平台，却没有造成严重破坏。为了支撑这个决定，我还在挪威特隆赫姆大学（Trondheim University）的大型波浪水槽中，进行了模型测试。

在模型测试和到伦敦开会期间，我总是在美国、英国和挪威之间飞来飞去。飞过半个地球，只为了去开会似乎有点浪费，于是我总会在行程中多加几天，好让我参观博物馆、海滩、码头和拜访朋友。

在奥斯陆，我看到维京船以及曾漂流过半个北极海的19世纪北极探险船“弗拉姆号”（Fram）。我在阿姆斯特丹研究海堤时曾两次在卑尔根短暂停留，拜访道格的岳父奥古斯都·费伊。

当时我并不知道，原来早在19世纪40年代，奥古斯都的曾祖父克里斯托弗·费伊（Christopher Faye）就发明了玻璃浮球，开启了捕捞业的新时代，让人可以利用更大、更有效率的渔网捕鱼。在接下来的几十年里，挪威的玻璃工匠制造了约1600万个闪闪发光的玻璃浮球，其中许多从渔网上松脱，在北大西洋上环绕。日本渔民曾经在北太平洋海域使用了一亿两千万个玻璃浮球，至今仍有一些会冲上岸，为环流的动向提供宝贵的线索。

1972年，美孚研发公司决定把近海工程部门搬离纽约，考虑迁移到两个地方：新泽西州的普林斯顿或得克萨斯州达拉斯邻近的邓肯维尔（Duncanville）。苏茜希望能去普林斯顿，可惜美孚最终的决定是邓肯维尔，所以我们只好出发前往得克萨斯州。

在达拉斯的生活令人感到欣慰的是，我再次体验了当初因工作之故而放弃的学术生活。我晚上在南卫理公会大学兼职讲课，学校离我们居住的公寓非常近，仅隔着一条街。才刚授课不久，我那位平日很随和的上司柯曼就说：“兼职是违反美孚规定的。”我说：“我很乐意归还南卫理公会大学300美元。同时告知校方美孚不同意我在外授课。”最后美孚终于妥协，接下来的两个学期，我坚持不懈地把海洋介绍给内陆的达拉斯人认识。

这门课引来了一些关注，不久，当地的电视台就邀请我上星期日上午的公共时事节目，讨论原油外泄事件。我以为美孚不会反对这种无酬劳的露脸，然而我又错了，最高层的一群主管勃然大怒。我告诉柯曼，我乐意跟电视台说：“按照美孚公司规定，我不能在荧幕上谈话。”显然美孚害怕引来更多的难堪，最后

美孚研发公司把近海工程部门搬到得克萨斯州的邓肯维尔（Duncanville），这是作者在美孚的办公室，摄于约1972年。

终于答应，不过其中一位董事特地前来达拉斯录制这场访谈。访谈进行得很顺利，而且我应答得体，并没有说出任何会让我被炒鱿鱼的话。

那是我第一次接触到“石油政治”，不过，我对这个议题没有什么特别的想法。当时，石油还没有像今天这样成为广泛讨论的主题。

尽管我没有因为电视台访问事件引来任何不满，不过却可以感觉到自己在美孚工作的日子快接近尾声了。我一年有三分之一的时间都在国外，这些行程既可增长知识，也令人兴奋，因为我设法视察了北半球七大环流中的大部分环流。可是，我在家的时间实在不够多，很少陪伴苏茜和两个女儿，而且我们全家逐渐对达拉斯兴趣索然。我意识到我必须离开。

那些年，我一直与老同学道格和鲍勃保持密切联系。他们刚在休斯敦和华盛顿共同创立了一家海洋顾问公司——埃汉（Evans-Hamilton）顾问公司。当美孚派我到休斯敦出差，参加“海洋资料搜集计划”的会议时，我就会借住在鲍勃和他太太葛琳达的家中。那时，我心头仿佛压着一块巨石，对未来很茫然，于是我想试探一下鲍勃的想法。

我提议我们从休斯敦开车前往加尔维斯顿（Galveston），那是个经常有漂流物冲上岸的海滩，后来碰巧也成为我海滩拾荒日子里的一大宝库。我们一边谈话，一边踩过浪花，后面拖着一个轮胎内胎，上面放着两箱啤酒。等到我们都醉了，我向鲍勃坦言，自己必须辞去美孚的工作，离开达拉斯。我那时也刚完成论文，时机刚好。

然而要在海洋科学领域里找到适当的工作，前景不容乐观。学术界瞧不起在产业界工作过的科学家，特别是石油工业的科学家。况且，我知道自己无法适应学术圈的恶斗以及开不完的、往往又毫无意义的委员会议。我永远不会知道，那些年巴恩斯是怎么熬过来的。

唯一的出路似乎只剩下顾问的工作，尽管当时受到学术界人士的轻视，但事实上，优秀的研究调查都来自顾问公司。

其间，西雅图也在向我招手。西雅图是更适抚养丽莎和温迪长大的地方，而且巴恩斯在西雅图，过去在美孚认识的朋友兼同事大久保明（Akira Okubo），预计也在1974年搬到西雅图。我告诉鲍勃，即使没有工作，我也将回到西雅图，然后当顾问自谋出路。

之后，鲍勃跟道格商量。道格说："我宁愿他跟我们一起工作，也不要他远离我们。"他们愿意在我身上赌一年，条件是答应帮他们刚成立的顾问公司设立西区分公司。我再次感觉到洛克菲勒在暗中庇佑着我。

20世纪初，鲍勃的祖父罗伯特·克拉克·汉密尔顿（Robert Clark Hamilton），创立了克拉克石油公司。洛克菲勒决定收购它，就像他吃掉其他竞争对手一样。他开出的条件是现金5万美元或标准石油公司的股份，二选一。汉密尔顿老先生决定拿现金。要是他当初拿的是股份，那么汉密尔顿家族的财富将享用不尽，孙子鲍勃就永远不必工作了，我的事业之路或许就会完全不同。

1973年12月，我回到西雅图参加并顺利通过博士资格考试。巴恩斯带我到"爱瓦的鲑鱼屋"吃饭，点了两杯双份马丁尼来庆祝。我是他的最后一位学生，他一直等我完成了蛇鲨的研究才退休。那时我并不知道，其实巴恩斯的健康正因为阿兹海默症（俗称老年痴呆症）而每况愈下，几年之后，症状才变得明显。

第二年3月，我回到达拉斯，当时正值第一次石油危机的巅峰，我跟苏茜在车里塞满了行李，两个女儿得平躺在叠起的行李箱上我们才能顺利开往西雅图。抵达西雅图之后，我们就在1966年租的套房对面，找到了一间公寓。不过，我们决定把大部分美孚的离职金当做首付款，等鼓足了勇气，就开始找房子。仅仅花了一天，我们就找到了一栋1917年盖的小平房，距华盛顿大学北边一两千米远，直到今天我们还住在这里。

我们向银行申请房贷，柜员打电话到我的办公室（我们的公寓），对我的职业进行确认。“埃汉顾问公司。”苏茜接起电话。“请问经理在吗？”柜员问。苏茜把电话拿给我，然后柜员问柯蒂斯·埃贝斯迈尔是否在这里上班。“是的，没错。”我回答道。他又问埃贝斯迈尔的薪水是多少，我也如实以报。他没有问我的名字，就挂上电话，然后我们就顺利拿到贷款了。

就像回到学生时代，我们尽量减少开支。我请不起秘书，于是，苏茜成了无薪员工。她感冒生病时，我就把打字机给她搬到床上。就这样，我们一直这样艰苦地做出企划案，不顾一切地拉生意。

幸运的是，我是业务员的儿子，从父亲那儿学会了登门销售的好本领。最后终于有一扇门向我敞开了，那就是西雅图的地方污水处理机构“市水处”。市水处想扩大位于西岬（West Point）的大型污水处理厂，因此必须证明未经处理的污水确实会排泄到皮吉特湾的水流内。为了查明真相，我们必须分析水的流动，也就是皮吉特湾内水板的动态。

做这份工作正是我的强项，我将再次追踪蛇鲨，虽然那是非同寻常的蛇鲨类型。由于有强劲的水流和汹涌的潮水，在皮吉特湾主盆地形成的水板，移动速度要比大博湾宁静的水板快上15倍。后来我称它们为“过动蛇鲨”（hypersnarks）。

我碰巧和桑代克（Alan Thorndike）一起到现场勘查，他是华盛顿大学的物理学家，正在研究北极海冰的变化。桑代克向我解释，他和同事们如何在大块浮冰上做记号，然后计算浮冰断裂后漂散开来的速度。于是我想，何不用同样的方式来解释水里的涡流呢？我把定深测流器（固定在浮标上的水面帆状物）放进水中，利用古代水手测量星象位置的六分仪，大约每隔一个小时计算一次定深测流器的位置变化情况。

与此同时，华盛顿大学应用物理实验室的本迪纳（William P. Bendiner）

往污水处理厂注入了添加荧光染色的未经处理的污水，后来这些染色污水都被包在过动蛇鲨里头。定深测流器和染色污水的活动，与我们在学校里用皮吉特湾水工模型模拟的染色液体动态完全吻合。从这些数据中，我断定因为潮水剧烈混合，在皮吉特湾中间地带的塔科马海峡（Tacoma Narrows）会形成蛇鲨。

每波潮水都会带来一批密度略微不同的海水，接着这好几批海水，就会在主盆地内寻找自己适当的位置：密度最大的海水在最底下，其次是密度第二的海水，以此往上类推。污水被包在这层层叠起的过动蛇鲨里，散布的速度比数学模型所预测的还要缓慢，因为标准数学模型是针对连续、均匀的水体来做预测的。

从另一角度来看，回到西雅图对我来说显然是幸运的，这让我有机会跟一位在东部认识的友人再次有了联系，他是数学家兼海洋学家，是继巴恩斯之后，

趁着风平浪静，我们在西岬（West Point）之外放下定深测流器，摄于1974年。

我的第二个重要的导师和合作伙伴。

我第一次注意到大久保明是我正在进行水板研究的时候，那时我读到他的论文，里面用到了我想用在大博湾蛇鲨研究上的数学理论。

大久保明是在东京大学受过正统教育的化学工程师，和我一样也曾经在工程师的岗位上工作过一段时间。但是，他很快就厌倦了工程师的工作，开始寻找可以尽情发挥想象力和才华的领域。如果给他一个复杂而非常棘手的难题，几天后，他就有办法带着精确又简洁的解答回来，用一页页写满的整齐数学运算来详细说明。于是，他转向海洋科学。其实，海洋不过是个更大、更复杂的巨瓮，各种东西混杂在里面，而大久保明可以把以往用来解开化学疑难问题的数学知识，应用在海洋科学上。

大久保明写信给约翰霍普金斯大学切萨皮克湾研究所（Chesapeake Bay Institute）的所长普里查德（Don Pritchard），普里查德是 20 世纪 60 年代杰出的海洋科学家之一，他让大久保明进入研究所，并指导他做论文。不过，我之后从普里查德那儿得知，就在那时，大久保明已经开始把视野放在另一层次上，他希望运用数学理论来描述冰山、昆虫的行为，以及其他看似随机的群聚现象。

1970 年，我查到大久保明在约翰霍普金斯大学的联络方式，给他打了电话，告诉他我的研究兴趣点。那次的聊天很愉快，也很有意义，让我惊喜的是隔周他就到美孚石油在纽约中央车站斜对面的办公大楼来找我。我们进行了一次有趣的谈话，我还给他看了自己正在做的一些计算。他很高兴看到我延续了他之前的研究，而我也让他知道我的博士论文进展情况。

我与大久保明的友谊对于完成我的博士学业起着至关重要的作用。我最初的指导教授拉特瑞，现在是我的博士学位考试委员会的一员，他说他不熟悉我所做的数学计算，但如果大久保明审查通过的话，他也会跟着批准。1973 年初，大久保明审阅过我的论文定稿之后，写信给拉特瑞教授，告诉他我的论点是可信的。拜那封信所赐，我成为埃贝斯迈尔博士。

同一年，大久保明在达拉斯的美国昆虫学会发表一篇论文，顺道拜访了我们一家。苏茜做了大家最爱吃的香鸡饭，堆满了白饭和鸡胸肉。苏茜、丽莎、温迪和我都各有一份，但是在我们盛第二份之前，大久保明早已狼吞虎咽地吃光了所有的饭菜。我们都看傻了，眼前这位瘦弱的日本绅士竟能像相扑选手一样，把食物一扫而空。

还有一回，我跟大久保明还有其他几位海洋科学家到一家以分量多而闻名的餐厅聚餐吃螯虾，大久保明的食量让我再度大开眼界。我们其他人都吃不完面前的那堆螯虾，而就在大家喝着啤酒聊工作时，只见大久保明一个人，用他小巧的手指安静地剥完并吃光自己盘子里所有的螯虾，接着又把我们剩下的螯虾一扫而空。

大久保明的食量给我提供了一个线索——他小时候可能忍受过磨难，以及第二次世界大战时美国海军投入海中的漂浮物对日本饥饿时期产生的影响，进而揭开这当中的秘密。大久保明从不喜欢谈到自己为何会有如此强烈的饥饿感，不过事情终究藏不住。

大久保明在东京长大，轰炸广岛和长崎的原子弹结束了第二次世界大战，当时他大约 20 岁。原子弹的爆炸使全世界惊慌和恐惧，可是对大多数日本人影响比较大的，反而是战时的贫困。美国政府使用了古老的战略，让敌人因为挨饿而投降。到了 1945 年春天，美国的飞机、水雷及潜艇已经击沉了超过 80% 的日本商船。为了赶尽杀绝，从 1945 年 4 月到 8 月，B–29 轰炸机在日本各地的港口投下了超过 4 万枚水雷。盟军对这个布雷战略的后果了如指掌，将其称为“饥饿行动”。

水雷在悄悄地扼杀日本。最后投下原子弹的时候，日本人民已经濒于饥荒的边缘。反水雷防卫队的司令田村丕显（Tamura Hiroaki）海军上将写道：“如果美国的布雷战略早 3 个月开始，日本可能就会在 8 月之前投降，广岛的核爆灾难时代就不需要开始了！”

大久保明正是在“饥饿行动”时期差点饿死的上百万日本人之一。饥饿在他腿上留下了疤痕，他的头发变成古铜色，同时也给他的精神造成创伤。在他后半辈子，吃东西就像永远没有机会再看到食物一样。他的食量变成一个传奇，同时他在科学界的声望正不断攀升，而他仍然对漂流的水雷保持强烈的好奇心。

全世界因为广岛和长崎的辐射尘而战栗，但可能极少有人知道半个世纪后，我在从巴恩斯那儿继承的所有物品当中发现了一张藏在军绿色铁盒子里的文件所隐藏的秘密：原本放置在日本周围用来击退美国军队的35000枚未爆水雷，在1945年被两个超级台风吹移到别处，扫雷艇都来不及找回。

像水雷这类致命的漂流物，被世人遗忘了好几年，甚至几十年之后，仍旧非常危险。最后一批为人所知的未爆水雷，在日本投降的10年后，漂到了夏威夷群岛。如今，从加州到阿拉斯加的渔夫，有时仍会捞到沉落海底的水雷。海中生物很可能会完全覆盖住水雷，潜水员根本无法从几米外察觉到。

1974年，我跟大久保明都搬到了西雅图。华盛顿大学承诺给他教授职位，但不知什么原因，他却陷入一个夹在3个系所（应用物理、海洋科学、计量科学中心）之间的摇摆地带。其实，无论是哪个系所，都能因他的才华受益。可是，华盛顿大学最后竟然违背承诺，使他变得无依无靠又身无分文，再次徘徊在饥饿边缘。

幸运的是，在我为“市水处”进行的污水追踪计划案上，大久保明在统计方面的才华可以派上用场。我付给大久保明2000美元，请他做出一套数学模型，描述我们所放的定深测流器的散布情况，包括过动蛇鲨对于污水扩散过程的效应。这份差事让他持续忙了6个月，这段时期，几个系所还在犹豫是否要雇用他。后来，他收到纽约州立大学石溪分校海洋科学研究中心的聘请，接下来的20年就为该中心工作。那期间，我们研究出来的漂流物散布计算方法，之后在海洋科学上也成了广为使用的工具。

落脚石溪之后，大久保明仍然经常造访西雅图，20年内来了50次，通常是为了履行跟华盛顿大学之间的合约，在计量科学中心与安德森（Lim Anderson）密切合作。有时，他会待上一个月，我就会帮他找公寓。我们总是结伴而行，追逐任何会激起我们好奇心的漂流物。我们的研究既没有获得学术界或政府机构的批准，也没有受到补助款及合约要求的限制，但却使得我们在学术期刊上发表了6篇论文。

我们在华盛顿大学的东亚图书馆找资料，查阅和翻译日本漂流物横渡太平洋的相关文献，以及这些漂流物在19世纪日本大开门户时期所扮演的角色。我们仔细推敲，漂流的浮石在生命起源当中所起的作用，也研究昆虫和冰山的群聚习性。

大久保明所做的研究题目范围之广令人咋舌。他可以在那些看似平常的消遣中，找出令人惊奇的发现，而且往往最终会绕回来，照亮那个漂浮的世界。

例如，大久保明对小说家爱伦·坡很着迷，他就读于约翰霍普金斯大学时，就去寻访过爱伦·坡在巴尔的摩的足迹。他常宣称爱伦·坡是不被重视的海洋科学哲人，他的才华在《瓶中手稿》和《卷入大旋涡》两篇短篇小说中表露无遗。后来，我才发现爱伦·坡对海洋学的演进有很大的影响。

1976年和1977年，我在“市水处”的工作接近尾声，我也开始重新四处敲门找工作，在美国国家海洋和大气管理局（NOAA）的西雅图办事处以及华盛顿大学，我的努力没有白费，获得了参与两个有趣、有教育意义又很重要的计划案的机会。唯一的问题是，第一个计划案差点把我害死，更确切地说，我差点害死自己和勇敢的飞行员。

当时，在皮吉特湾附近发生船舶漏油事件的可能性逐渐令人担忧。政治辩论正激烈地议论漏油事件可能带来的威胁，以及企业和政府是否做足了适当的防范措施。海洋和大气管理局正努力想要计算出，在皮吉特湾出入口的胡安德富卡海峡上的漏油究竟会被表层的海流带往何处。可是，那时还没有可用来模拟漏油现象的装置，于是我开始着手打造了一个，资金由海洋和大气管理局提供。由于海峡太大，无法靠一般的研究船来进行勘查，于是我想到了飞机。

我想把一张张薄塑料片铺在海面上，每张约两米见方，上面各漆一个数字，以便从低空飞行的轻型飞机上能够看见。更方便的是，我还可以从飞机上丢下塑料片，节省更多的时间和成本。这个方法听起来很简单，但是却需要做些准备，才能完美地执行。

那时还没有GPS，海洋科学家在使用一种叫做Mini-Ranger的微波追踪系统来判断所在位置。我在小飞机上装了一个Mini-Ranger，飞机低空飞行在漂流的塑料片上方时，可以方便读取位置。

接下来，我必须测试如何从飞机上抛下塑料片。我在塑料片背后贴上活动式百叶窗的条板，卷起后用绳子绑一圈，在交接点绑上一片胃药，药片泡水之后就会溶解，然后自动松开绳子。菲尔·泰勒（Phil Taylor）是华盛顿大学很著名的海洋技师，他把飞机飞到数千米的高空，让我丢下塑料卷，一切都如我设想的，塑料卷顺势掉入海中，并且成功展开。

这个方法显然可行，于是我向海洋和大气管理局提案，并签了一份合约，让我在胡安德富卡海峡西部追踪漂流的塑料片。1997 年 7 月，我制作了 100 张卷好的塑料片，租来了 Mini-Ranger，并且雇用菲尔开飞机。

我们在岸边设立了两个测距站，然后就从位于胡安德富卡海峡东部的天使港（Port-Angeles）出发。飞机到达预定位置之后，我就打开舱门，抛下一卷塑料片。菲尔警告过我，要用力往下丢，以免塑料卷卡在机尾。但是，无论我多用力，塑料卷还是会被卡住，导致飞机在离水面 120 米高的低空失控、打转。失速警铃响起，一流的飞行员菲尔踩下踏板，在飞机猛烈左右回旋一阵后，我才终于甩掉塑料片。当时，我们离水面只剩 15 米。

我们差点就栽进海里，离最近的海岸警卫队哨所也要有 50 海里，但是，菲尔仍处变不惊："咱们再试一次。"我以为他在开玩笑，但机身随即向上爬升。我投下第二卷塑料片，结果同样吓人，又一次死里逃生。后来，连菲尔也不认为我的计划会成功了。

需要海上协助时，向海岸警卫队询问准没错。我跑到天使港的警卫队哨所，询问他们能不能帮忙投递那些塑料片。果然不出所料，他们乐意帮忙。他们利用小快艇，载着所有塑料卷，以直线散布的方式横跨整个海峡，整个过程进行得很顺利。尽管漂浮的塑料片东摇西晃，但最终都漂到了海峡南岸。

我们证明了泄漏在胡安德富卡海峡的石油，将会被风由侧向推动，横跨海峡西半部，最后冲上美国海岸，而非加拿大海岸。

1976 年，我经常回到华盛顿大学海洋科学系，跟过去认识的人重新套套交情，同时也建立新的人脉关系。系里的塔夫脱（Bruce Taft）教授知道我学生时代在研究大博湾的水板，现在他可是"多边形中大洋动力学实验(POLYMODE)"的学科带头人。"多边形中大洋动力学实验"是美国与俄罗斯合作的计划，专门研究深海的涡旋，为此美国国会还提供了一笔 1000 万美元的资金。

我永远也不知道是什么政治目的促成了这项计划。不过，两国军方对涡旋产生兴趣，一定是因为涡旋跟水板一样，可以干扰声呐，隐藏潜艇的行踪。无论该计划的动机是什么，塔夫脱都期望我可以加入。

这真是天赐良机！深水涡旋是个广阔且未知的领域，从学生时代开始，我就一直渴望有机会能在广阔的外海追踪蛇鲨。但是那需要巨大的支持，普通的研究所学生几乎不可能争取到这样的机会。

现在，我们掌握了两大强国的资源，两方都迫不及待展示自己的科学实力。我不必再仰赖军方闲置不用的巡逻船来追踪难以捉摸的水板。美国海军刚申请购买了一艘长 55 米的研究船“环流号”，具备 8000 海里的强大续航力，专门用于研究跨领域的海洋科学。我实现了梦想，成为在一艘先进研究船上发号施令的科学家。

一个又一个接踵而来的会议，在哈佛和坞兹荷海洋研究所召开。在一次会议中，我提议在北大西洋中央的马尾藻海（Sargasso Sea）先进行一次试航，分组测试一下那些先进的设备。提案顺利通过，于是在 1977 年 4 月，我花了 3 个星期的时间绘制出马尾藻海的横断面。

这是我的第一份深海研究工作，尽管只是初步的研究，却令我大开眼界。我发现了 10 个蛇鲨，分布在百慕大南边 5000 米纵深的海水柱中。利用过去的数据，我查考这 10 个蛇鲨的亲代水体，发现它们来自方圆好几千海里的海域，各有各的温度、盐度、含氧特征以及氚“氢的同位素”含量。就像大博湾的蛇鲨，这 10 个深海蛇鲨都承袭了原有的“血统”。而且，跟我研究过的近岸海水一样，开阔海域也是由许多层非连续的水块所组成，大博湾果然是海洋的缩影。

1978 年 5 月，我们进入了实验计划最密集的阶段：两艘研究船密切配合，进行采样的时间长达两个月之久，比起以往我连续在海上工作的时间都还要长。我值班 12 个小时，从半夜到第二天正午，把电子感应器放进 2000 米深的海里，然后抄写仪器所记录到的温度。我们在一小块海域里发现了 31 个蛇鲨。根据这个数据以及 1977 年的采样结果，我估计，在海面下 2000 米深的北大西洋海水里，约有一万个甚至更多的蛇鲨，而全球的海洋里则漫游着比这数量多上好几倍的蛇鲨。

每次把感应器放进深海里，大约要花 3 个小时，剩下的时间很充裕，可以一边喝咖啡，一边观察有什么东西漂浮在海上。当我看到缠在马尾藻之间的塑料杯时，感到非常惊愕，但我怎么也想不到，有一天我会追踪类似丢弃物，就像我当时追踪深海水板一样。

“多边形中大洋动力学实验”终究避免不了政治的介入。在当时，俄罗斯政府将大部分的经费花在军事上，提供给非军事用途（譬如海洋科学研究）的经费寥寥无几。参与这项计划的那些俄罗斯海洋科学家，使用的仪器非常老旧，做出来的数据相当不准，通常无法使用。不过，为了维持政治气氛，我们必须装作若无其事。他们使用自己的数据做出来的结果，我们绝不挑剔。

为了“多边形中大洋动力学实验”，我造访过俄罗斯两次，1978 年夏天去了莫斯科；1980 年 4 月去了莫斯科和乔治亚。

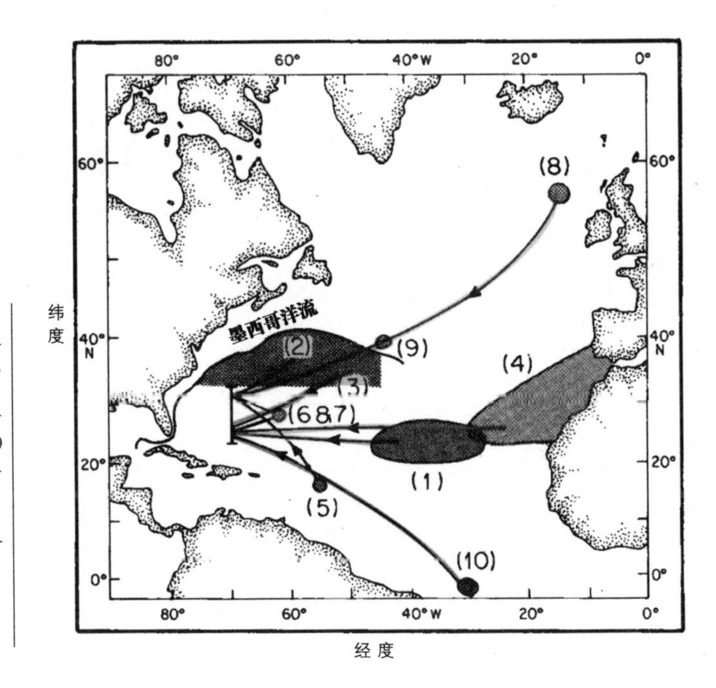

加入“多边形中大洋动力学实验（POLYMODE）”期间，作者在百慕大南边追踪到 10 个蛇鲨，水深介于 180 ~ 5200 米之间，这些蛇鲨来自的水域可追溯到 212 ~ 2808 海里之外。

第一次造访前不久，两位俄罗斯人权名人，物理学家奥尔洛夫（Yori Orlov）和数学家夏兰斯基（Anatoly Sharansky），因被捏造的叛国罪判刑入狱。“多边形中大洋动力学实验”计划的几个组员寄了联名抗议信给俄罗斯科学院，而我是唯一签了联名信又要去俄罗斯访问的人。

在莫斯科，我注意到酒吧里有个男人一直监视着我。我走上前去向他问好。“为什么你要寄那样的信？”他问我。我说：“在美国，市民写信给国会议员以示抗议是很正常的。”他意识到我不过是个无意捣乱又无辜的科学家之后，态度就不再强硬。他还问我：“既然大多数的海洋科学家不是为政府就是为大学工作，你干吗要自立门户呢。”我尝试跟他解释创业的意思，但他无法理解。

1979 年 12 月，我飞到澳洲堪培拉参加“国际测地学暨地球物理学联合会”的会议。这趟行程也跟“多边形中大洋动力学实验”计划有关，因为我要在会议上发表论文，内容正是我在北大西洋追踪蛇鲨的结果。

回程途中，我绕道而行。当时，澳洲航空的悉尼到旧金山航程提供一次免费的中途短期停留，于是我选择在斐济群岛待一个星期。抵达之后，我碰巧看到旅行社有个一星期的游览行程，目的地是海滩拾荒岛（Beachcomber Island），广告词上说这是个“完美的度假胜地”。

用“岛”来形容那地方其实有点夸大。它只是一个环礁，面积顶多 4000 平方米，我只花了 20 分钟就沿海岸线走完了一圈，但我还是设法找地方住，很快就结识了两位来自澳洲的老师。我们一起在平静的浅礁周围浮潜，我还教他们怎样用轮胎内胎拖运一整箱啤酒。

1985 年，我再次为了发表论文而造访澳洲，顺道拜访一位“多边形中大洋动力学实验”计划的研究伙伴。这次我带女儿温迪同行，中途又在斐济群岛停留一个星期，还到海滩拾荒岛游览了一日。尽管如此，当时那个岛的名字没有在我心中留下任何特殊印象。

3 | 漂流瓶

原始民族对海的了解，

恐怕比我们了解的还要更加真实。

——

我在此解读一切事物的特性，

大海里的卵与海难船骸。

——乔伊斯《尤利西斯》

进入20世纪80年代，我父母的生活发生变化，他们成为我生活中的常客。1977年，62岁的父亲被诊断出罹患黑色素瘤，已到晚期，这是销售巧克力那段日子留下的后遗症。他不顾自己容易晒伤的白皮肤，经常穿着短袖衬衫，沿着海岸公路南北奔波。

很久以前父亲就辞去了销售巧克力的工作，然后做两份不同的工作，一份是担任设计高压电塔的工程师；另一份是在加州大学洛杉矶分校医学院当医学绘图员。但是，过去的过度曝晒仍然找上他。他接受了外科手术，切除了左上臂一大块皮肤，然后在加州大学洛杉矶分校接受金制剂治疗。

之后，父亲身上相继出现更多病痛。关节炎疼痛让父亲无法外出，为此他大量喝葡萄酒以减轻疼痛。他还有充血性心衰竭的问题，收缩压飙升到310，导致一部分心脏瓣膜变形，75%的心脏功能无法正常运作。医生还在他的大肠里发现了癌细胞，但是因为他的心脏衰弱而不敢动手术。狼疮及帕金森症使他越来越虚弱，眼睛也因为青光眼而渐渐失明。

但是父亲与病魔抗战了19年，尽管帕金森症的症状逐步恶化，他仍用坚强的意志力驱动身体进行日常的活动。每天早晨，他会赤裸着全身，站在穿衣镜前，命令全身上下所有的细胞“立正”，使身体尽快康复起来。

可是到最后，当照顾加州老家那片半英亩大的院子对我的父母来说变得很吃力时，他们才意识到必须住进较小的房子。我总是告诉他们，如果搬来西雅图，我们就可以一起做很多事情。有一次，他们来西雅图，我拿出一张城市地图，在我家方圆一两千米内画了一圈，建议他们在这范围内买房子。1980年，他们终于买了栋房子，就在我家北边5条街以外。

我们确实找到了许多可以一起做的事情。时间好像倒退到20世纪50年代，父亲跟我总有做不完的小计划。每星期有几天，我会跟父母一起吃午餐，然后像平常一样帮他们整理院子。母亲变成了我的专职剪报员，在报纸上寻找任何与洋流有关的报道。父亲帮我在许多计划报告和期刊上画插图，当时如果没有父亲的帮忙，就可能无法独力完成那些工作。到后来，父亲的右手颤抖得越来越严重，就不得不停止画画了。

父母还用卖掉加州老家所剩的余钱，买了一辆二手的黄色雪佛兰房车，之前的车主才开了几千英里。母亲替车子取名为“黄鸟”，她去世之后，车子作为遗产留给了我，直到今天我都还开着它。

这期间，道格和鲍勃创立的埃汉顾问公司已经发展壮大，我也多雇了一些人。海洋学家都爱开派对，特别是我带领的埃汉西区分公司，几乎可以拿任何理由来当做庆祝的借口，而我父亲就经常为大家烧烤食物（他的一道拿手菜是：从新家的院子采来葡萄叶，把鲑鱼铺在葡萄叶上，然后烧烤）。尽管父亲一身是病，但他总有办法让自己找到快乐。

与此同时，对我来说如同父亲一样的巴恩斯则生活在阿兹海默症的阴影下，但是他惊人的体力仍旧支撑着他走下去。巴恩斯经常来参加埃汉顾问公司的派对，我想，看到自己昔日的几个学生一起进行海洋科学工作，对他来说是莫大的鼓舞吧。

然而，随着时间流逝，阿兹海默症也夺走了巴恩斯对朋友和同事的记忆，学校为他荣誉退休后提供的办公室，他也不再踏入。最后，他的家人拜托我清空那间办公室。我在自家的地下室里复制了一间和巴恩斯那间办公室一模一样的办公室，希望哪天巴恩斯来，可以唤起他某些记忆。唉，可惜这愿望也没能实现。

不过，就在我筛选巴恩斯的论文时，我发现他留下了好几百张笔记纸条，都夹在他希望我读的期刊和书页里，其中有许多纸条将会成为我日后的重要向导。

经营埃汉顾问西区分公司还有额外的好处。每年，董事会（也就是道格、鲍勃、我，还有我们的老婆）都会选一个对海洋科学企业而言再适当不过的海边景点，举行年会，比如墨西哥的坎昆、巴贝多、开曼群岛、圣马丁岛这些加勒比海度假胜地。

后来我们发现，公司的运营在反向的石油危机冲击下变得多么脆弱。1986年，石油输出国组织的会员国不再设定生产限额，导致油价暴跌。仅仅一个月时间，我们就失去了所有跟石油有关的顾问工作，约占公司四分之三的收入，

作者和父亲于1986年的合照，父亲双手捧着的是作者的女儿温迪在罗斯湖钓到的将近80厘米长的花斑鳍鱼。

原因要归咎于恐慌的石油公司取消了订单。加勒比海的董事会出游就此中止。

公司面临破产，因为我们忽略了经商最基本的原则之一：多元化经营，以分散风险。在西区分公司，我做到了扩大客源，但休斯敦总公司的经营却依旧极度依赖石油产业。后来，另一个机会向我们招了招手。联邦矿产管理局(MMS)负责监督钻油产业及其对环境的影响。我们从海洋学界的小道消息得知，矿产管理局将为一件百万美元的案子进行招标，他们想找人研究北卡罗来纳州外海的锋面涡旋。锋面涡旋是指温暖海水的温度骤降所产生的涡流，或是墨西哥湾流的近岸及离岸交界处的锋面带。(矿产管理局和北卡罗来纳州政府都担心，在近海发生的漏油，会被涡旋给卷上岸。)更重要的是，这件工程预备留给像我们这样的小公司来执行。

如果我们成功中标，将可以继续保住公司，但是仍然无法解决现金流转的问题。我们要等到石油危机过了一年之后，才会收到款项，而我们现阶段就需要 40 万美元，才能继续运营下去。

银行无法帮忙，但一个意想不到的人伸出了援手：鲍勃的太太葛琳达，她继承了一大笔财产。1932 年，葛琳达的父亲在查塔努加市（Chattanooga）的一家卖场当餐饮服务生。其中有一位客人，因为对他的服务品质很满意，于是提议如果他愿意来管理餐厅，就给他那家创新连锁餐厅 10% 的股份。

当时正值经济大萧条时期，辞去稳定的工作是很冒险的举动，但最后证实这是值得的。葛琳达父亲冒险的成果，就是美国第二老字号的连锁汉堡店 Krystal，成为维持我们继续经营的资金来源。我们躲过了破产的危机，把埃汉顾问公司经营成一家拥有 30 位员工，年收入 500 万美元的企业。

确定用来追踪洋流而刻意投掷的漂流物，成了我的工作重心。

1987 年，为了矿产管理局的研究案子，我第一次使用卫星追踪漂流物。我们必须非常谨慎，因为当时要获得卫星数据得花很多钱，每个卫星浮标的数据传输费是电缆包月费用的 10 倍，而且一旦释出之后就无法收回。因此，我在研究过程中，只敢购买为期 3 周的数据。

我们实地即时追踪了几个锋面涡旋，就像我在“多边形中大洋动力学实验”

里追踪开阔海域的蛇鲨一样，只是难度更高一些，因为有些涡旋刚一开始形成就迅速消失了。我们就像冲浪的人，试着判断该划向哪个浪头。最后，总算设法追踪到两个维持原有特性的涡旋，并以两位喜剧演员的名字来命名：一个叫“艾迪墨菲”，另一个叫“艾迪哈灵顿”。

能够追踪这些水做的风滚草是一件很棒的事，而我原本有机会看到这些涡旋如何困住漂浮物（从漏油到保丽龙杯都有），然后带着这些漂浮物横跨大西洋，到达欧洲（在直布罗陀海峡形成的地中海涡旋，路径则恰恰相反）。但是我们的资源和可及范围有限，拿到的经费只够在北卡罗来纳海岸进行研究。每个我参与的环境研究案子，都能让我更加了解海洋的整体面貌，却也都留下更多的遗憾。

尽管如此，几年后我拿到了一些证据，可以证实锋面涡旋横跨大西洋的活动。已故剧作家尼克·达克（Nick Darke）也是个热心的海滩拾荒人，他住在英国西南端的康瓦耳郡，他家外面的海滩就正对着涌入的墨西哥湾流。他拿了两块拼花地板给我看，两片木板在沙滩上搁浅的位置相隔几米，却能完美地拼接起来。达克推测，这两块木板是一起漂过来的。假设真是如此，那么它们可能是被同一个小涡旋缠住，也许就是一个锋面涡旋。

1986 年 3 月 5 日，我进行了另一项漂流物的研究，也是我最喜欢的研究之一，而且离家比较近。拉德洛港（Port Ludlow）是靠近皮吉特湾入口的一个小港湾，那里有个大型的度假村，老板想要争取到许可证，以便把更多的污水排入内湾。由于遭到当地居民反对，于是老板就请我去跟居民们调解。

引起争议的是港湾净化的速度有多快，也就是新鲜的水多快能取代污水。问题是冲刷的过程很难测量，这通常牵涉到温度、盐度、水流速度，然后要将这些测量值放进复杂的数学模型，复杂的程度定会让审查委员和外行人一头雾水。而且我只有一万美元的经费，根本不够设置和取回流速仪。于是，我决定采取新方法：直接测量冲刷过程。

我提议设置 300 根漂流木条，然后把木板条加上重物固定，再把泡棉睡垫剪成条状，用胶带捆绑做成浮架，让木板条直立在水中。我先在木条顶端绑上红、黄两色的旗子，这些旗子就在水面上方一米的高度随风飘扬，然后我把浮架分散在港湾各处，接下来就等着看冲走这些木条需要多长时间，而这样一来，开发商和居民都能清楚看到港湾自我净化的速度有多快。

我没有抱任何期望，也准备好要在现场待上一个星期甚至更久。在白天，为了追踪这些漂浮木条，我开着快艇，每隔几个小时，就用六分仪在海图上标示每根木条的位置。我并没有足够的经费可以在木条上设置灯泡，而当时也没有便宜的 GPS 追踪器可以使用。

风平浪静，在阳光下进行这项研究很好玩。我意识到，即使是一点微风都可能影响研究结果，所以我晚上要起身好几回，仔细检查一遍，水面如玻璃般平静，船上的旗子垂在旗杆上。等破晓时分，我惊讶地发现，除了其中 4 根木条之外，其他 296 根木条全部流出了港湾，而还在港湾里的那 4 根，则卡在岸边的灌木丛中。

一开始，我以为是有人拿走了那 4 根木条，后来有一位度假村船坞的船员，自愿载我到处去看看那些木条的去向。一整天搜寻下来，我发现快速流动的潮水把木条冲散到 11 海里之外，这是我看过的最快速的冲刷过程。这个结果既清楚又令人信服，老板和不安的居民都觉得满意。环境调查研究很少有这种皆大欢喜的。

因为情况所需，所以我在拉德洛港改用漂浮木条，但结果证明，这确实是最好的调查工具。就此而言，我其实是承袭了一个有 150 年历史的海洋科学传统，或可以说是千年的传统，看你想怎么计算。

我们可以相当确定，第一个使用测定漂流物的民族是在 9 ~ 10 世纪殖民于冰岛的古挪威人。我是从冰岛人斯蒂芬森（Unnsteinn Stefansson）1962 年写的博士论文中，得知这些原始海上漂流物的探险——而这份资料，正是我在整理巴恩斯的办公室时发现的。

就和巴恩斯一样，斯蒂芬森想到要查看别人没看过的地方，结果在古挪威的历史传说中，发现许多描述冰岛周围海域的漂浮物活动的详细记载。后来我根据《冰岛开拓史》这部 12 世纪宗谱的描述，画出了 7 样漂流物的路径，其中包括一具棺材。

雷神索尔（Thor）告诉古挪威人，应该到哪里定居下来：靠近岛屿的时候，他们应该从船上抛下最宝贵且可以漂浮的物品，譬如仪式台的面板和高脚椅的座杆，然后在这些东西冲刷上岸的地方落脚开垦。年老体衰的首领“老夜狼”在他的维京战船靠近新陆地时，感觉到自己时日不多，就指示儿子将他的尸体投到海里，然后在尸体搁浅的地方开垦家园。所以，“老夜狼”即使成了漂浮物，依然继续领导他的氏族。

跟“老夜狼”的儿子一样，英高夫·阿那森为了摆脱杀人罪的惩罚，逃离挪威。像其他维京人一样，他在靠近冰岛的时候，把自己的座杆丢进海里。他把座杆搁浅的美丽港湾命名为“雷克雅未克”，意思是“冒着烟的海湾”，灵感来自附近的火山口。后来，更多的开垦者跟着他们自己的上岸座杆和台板，也来到这里。

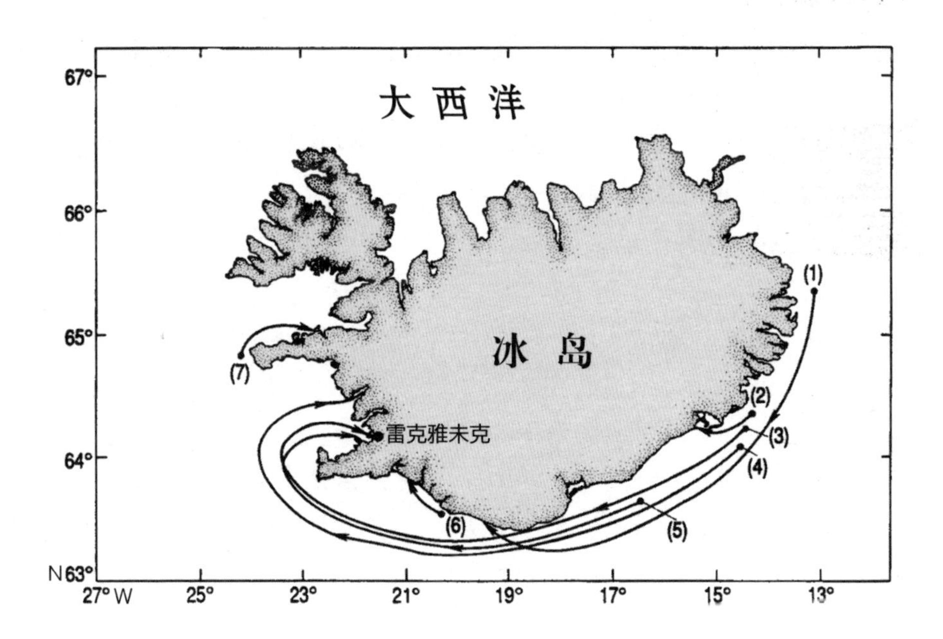

根据《冰岛开拓史》记载，860 ~ 930 年，维京首领在接近冰岛的时候，抛下船的 7 件漂流物的流向：(1) 娄德曼的高脚椅座杆；(2) 罗楼的座杆；(3) 索德·斯凯基的座杆；(4)“老夜狼”的棺材；(5) 英高夫·阿那森的座杆；(6) 哈斯坦的台板；(7) 索罗夫·摩斯特胡的座杆。

于是，冰岛的首都诞生了。

索尔的指示其实正是应用了正确而实用的海洋科学。漂浮物领着殖民者，来到鲸鱼和漂流木聚集的地点，对于几乎没有树的冰岛而言，漂流木是很珍贵的资源。这就是我所知道的首次使用测定浮标的例子。

两个世纪后，有位日本的流亡诗人，同样丢出了一些漂流物，希望借此找到他的故乡，甚至引领他回家。这段故事是大久保明告诉我的，记载于中世纪的史诗《平家物语》当中，他认为这是真实的故事。

1177 年，宫内争权余波不断，诗人平康赖受到波及，遭放逐到偏远的岛屿。他在无数个称为“浮图牌”的小木牌上写下 1000 首诗，哀叹自己的苦境，然后将木牌丢进海里，希望（或者期待，如果他熟悉当地海流的话）有些木牌会漂到 155 英里外的父母手上。其中一块浮图牌漂到了皇宫附近，天皇看过之后，大受感动，于是召回了平康赖。

平康赖的浮图牌是没有瓶子的漂流瓶。8 个世纪后，送出漂流瓶的风潮席卷全世界，这当中还有作家爱伦·坡的推波助澜，尽管他是以写作恐怖小说著称，而不是无拘无束的跨洋交流。最初就是因为大久保明对爱伦 · 坡的喜爱，给了我这个灵感。

大久保明一直很欣赏爱伦 · 坡在小说中描述的海洋研究文字，尤其是 1833 年一出版就大获好评的《瓶中手稿》。故事主要描写一位逢遭厄运的水手、船上唯一的生还者漂向无情的命运的故事，但爱伦 · 坡也借机向那个着迷于长途通讯的年代发出召唤。这篇小说似乎发挥了强大的影响力，改变了人们看待和利用海洋的方式。英国作家狄更斯后来也加入进来，在 1860 年出版了短篇小说《来自海洋的消息》，讲述一个命运“瓶书”的故事。

后来，我从 1843 年和 1852 年的《航海杂志暨海军记事》中，找到了 3 篇由海军少将比彻（Alexander Becher）所写的文章。这几篇文章有些晦涩难懂，却不失精彩，也让我弄懂了整个漂流瓶的来龙去脉。

比彻少将所主编的杂志定期记录“瓶纸”（bottle papers），即当时的漂流瓶。在那个时代，研究者渴望获得跟海流相关的有用资料，认为这些漂流物具有重要的科学价值。而在当时，漂流物还很稀少，世界上知道漂流瓶的人更少。比彻记录了 1808 ~ 1852 年，在北大西洋亚热带环流中释放和取回的 174 个瓶子。我们认为可以把北大西洋亚热带环流称为“哥伦布环流”，因为哥伦布正是成功驾驭这个环流的第一位航海家。

我根据比彻的文章，画出了一个时间轴，记录那 44 年间每年释放出的漂流瓶数量，画出来的图显示出了几个有趣的历史关联。

1822 ~ 1828 年都没有任何漂流瓶被投进海里，原因可能是拿破仑战争和 1812 年的俄法战争。1819 年，漂流瓶的数量开始增多。那年，史上首次有人搭乘轮船横渡大西洋。

爱伦 · 坡的《瓶中手稿》出版之后，漂流瓶的数量更是增加了两倍以上，平均每年有 8 个漂流瓶，这个数字在往后的一个半世纪仍持续攀升。

比彻和爱伦 · 坡两人都非常有远见。比彻是记录环流内漂流物航行路线的第一人，采用的监测系统，与我在 20 世纪 90 年代重新使用的方法相同，即海滩拾荒者的情报网。

爱伦 · 坡则启动了一个持续到网络时代的风潮，他不但让海洋科学改观，甚至可能也改变了捕鱼的方式。爱伦 · 坡让海上送信日益流行的同时，也在传播一件令人惊讶的事实：玻璃容器可以在开阔海域里幸存，与海浪撞击，最后毫无损伤地抵达彼岸。

几年后，捕鱼业似乎也从中得到了启示。在此之前，渔网的大小以及渔获量都受限，因为用来悬吊渔网的木制浮标既笨重又容易吸水。19 世纪 40 年代初期，克里斯多夫 · 费伊想出了改革方法：用玻璃浮球。费伊的浮球鼓舞了渔民们，他们将渔网改造得更大，渔获量也因此大增。玻璃浮球无论好坏，都无法阻挡工业革命横扫渔业的脚步（想想今日严重的过度捕捞）。

研究大海的学生同样也意识到几乎不会沉的玻璃瓶所具备的潜力，开始抛出他们自己的漂流瓶。所以，爱伦 · 坡无意间孵化出了这门意外出现的海洋科学。美国、德国、英国的海军，都渴望了解他们所航行的海流，开始有规律地投掷研究用途的漂流瓶。1885 ~ 1887 年，热爱海洋学的摩纳哥王子艾伯特一世（Albert I），从他的多桅纵帆船上投下 1675 个瓶子及其他漂浮物，大多数是投在中北大西洋的海域中。

尽管玻璃瓶已经被证实很耐用了，却还是有喜欢冒险的漂浮物实验家坚持用更坚固的容器。海军少将梅尔维尔（George W. Melville，曾经成功“搭乘”北极浮冰，此壮举让他升为美国海军总工程师）在1899～1901年，把50个流线型、两端镶有金属的橄榄球形木桶从巴罗角投进大海。其中一个在1902年漂到了西伯利亚，另一个在1905年漂到了冰岛，第3个则在1908年漂抵挪威。这些橄榄球形的木桶，是第一批顺利航行整个西北航道的人造漂流物。

许多海滩拾荒者的梦想是捡拾到漂流瓶，只要能捡到一个就好。然而有个叫古斯维克（Wim Kruiswiik）的人，却捡到了超过600个漂流瓶，他不知哪儿来的好眼力，可以认出别人（包括我自己）没看到的上岸漂流物。古斯维克曾经在赞德福特（Zandvoort）这个北海小镇，经营“海滩拾荒博物馆”，替漂流瓶汇编过一份社会学资料，这可以说是史上首次以统计方法分析人们投掷漂流瓶的动机的行为。

古斯维克的统计显示，来自29个国家的435个漂流瓶当中，有超过三分之一是来自想要寻找笔友的人，有四分之一只写上寄信人的住址，留给找到的人去猜测他们的动机。还有将近13%来自同一个比利时渔人，请收到漂流瓶的人从自己的家乡寄明信片给他。

另外，8%的漂流瓶分享了笑话，6%的漂流瓶含有传教信息。譬如，来自法国诺曼底地区的“索取免费《圣经》”组织，1个英国的牧师、6个摩门女传教士，以及1个住在美国肯特州的前拳击手说自己“看见了神光”。

有一小部分漂流瓶是来自学校发起的课业活动，其他的则是情书、素描画、广告、色情图片，或是请求帮助的信息。还有一个漂流瓶是抗议环境污染，但他显然没把自己丢进海里的玻璃瓶算在内。

除了科学家以外，人们有各式各样的理由把信息投进海里，从宣传、抗议到个人情感抒发都有。荷兰画家诺兰德（Henk Norlander）会把完成的草稿卷起来，放进葡萄酒瓶里，投进北海，送给远方不知名的收藏家。

理由可笑也好，深奥也好。这些漂流瓶可以漂流许多年，甚至好几个世纪。

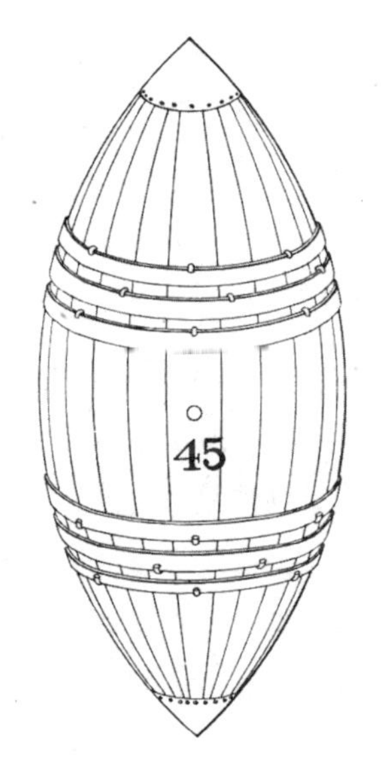

美国海军工程师梅尔维尔设计的橄榄球形漂流木桶，是第一批顺利旅行整个西北航道的人造漂流物。

DRIFT CASKS

DESIGNED BY

Commodore Melville

TO SHOW THE

Arctic Drift

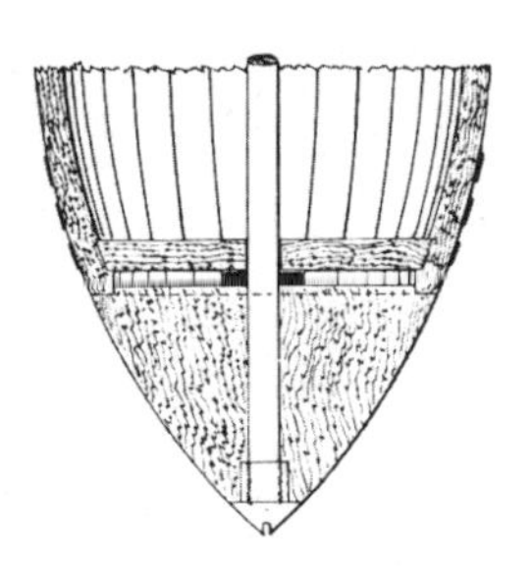

漂流瓶就像移动的时空胶囊，留给不知名的陌生人去发现。它们是随时可牺牲的侦察兵，就像我们发射到浩瀚宇宙中的太空船，虽然我们知道再也看不见它们，但是仍然希望有一天，听到太空船从我们到达不了的地方传来消息。

或许因为这样，历史悠久的啤酒商决定用漂流瓶来庆祝自己的200周年纪念日。华盛顿州、佛罗里达州、得州等地的海滩拾荒人告诉我，他们从漂上岸的物品当中发现的一些啤酒瓶，跟平常的有点不同，这些酒瓶上面有竖琴、世界地图的浮雕图案，以及这么一句话："1759～1959，特殊酒瓶投海（大西洋），纪念庆祝健力士200周年，1959。"透过咖啡色的玻璃瓶，隐约可以看见瓶内的纸卷和戳印。

直到BBC电台的"漂流瓶"节目采访我，我才知道这些漂流酒瓶的来龙去脉。构想出这个噱头的是健力士不苟言笑的董事长福西特[①]。1954年，健力士200周年纪念的前5年，福西特以甜言蜜语哄骗健力士的航运伙伴，在遍及全球的11个地点，投下5万个纪念啤酒瓶。到了200周年纪念那年，他已派了38艘船，将15万个酒瓶连珠炮似的投入了大西洋和加勒比海。

福西特的计划非常周到，他的酿酒厂甚至买了保险，以防万一有海滩拾荒人被碎酒瓶割伤而要求赔偿。酒瓶内的纸卷传达了海神的指示，告诉捡到的人如何回收酒瓶，做成装饰用的桌灯。1954年出厂的限量珍藏版酒瓶里，还附赠了一块小巧的金属制魔法精灵，旁边的卡片上写道，这块是精灵亲吻过的"巧言石"[②]。

但是，最大的挑战是将瓶口封妥，好承受得住大海的波涛。福西特最后决定采用三层密封的方式——圆形软木塞、金属瓶盖、铅皮封装，预期这样足以维持"至少500年"。他还说："你想想看，这些漂浮在世界各大洋上的酒瓶，有许多说不定比读到酒瓶里字条的多数人活得更久，这或许是我觉得最有趣的

① 福西特（A. W. Fawcett），员工戏称他为A.W.F，说这个缩写代表"Appointment With Fear"（"与恐惧有约"）。

②巧言石（Blarney Stone）：爱尔兰布拉尼城堡中的一块石头，相传亲吻了石头之后，就能口齿伶俐，善于言辞。

一点。”

“正经说来，漂流瓶这件事，是为了帮助我们研究出完美的封瓶包装。”健力士发言人苏·嘉兰告诉 BBC。接着她坦白地说出其行为背后的真正动机：“当然，世界各地会有很多人捡到瓶子，写信过来，然后在报纸上制造新闻。”

无论动机如何，他们的密封方式确实成功了。即使到现在，健力士每年都还会收到发现漂流瓶的人写来的两三封信。其中有一封，来自墨西哥被关在圣玛丽亚岛（Isla Santa Maria）的囚犯，他用类似《圣经》的叙述风格，描述发现过程：他“正在海滨敲碎石头”的时候，“看到漂浮的瓶子中装有羊皮纸”，上面写着迷人的字句。另一个来信者说，伊努特原住民猎人在哈得逊湾口的科茨岛（Coats Island）附近，发现了冲上岸的酒瓶，大约有 80 个，猎人们拿酒瓶来练习投石技巧，后来才知道健力士提供回收的奖赏。

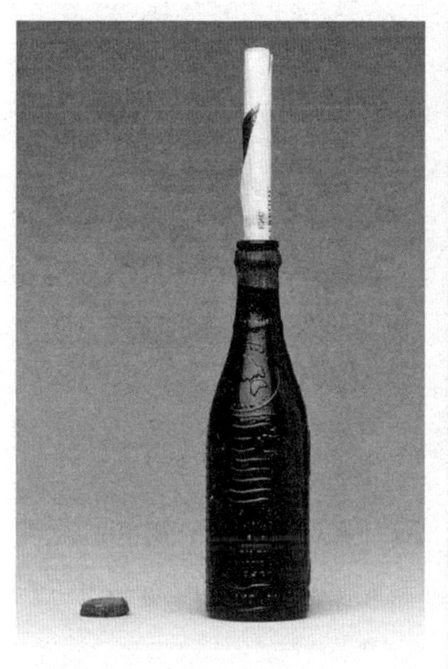

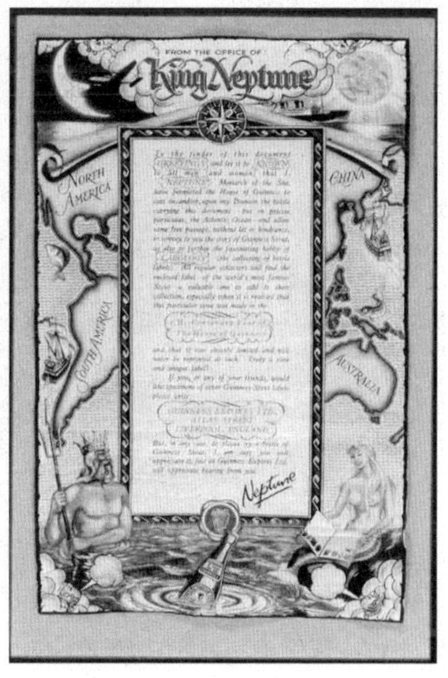

健力士（Guinness）的海洋宣传活动：他们总共抛出了 20 万个纪念瓶，瓶子内的纸卷上有海神的正式宣告。

200周年纪念瓶投海的活动结束后好几年，英国海军部才向健力士征调漂流物的纪录。

有的时候，海岸上的沙子似乎与近海的海流串通好，匿藏漂流瓶，长达数十年。后来终于有一天，涨起的海水与暴风雨冲走细沙，瓶子才重见天日。这现象在阿拉斯加尤其常见，也就成为最常有失踪多年的漂流瓶出现的地点。

1994年，美国国家气象局职员杰克·安迪考特，在靠近亚库塔特（Yakutat）的海滩上，发现了一个完好的瓶子，瓶内的印刷信函上写着："请捡到瓶子的人向西雅图的国际渔业委员会通报，可以获取25美分的奖励。"这笔奖励在今天看来或许很吝啬，但是上面写的期限是1935年3月31日，在当时这可是一笔很实在的数目。

掩埋60年之后重见光明，还不算什么——最后在阿拉斯加科尔多瓦（Cordova）附近落脚的"沙皇之瓶"，它的冒险事迹更精彩刺激。

1994年冬天，布鲁克和盖尔趁着暴风雨停歇之际，到海滩上拾荒寻宝，他们瞧见沙丘上露出一个琥珀色的瓶子。瓶身并没有特殊的记号，但是他们看到里面有张浸水的纸，于是用小钳子夹出碎纸片，并且写信来问我的意见，我建议他们试着拼凑那些碎片。

他们最后拼出了印有日文、俄文和英文的内容，上面隐约读得出的主要信息是"海参崴……西伯利亚东部……太平洋海测探险"，背面写着"俄罗斯帝国……投于1922年7月5日至18日间，北纬54° 26'，东经141° 55'。"这个坐标显示出，当时投掷瓶子的地点，就在库页岛北方的鄂霍次克海。

但是，为什么沙皇的海军会在第一次世界大战的前一年，探索那片幽暗虚无的海洋？

答案就藏在1904～1905年可怕的日俄战争中，那是现代历史上亚洲军队首次打败欧洲军队的战争。俄国战败的原因之一，是因为军舰必须绕过非洲，才能抵达位于满洲的前线，而且在决定性的对马海峡之战中，波罗的海舰队前来支援得太晚。战后，为了长远之计，俄罗斯帝国海军开始在西伯利亚结冰的水域，探索到达远东地区的捷径。

俄国海军建了两艘破冰船“泰梅尔号”和“瓦伊加奇号”，在1922年7月从海参崴向北出发。两艘船航行在亚洲大陆与库页岛西岸之间浓雾笼罩的水道上，避开疾速向南扫过库页岛东边的强大海流，而朝鄂霍次克海和堪察加半岛前进。“泰梅尔号”绕过库页岛北角、进入鄂霍次克海的时候，船员丢出了一些漂流瓶，布鲁克和盖尔72年后捡到的漂流瓶，正是其中一个。

那个瓶子是怎么从库页岛漂到科尔多瓦的？首先，俄国破冰船所避开的强大海流，给了很大的助力，让它一天可以漂15英里左右。到了年底，瓶子已经向南漂离得够远了，不会被困在几乎全面冰覆的鄂霍次克海中。在千岛群岛南方的某处（大概是在日本北海道的外海），瓶子进入了北太平洋亚热带环流（又称“海龟环流”）。

表层洋流模拟程序（OSCURS）显示，两三年后，瓶子会抵达加拿大不列颠哥伦比亚夏洛特皇后群岛的外海，接着漂向北边的阿拉斯加威廉王子湾，最后在1917年前后（此时革命浪潮正席卷投掷这瓶子的俄国），海浪把它埋进沙里。瓶子在这片沙地上沉睡，度过了第一次世界大战休战纪念日、俄国内战、第二次世界大战、冷战、朝鲜战争及越战。

最近又有一个沙皇的瓶子出现在挪威外海的斯匹兹卑尔根群岛，现在我正在追溯这个瓶子的投掷地点和漂流路径。毋庸置疑，仍有年代更久远的瓶子在海里随波逐流，或是藏在人迹罕至的沙丘里，仿佛来自另一个时空的坚忍使者。

传教者利用漂流瓶来传播神的旨意。《圣经》上就有不少这样的经文：“当将你的粮食撒在水面，因为日久必能得着。”（《传道书》11：1）、“耶和华打雷在大水之上”（《诗篇》29:3）、“我几次流离，你都记数；求你把我的眼泪装在你的瓶子里[①]”（《诗篇》56：8）、“你们在各水边撒种牧放牛驴的有福了”（《以赛亚书》30:20），当然还有“人若不是从水和圣灵生的，就不能进神的国”（《约翰福音》3：5）。

① 此句经文，在中文合订本《圣经》里译作“求你把我眼泪装在你的皮袋里”。

我不属于任何一个宗教组织，因为宗教组织干扰了太多事情，然而我又很难逃脱海洋及海洋科学带有的神性。类似的说法让大部分的海洋学家和其他科学家都感到不自在，我非常清楚如果自己的发言不摒弃宗教的隐喻，同事们会给我何种眼神。同样，如果我跟宗教团体谈论海洋，他们的肢体语言会变得僵硬，怀疑我是不是还没重生。

尽管如此，宗教和海洋还是紧密缠绕在一起的，甚至在海洋科学里也是如此。

19 世纪中叶，美国海军天文台的台长莫里（Matthew F. Maury）突然从《圣经》中得到一个启示，之后就开创了现代海洋科学，因此也经常尊称他为“海军海洋学之父”。卧病在床的莫里，要儿子读《圣经》给他听，《诗篇》里的描述触动了他：“大海里的鱼群，以及它们游动的路径”，然后他发誓如果海里真有“路径”存在，他要亲自找出来。他的成果就是 1855 年出版的先锋之作《海洋自然地理学》（The Physical Geography of the Sea），一部近乎《圣经》的科学作品。

来自西非内陆国家布基纳法索的治疗师梭梅（Malidoma Patrice Some）如此写道：“人们，特别是遭遇难关的人们，会自然而然受到水的吸引。”耶稣早就看出了这个事实，他在海滩上讲道，从渔夫中选出大多数的门徒并非偶然。“想学会祈祷的人，就让他走向大海。”同样的，如果有人想找到虔诚的信徒，有福音传道者想寻找易受漂流瓶感召的人，也该走向大海。

而有的时候，这些漂流瓶就是出现得正是时候。

1983 ~ 1984 年，冒险家麦金托什（Graham Mackintosh）走在墨西哥最北部加利福尼亚的海岸线上，来到马拉利莫海滩（Malarrimo Beach）时，他先是遇上了诱惑，后来又及时从搁浅的瓶子里获得灵感。

马拉利莫海滩是一个伸向太平洋、呈镰刀形状的荒芜海滨，位于美墨边界以南 650 千米的地方。在我的经验里，马拉利莫海滩是个不折不扣的海滩拾荒天堂，所有北太平洋的残骸碎片、漂浮物都搁浅在这儿，有时甚至还能凑成一个应有尽有的酒吧台。

麦金托什发现了完好如初的罐装啤酒和一瓶瓶兰姆酒、苦艾酒、白兰地、苏格兰威士忌、日本威士忌、伦敦琴酒。他抗拒不了这么多诱惑，几杯黄汤下肚后，连续好几天半醉半醒地在细软的沙滩上晃荡。最后，他偶然发现了另一个搁浅的瓶子，看到标题为“天降神助”的教会传单，上头谴责烈酒的邪恶本质。于是他抛开酒精，继续前行，后来还因此获得威名远播的“年度冒险旅人奖”。

我是在华盛顿大学的图书馆里偶然发现了所有瓶装福音传教士的始作俑者。有几本在20世纪四五十年代广受欢迎的杂志，都做过一个特别报道，专题人物是塔科马的菲利普斯（George Phillips）牧师，说他是第一个把海洋当作教会讲坛的人。我好奇菲利普斯牧师是不是还在塔科马，不知他是否拥有有用的海流资料。可是，由于他的名气已经过去，我问过的每个熟人、同事或地方教会，都没有人听说过他。

后来我在查询市区电话簿时，找到了一位菲利普斯，仍然登记着在20世纪40年代就有的塔科马住址，于是就打了电话过去。我得知菲利普斯牧师已经过世了，但是他90岁的遗孀艾拉愿意告诉我，她和她丈夫如何投掷了4万个布道漂流瓶。

故事得从经济大萧条时期说起。

纳尔（Carleton E. Null）曾经是默片演员、授过勋章的第一次世界大战作战军官，在戒酒重生之后，开始在美国各地的马路上宣扬福音。纳尔和伙伴一面开着车，一面把卷在七彩玻璃纸内的传单，投给路旁的游民。这些从车上抛下的投掷物，看起来很像鞭炮，后来变成人们口中的“福音炸弹”。纳尔得意地说，自己投出的1000万个福音炸弹，替教会带来了5万个新成员。

纳尔在乡间传道巡回途中来到了塔科马，他的传道方法给了菲利普斯一半的灵感，另一半则来自大海。菲利普斯回忆道：“1940年4月，某天我到家附近的海滩去，看到潮水载着漂流木。于是我想，我何不用同样的方法传播福音呢？”

跟纳尔一样，菲利普斯也是戒酒重生的人，他想到可以用瓶子来装不同的瓶中物，来散播救赎。“威士忌一度让我沉沦，现在我想让它带我上进。”菲利普斯辞掉了之前的工作，不再卖房子和二手车，将所有的时间投入到他的“世界传教活动”之中。他成了资源回收的先锋人物，在大街小巷、垃圾桶及市区垃圾场，寻找可用的瓶子。

菲利普斯夫妇投出的4万个福音水雷，最后搁浅在美国太平洋沿岸以及墨西哥、夏威夷、新几内亚和澳洲。甚至还有两个完好的瓶子，在1957年“奥德莉”飓风侵袭东南沿海的路易斯安那州后，出现在倒塌的房屋与尸体之间。他们的福音信息引来1500封回信，其中1000人发誓从此戒酒，而有几百人立誓要回到教会。

有一位曾在芝加哥经商的商人，与年幼的儿子在墨西哥阿卡普尔科(Acapulco)附近的海滩上拾荒，找到了一个菲利普斯的漂流瓶。当初公司破产，芝加哥商人潜逃到阿卡普尔科，从此跟太太也疏远了。瓶子里的训诫小布道最后写着:“你的罪终究一定会找上你。”如此尖锐的训诫有如当头棒喝，他返回家，重振事业，还完债务，也与太太重修旧好。他还写了一封信给菲利普斯：“这一切都要感谢从海上漂来的漂流瓶。”

受到许多菲利普斯相关报道的启发，“瓶中教会”开始在世界各地涌现。20世纪中叶，菲利普斯牧师和志同道合的“福音炸弹客”，总共投掷了约30万个装着抄写《圣经》训诫的漂流瓶到大海里。在那之后，漂浮的福音就大量消失了，也许是让电视福音布道者，以及其他更有效率的传教媒介给取代了。不过，偶尔还是会有神谕信息被冲刷上岸。2001年，21岁的玛莉·赖克斯，在缅因州哈灵顿（Harrington）住家附近的海滨上，捡到了压扁的塑料汽水瓶，瓶子里装着隐晦的匿名信息：“如果你需要帮助，向北走。”

玛莉告诉我：“当时我可能觉得自己需要帮助吧。我想会捡到漂流瓶的人并不多，所以就决定应该要依照上面的话做。阿拉斯加在北边，所以我就去了。”她在那儿找到了一份暑期工作，在凯奇坎市（Ketchikan）当州立公园管理员。正如大家谈论《圣经》那样：到底是人找到了瓶子，还是瓶子找到了人？

究竟有多少漂流瓶被丢进海里？如果以我所清点的30万个福音“水雷”来算，加上拾荒高手古斯维克所统计的宗教信息漂流瓶所占比例（6%），我估计，在20世纪中叶，大约有600万个漂流瓶漂进了大海，其中有50万个来自海洋学家。

但是，丢入漂浮世界的漂流瓶，命运又如何呢？有多少真的找到了读者？

我们只能以回收率来推断，看有多少人捡到了漂流瓶和其他漂流物，并且写回信或寄出回信。（如果这听起来像是民意调查专家的口吻，那是因为投掷漂流瓶本身，就是一种民意调查。）

我记录了大约32个海洋科学、传教性质及宣传性质的活动，总计约100万个瓶子和漂流卡。回收率差异很大，海洋科学家在人口稠密的北海和皮吉特湾投下的漂流卡，回收率高达50%，而在毫无人烟的南极洲投下的回收率，只有1%。

总的来说，最合理的猜测是，每10个投进海里的漂流瓶当中，1个会被人捡到、打开并公之于世；3个会被捡到，但不会打开或公之于世；3个搁浅在偏远的海岸上，永远不会被发现；1个被埋在沙滩底下；1个能漂浮10年或更久；最后1个则经历了其他的不幸遭遇，如被浪击碎在岩石上，被海洋动物吞食，或是因为封口有裂缝，或黏在上头的藤壶过重而沉入海底。

有些漂流瓶是在更多年后，在某些不可思议的情况下出现。有次我在华盛顿州的西港航海博物馆演讲，某位海滩拾荒人带了一个20世纪50年代的瓶子前来，这瓶子是由20世纪中叶的海洋学家邦珀斯（Dean Bumpus）放进海里的，后来在田纳西州的房地产拍卖会上出现。

不同的信息和不同的瓶子会引发不同的回应。比起提供祝福、心灵鼓舞或硬币的漂流瓶，一个无聊的请求，得到的回应相对会少很多。

在科学研究方面，摩纳哥王子艾伯特一世投出的瓶子获得了14%的惊人回收率，尽管在19世纪80年代，海滩拾荒者的人数远比今日少得多。艾伯特一世使用坚固的玻璃瓶，以便让风的影响力降到最低，瓶中的信息用9种语言书写，请求发现者报告。海滩拾荒者怎能拒绝来自皇室的召唤呢？

加州的海滩拾荒者艾伦·舒瓦兹投出了250个漂流瓶，回收率很不错，有6%来自菲律宾、日本、泰国和越南等地。艾伦告诉我，他除了使用厚实的玻璃瓶和不易毁损的封装方式之外，“瓶子内还放了两封信，所以捡到的人可以留一封当做纪念，把另一封寄回来。在信一开头，我为迷信的人献上祝福。我在每个瓶子里放进不再流通的两美元。美元可在全世界流通，还可预先支付回邮。总之，我相信金钱的力量。有人好奇，如果我放的是5美元，回收率会如何呢？”

尽管有这么多来自个人的绝妙行动，汇集了一整个世纪的漂流瓶所保存下来的大量海洋数据，却已消失在历史洪流中。20 世纪 60 年代初期，美国海军因政治理由，决定把海道测量办公室从华府迁到路易斯安那州。在搬迁过程中，他们显然把莫锐时代到 20 世纪 50 年代留下的成千上万个漂流瓶的档案资料给销毁了。在爱用电脑分析和电子测量的时代，这些耗费人力汇集而成的纪录，竟被视为老旧和过时，实在是一种遗憾。

在搜集和使用过漂流瓶的相关资料之后，我了解到这种价值观是多大的错误，有好多年，我都为漂流瓶史料的遗失感到绝望。后来，我找到了方法还原这些史料，以更大的规模重现 19 世纪初海军少将比彻和他的海滩拾荒情报网所做的事。

随着 20 世纪 80 年代逐渐接近尾声，我自己也开始接收到一些信息，不是装在瓶子里的，而是来自现实环境中的。有美孚在背后撑腰的美好年代已经过去，石油危机早已让海洋科学顾问工作变得不再充满乐趣，工程师制造出越来

在大海中幸存下来的玻璃漂浮物，从左到右分别是来自加州克洛弗代尔市（Cloverdale）福音漂浮活动的“福音炸弹”；来自日本渔船的玻璃浮球；比格斯（Basil Biggs）船长从油轮“邦尼威号（MV Bonnieway）”丢进北太平洋的漂流瓶；灯泡；来自瓦胡岛的漂流瓶（装在干邑白兰地酒瓶里）。

越多与环境计划案对立的东西。我觉得自己可以把时间花在其他更有用的地方，而不是拿鸡蛋碰石头。

1990 年，我决定把顾问的工作（还有薪资）减少四成。比起替美孚或政府单位做事，顾问工作已经让我的好奇心有更大的发挥空间。不过，追逐漂浮物可以使好奇心彻底获得自由，遨游在更宽广的海洋上。我知道，在漂浮世界里，除了定深测流器、漂流卡、排放的污水之外，还有其他各种漂流物，而我想要追踪更多的漂流物。我决定不拿任何资金或登广告，看看我的好奇心到底会引领我到哪里。

我先前打算写一本书，描述巴恩斯和我在皮吉特湾的发现，书名暂定为《水体之声》(The Sound of Water Bodies)，可惜这个计划并没有持续很久。甚至就在我构思半退休生活的同时，命运和波涛汹涌的海洋也在进行其他的计划。一艘行驶于北太平洋的货轮上，有个装满球鞋的货柜，正摇摇欲坠。

4 | 环绕世界的小鸭舰队

海洋永远都在询问，

然后把问题大声地写在海岸上。

——

1990年，对我和漂浮物科学而言都是个转折点。一旦我决定减少顾问的工作量，专心做自己的研究，下一步也就跟着尘埃落定了。

1990年5月27日，货柜船“汉撒船运号”从韩国航向洛杉矶途中，突然遭遇严重暴风雨的侵袭。以今日的船运来说，通常甲板上叠满8英尺×10英尺×40英尺的钢铁货柜，高22米，因此装载货柜的方法往往是关键，如果载重不平均，货船就很容易在暴风雨里倾覆。货柜如果捆得不够牢固，货船可能就会把货柜箱抛落，像狗甩掉虱子那样。

越洋货运的作业如今已大有进步，但是在20世纪90年代，每年大约还是有一万个货柜掉入海里。其中最多的一次倾覆发生在1998年某次台风肆虐期间，约有300～400个货柜掉进太平洋的中间地带。

“汉撒船运号”取名自“汉撒同盟”（Hanseatic League），一个拥有著名航海历史的中世纪德国商船联盟。但是，联盟的货船名声却不怎么样，还因为船员捆绑货柜过于草率而声名狼藉，甚至有些雇用过“汉撒船运号”的货主称它为“地狱之船”。在5月27日的那场暴风雨侵袭中，这艘货船就损失了21个货柜，其中5个货柜塞满了耐克鞋——将近8万只运动鞋、登山鞋及儿童鞋。每双鞋的鞋带都没有绑紧，以至于每只鞋都成了落单的漂浮物。

像以往一样，货运界将这起新闻小心地封锁，货主和制造厂商也都倾向于为货柜落海事件保密，以保住面子和避免赔偿责任。可惜，鞋子本身却揭发了一切。8个月后，也就是1991年1月，这些耐克鞋子在往东漂流了2000海里之后，陆续搁浅在温哥华岛的岸上。盛行的冬季风和海流接着把鞋子推往北边，最远

作者的母亲帧·埃贝斯迈尔拿着后来在1999年北太平洋货物外泄中，散落的34 000只耐克多功能运动鞋其中的两只。

可达夏洛特皇后群岛。然后就像每年春天一样，风向改变了，向南吹送一整个夏天，好几千只鞋子因此搁浅在俄勒冈州沿岸，离耐克在波特兰外的总部才几十海里远而已。

新闻媒体喜欢报道关于运动鞋漂上岸的题材。一天，当我到父母家去吃午餐（照例是奶油蛋吐司），母亲拿出她的剪报，内容是一则关于俄勒冈鞋子搁浅的报道，我答应我会调查看看。这或许是来自漂浮世界对我的呼唤。

对古希腊人而言，耐克是展翅高飞的胜利女神。在20世纪末，耐克最先是美国导弹的名字（胜利女神飞弹），之后才成为运动鞋的名字。对我来说，它则代表一个可以与海洋水流嬉戏的机会，以及恰逢其时的休息，让我可以暂时抛开污水、漏油和远洋钻油平台的设计工作。

我像个海洋侦探似的，偷偷追踪那些搁浅在海滩上的运动鞋。只不过当我向货主询问，从他们货柜散落的漂浮物搁浅在海滩上的事情时，95%的货主都采取了一致的口径。他们的标准回答通常是："我们不知道有任何货物遗失。"因此，我永远无法确切得知，那天从"汉撒船运号"货船上散落的另外 16 个货柜中，到底装了什么。

不过，耐克运输部门的坦率让人精神一振。该部门的员工提供了日期、长宽尺寸以及货柜的装货设计，并且列出每个货柜的内容，精确到每一只鞋。跟其他鞋子制造商不同的是，耐克在每只鞋子上都盖了简单的识别号码，即订单序号。耐克追踪出厂的鞋子异常小心，仔细的程度足以让我们找出任何一只鞋子原来在哪只货柜。例如，在毛伊岛上发现的一只漂流了 3 年的耐克鞋，订单序号是 900406ST,这说明韩国工厂(ST)在 4 月(04)接到这笔订单,1990 年(90) 6 月（06）必须交货。

这些订单序号所提供的线索，让我终于能够在谈到"运动鞋大外泄"时，有办法问答每次都会被问到的问题：在那场暴风雨中，耐克的 5 个货柜箱有几个裂开、流失了多少货物？事实上，我们发现的好几百只鞋子，都来自其中 4 个货柜，但却没有发现来自第 5 个货柜的鞋子。或许终有一天，在太平洋海底的某处，水底考古学家将会发现一个巨大的钢铁鞋盒，装满了 17112 只运动鞋。

根据耐克提供的资料，我们可以明确地判断，任何一只搁浅的鞋子是否就是从"汉撒船运号"落海的。第一批发现运动鞋冲上岸的海滩拾荒人，他们的通报也同样明确而仔细。对于这些自然发生的漂浮物（与测定漂流物相反），我手上的资料其实非常稀少：细节 A——漂流物从何时何地开始漂流；细节 B——又在何时何地遭冲刷上岸。

手上握着这些资料，我想到了我的研究所学长吉姆 · 英格拉哈姆在美国国家海洋和大气管理局研发的表层洋流模拟程序（OSCURS），可用来计算海流对鲑鱼迁徙的影响。我很好奇，如果将 OSCURS 应用在无生命的漂流物上，效果是否跟用在游动的鱼群身上一样可行，或许减去鱼群的游泳速率，就可得到漂浮物的速率了。自研究所毕业后的几十年当中，吉姆和我各自走上了不同的领域，而运动鞋外泄事件又重新联结起我们的友谊。我打电话给他，他表示乐意帮忙。

我决定为表层洋流模拟程序进行一次盲测。我只提供给吉姆细节 A，也就是"汉撒船运号"货物外泄的资料，然后请他计算出细节 B，也就是鞋子将在何时何地遭冲刷上岸。“我一个小时之后会把结果传真给你。”吉姆回答道。

表层洋流模拟程序简直就像信鸽般直中目标，它准确计算出较早的细节 B，也就是运动鞋搁浅的地点：1990 年 11 ～ 12 月，搁浅在华盛顿州海岸；1991 年 1 ～ 2 月，搁浅于温哥华岛。然而吉姆和我还需要更多资料，也就是其他漂流物遭冲刷上岸的时间和地点。

我们开始寻找俄勒冈州的海滩拾荒人，问他们可曾发现任何耐克运动鞋，但是过程既缓慢又费劲。接着，我们碰上了意外的好运气，有位海滩拾荒人指点我们去找画家史蒂夫 · 麦克劳，他经常出现在坎农海滩（Cannon Beach），那儿是个优闲的度假小镇。

史蒂夫是典型的穷画家，拿过一些奖项和大型的委托案，但是拒绝参与商业游戏，只想遵照自己的理念勉强维持生活。史蒂夫也致力于海滩拾荒，借此培养他的灵感，而我们可以确定的是，这回史蒂夫有机会改善生活了。

20 年前，仿佛有预感似的，史蒂夫画了一幅画，描绘两只巨大的登山鞋盘旋在虚构的海滩之上。当他开始发现搁浅的耐克球鞋，脑中突然闪过一个念头。当时可是运动鞋流行的全盛时期，报纸大肆报道类似事件，如市中心的孩子为了“飞人乔丹”系列的篮球鞋而互相枪击等。史蒂夫于是将寄生在搁浅球鞋上的甲壳动物剥掉，把这些漂洋过海的耐克鞋丢进洗衣机，加入一点漂白剂，就得到外观和手感都和新的一样的耐克球鞋了。

史蒂夫成了球鞋的邮购媒人，为沿岸南北两地好几百个发现运动鞋的人寻找匹配另一只鞋。他帮忙协调鞋子的交换：这边用一只 10 号的左脚换 9 号的右脚，那边 12 号的右脚换 7 号的左脚。很快的，每个人最后都找齐了配对的鞋子，史蒂夫则获得了价值一间鞋店的财富。当我拜访他位于坎农海滩的阁楼，一整间屋子都塞满了架子，上头晾着运动鞋。史蒂夫把这些鞋子和其他平常做的饰物作品一起拿到街上卖，每件售价 30 美元，一共赚得了 1300 美元。

“这只鞋还合脚吧？”吉姆笑着说。他和我都开始喜欢穿海上漂来的运动鞋，我穿的是一双史蒂夫送的荧光粉红耐克 Flights。

更幸运的是，史蒂夫搜集的资料比他收集的运动鞋还多。他记录了 1600 只鞋子被冲刷上岸的地点与时间，如果没有史蒂夫，我也许只能搜集到三分之一或顶多一半的记录而已。我们总共找出了2.5%从“汉撒船运号”外泄的鞋子的“细节B”，几乎跟“国际地球物理年”的活动成效一样好。在1958 ~ 1959年，人们在近乎相同的位置，投下了3万个科学研究用的漂流瓶，最后发现的回报率是2.8%。

经过媒体的报道、交换集会以及史蒂夫的努力，证明了球鞋回收的效果差不多与诱使发现者回应漂流瓶的效果一样好。这是很可靠的数据，也是今日环绕全球的漂浮物追踪情报网的开始。成千上万眼尖的现场追踪者、义工，寻找可说明隐情的漂浮物，以及具有指示意义的抛弃物。

运动鞋的外泄事件带领我走进海滩拾荒的世界，接触到一种我过去曾经触及、今后将从中学习和受益的文化。海滩拾荒吸引了我们根深蒂固的本能与渴望，激发了深藏在每个人心中的科学家、探险家、收藏家、寻宝者的梦想，而隐藏在最深处的，则由于——这是穷人的海洋科学，不受专业目的束缚，开放给每个看得见、走得动的人。

许多海滩拾荒人是隐姓埋名的社会中坚，有的则是经验丰富的水手。这些人如果不是在寻找冲上岸的宝藏和奇珍异品，就是在家里做剪贴簿或整修旧车。他们通常没受过太多正统教育，但是，比起我所认识的许多学术界人士，他们更明智且拥有更强烈的求知欲。

海滩拾荒是一种嗜好，也是今日不再流行的词语，却联系了其他所有事物。美国前总统小罗斯福说他拥有对世界地理与历史的惊人知识，都要归功于一生对集邮的热爱。同样，对海滩拾荒有兴趣，就代表对所有事物感兴趣。海滩拾荒人也是海洋记忆的守护者，他们筛选、整理海浪和潮水吐出的混乱物品，把垃圾变成艺术与科学的黄金。

让人感到意外的是，即使在会腐蚀的盐水中漂流了3年，那些耐克运动鞋竟然依旧柔软又舒服，青少年在一年内对鞋子的摧残程度，远比海洋在3年内所做的还要严重。此外，那些运动鞋还能轻易、安然地度过暴风雨。

我利用饭店的按摩浴缸，仔细研究了运动鞋的漂浮能力。一旦整只鞋湿透了，就会倒着漂浮，鞋底与水面齐平：我那双12号的耐克Flights的高帮部分，就像帆船的船脊骨划过底下的水，鞋带则像水母的触手一样扭动。

在海上，运动鞋坚韧的鞋底可以保护柔软的布料，避免鸟儿的啄损和烈日照射造成的褪色。此外，我们从搁浅的运动鞋中也发现到，海洋生物并不会附着在鞋底。防止藤壶的寄生可不是简单的事情，也许耐克制造商可以考虑为船只提供防寄生动物的船底保护层。

运动鞋在海里保持浮力的秘密在于，耐克鞋为了达到弹性和吸震效果，在鞋底嵌入了气垫。不过“Air Jordan”并不代表气垫里头装的是空气。事实上，这是一种惰性气体，名称是六氟化硫（SF6），这种气体即使只有极小的浓度也易于测出，因而在海洋科学中也有用处，研究人员会将六氟化硫注进水滴中，再追踪这些水滴在海洋中的流向。

问题是，六氟化硫属于极强的温室气体，它所引发的温室效应，是等量的二氧化碳的两万倍。如今耐克制造商已经花费数百万美元，试图寻找其他气体，以代替使用在气垫中的六氟化硫。

即使是现在，我到耐克总部时还是会受到热烈的欢迎，他们称我为“海洋博士”，每隔一阵子就会邀我去演说，谈论的主题从海运、漂浮物到海洋的其他种种。耐克制造商对我的好感其实不难理解，毕竟因为“汉撒船运号”的货物外泄事件，使耐克制造商意外得到了不少正面宣传——耐克运动鞋在海上的耐久能力，令大众印象深刻。

这些年来，许多人用再认真不过的口气询问过，我是否就是“运动鞋大外泄”的幕后主谋。“不是。”我回答道。这事故只是每年横跨海洋运送几十亿的鞋子不可避免的风险。事实上，耐克制造商一直在小心翼翼地控制自己，不去利用这潜在的捷径宣传致富。当问及原因，公司的某主管回答道：“在水上漂，可不是我们想宣扬的运动象征。”

后来证实，表层洋流模拟程序可以精准地描述和预测海流中运动鞋的动向，因此我们将结果刊登在美国地球物理学会的 EOS 期刊上，发送给世界各地近 3 万名科学家。结果掀起了“海啸”，引来一波波大众传播媒体与海洋科学界的关注。从《国家询问报》（The National Enquirer）到“全国公共广播电台”（NPR），大家争相报道漂浮的运动鞋。

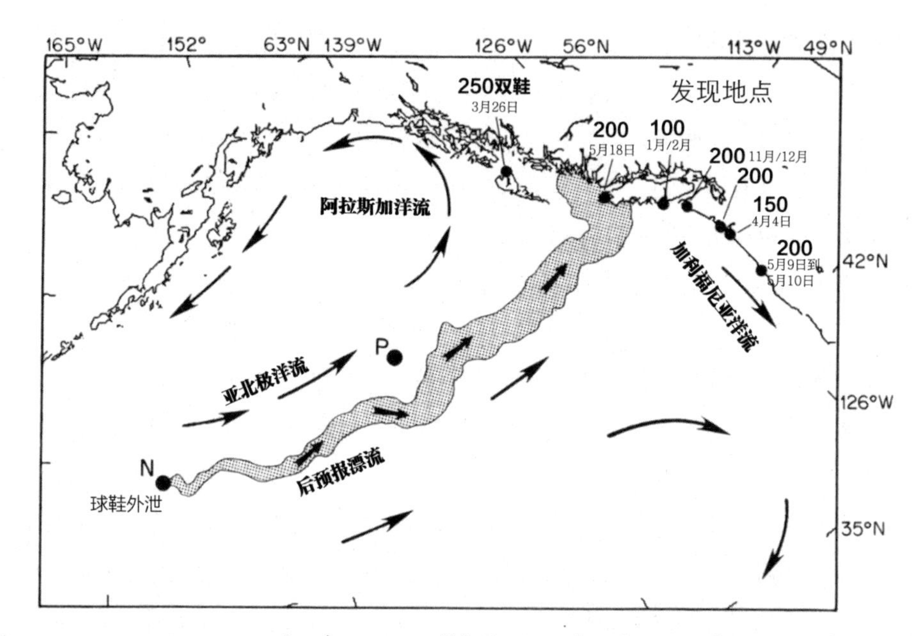

由 OSCURS 模拟的，1990 年 5 月 27 日耐克运动鞋大外泄的漂浮路线。N 代表外泄的位置，箭头象征漂流的路径，右上角的黑点代表 1300 只鞋子被海滩拾荒人发现的日期和地点。在帕帕海洋气象站(Station Papa，以 P 代表)，海洋科学家于“国际地球物理年”期间，投掷了 33869 个漂流瓶。

著名主持人戴维 · 莱特曼（David Letterman）宣布了他加入海军的第六大理由 :“如果你在海上发现了漂浮的耐克球鞋，那就是你的了。”就连我光顾的那家超市的收银员，也看过所有的报道，他们于是叫我“网球鞋海洋学家”。

不过，我的伙伴吉姆才是最乐在其中的人。他把我们在美国国家海洋和大气管理局蒙特雷湾（Monterey Bay）实验室所举办的专题研讨会取名为“世界海洋上所有漂浮物的奇特、怪异与科学——介绍北太平洋的漂浮物度量学”，由柯蒂斯 · 埃贝斯迈尔（奇特）和吉姆 · 英格拉哈姆（怪异）于美国国家海洋渔业局（科学）演讲。

最重要的是，我相信运动鞋的研究将会对海洋科学教育产生显著且永久的影响。到目前为止，至少有 6 本书对此有详细的描述，直到现在我仍会收到学校老师的来信，请我帮忙设计相关的教学大纲。一想到有孩子会因为这些阐述真相的运动鞋冒险传奇而受到启发，继而投入到研究和保护海洋的行列，就令人感到无比欣慰。

表层洋流模拟程序因为运动鞋事件而有机会大显身手，它的性能远远超过吉姆当初的预期。在此之前，吉姆只能借助卫星追踪的浮标，预测浮标每 3 个月的轨迹，来检视他设计的模型。而现在，吉姆一整年都可以通过预测成千上万的漂浮物来检视表层洋流模拟程序的效能了。

冬天一到，海岸的风、水流及运动鞋再次往北进发，第二年，又再返回南方来。到了 1992 年夏天，耐克鞋在北加州的沿岸登陆。又过了一年，加利福尼亚洋流将一些球鞋运送到了夏威夷，吉姆和我还飞到那儿，去亲眼见证这项事实。

《〈檀香山〉商报》（Honolulu Business News）的摄影编辑夏毕洛，给我们看一双他在毛伊岛东海岸卡哈纳湾（Kahana Bay）发现的登山鞋。鞋子经过 3 年的漂流之后，内部依旧光滑柔软。其他耐克球鞋则搁浅在夏威夷的拉奈岛东北边以及大岛的北端。

表层洋流模拟程序接着预测耐克运动鞋会在 1994 年抵达日本，于是我穿着那双粉红色的、越过太平洋的耐克球鞋，站在日本 NHK 电视台的摄影棚里，恳请观众报告由他们发现的搁浅的耐克运动鞋，NHK 还将这段呼吁在黄金时段播出。不过，这样似乎还不足以让情报网动起来，因为我们没有收到任何运动鞋在亚洲搁浅的消息。因此，我们必须等运动鞋随着北太平洋亚热带环流游历世界，再次登陆美洲时，才能采集它们这一路的足迹。

1992 年是忙碌的一年。在专业工作方面，我追踪北卡罗来纳州外海的锋面涡旋，分析采集的数据，测量渡船在西雅图的滨水地区，翻搅起多少受污染的沉淀物。在个人研究方面，我则忙着在西岸追踪耐克运动鞋。然后，劳工节那天，我在桌上看到了一张传真：一份新闻剪报，报道一支玩具小舰队，正入侵阿拉斯加的锡特卡镇（Sitka）。

那支小舰队可以说是个小型的动物园，包含了塑料乌龟、青蛙、海狸及鸭子等各种洗澡时用的小玩具。《锡特卡守卫日报》的编辑坡森，跟其他人一样为此困惑不已，于是刊登分类广告试图找寻线索，结果收到发现小舰队的读者们纷至沓来的信件。这些玩具与耐克球鞋不同，身上没有任何编号或制造资料，唯独小鸭有一条线索：胸前的浮雕印着“福喜儿”(The First Years)的品牌字样，以及孩童在游戏的商标图样。

在《锡特卡守卫日报》的办公室，见习记者庞德森和图书馆员邦拿合力追踪，找出装载这些玩具的货柜是由“奇儿产品公司”(Kiddie Products)从香港运出，通过长荣货柜船“长荣桂冠号”运往美国华盛顿州的塔科马。

1992年1月10日凌晨两点，恶劣天气从侧面袭击“长荣桂冠号”，这样的天气如果出现在加勒比海，会被称为飓风。根据大型货柜船的航线，船长通常会收到客户定制的定时天气预报，在当时是每12个小时预报一次，然而暴风雨的形成却可能比预报的更新更快。

不幸的是，这场暴风雨不但形成速度快得让气象站来不及追踪，所引起的12米巨浪更让“长荣桂冠号”的船员陷入险境。霎时船身左右摇晃，倾斜35°以上，船桥的两翼则浸泡在海浪里，船员只能奋力抓牢。

突然间，最靠近驾驶室的一批货柜从捆绑的钢索中挣脱。货柜通常都是一整叠落海，很少有货船只丢掉一个货柜的情况发生，而这一次的意外，共有12个货柜从船侧落入海里，其中一个装满了28800个洗澡玩具。

事实上，这些玩具落海之后，还要经过5次逃脱，才能完全自由地漂浮。因为这些玩具是以4个1组的方式，黏在卡纸做的衬板上，然后装在塑料壳里，每3组玩具再装进一个硬纸箱，每12个硬纸箱又装进更大的硬纸箱，最后再捆上塑料打包绳，装满一整个重型的铁货柜。

海浪冲断了货柜的门栓和其他屏障，海水把一层层的硬纸板泡成纸浆，让所有的乌龟、鸭子、青蛙及海狸全逃了出去。它们究竟去了哪里，又是依循哪一条航线呢？

如果要从表层洋流模拟程序得到答案，我们必须先知道货物落海的日期及确切的经纬度。然而这些资料只存在货运公司的纪录表上，而货柜的主人——长荣海运公司拒绝透露细节，因为他们唯恐这起有损形象的新闻会造成顾客流失。

长荣海运最后妥协了，前提是我们得答应不向媒体透露船长、货船及公司的名字，才允许访问船长。不过，我们还是得等货船进港，然后抢在停靠的短时间内完成任务。

经过了一整年的等待和好说歹说，最后我们终于见到了“长荣桂冠号”的麦克船长。在4个小时的访问当中，我们谈论的内容从玩具、鞋子、货柜的捆绑、海洋科学，到实用航海学。

麦克船长解释说，在北太平洋暴风雨中，船长必须在失去货柜的风险和完成紧凑行程的要求之间，进行选择。每天他会计算两次，经由两种不同航线完成航程所需要的时间。其中较北的航线，距离较短，海上状况良好，理论上可快上好几个小时，不过，却容易遭遇较严重的暴风雨，结果可能反倒拖延了航行时间，因为货船必须在大浪中减速。而另一个在南边的航线，距离虽然较远，一般情况下却能更快抵达目的地。

通过估计客观环境及衡量因距离、浪高需要消耗的时间，麦克船长每天都会选出最快的航线。经过多次将实际航行的时间与自己的预估核对之后，麦克船长也开始将自己所决定的航线与海洋科学家所绘制的航线进行比较。虽然在长达300个小时的航程里，不同航线的选择所造成的时间差异往往不过短短的3个小时，然而对利润微薄的海运公司来说，这已经很有用了。

麦克船长其实不曾直接讲到任何关于玩具外泄的事情，不过，他大方地敞开货柜落海那天的纪录表。最后，我们终于得知：玩具货柜是在东经178.1°，北纬44.7°的位置落海的，这个位置靠近国际日期变更线（即东经180°经线），接近赤道与北极的中间，恰好是在海龟环流与阿留申环流的交汇点上。这下，我们终于可以正式地追踪这些玩具了。

塑料的洗澡玩具可能会让人觉得，那不过是毫不起眼的漂流物罢了。毕竟它们不像科学的漂流瓶，有事先写好住址的回报表格，而且这些玩具上面，既没有像耐克球鞋有出厂序号可追踪，也不像名气响亮的球鞋那样有价值。

然而，这支洗澡玩具舰队所获得的关注程度，竟远高于球鞋。或许是因为黄色小鸭就像个符号，象征着随心所欲、怀旧、童年的天真以及通俗的大众文化，因此人们对这些“橡皮鸭鸭”的关注与喜好，可以从婴儿的浴缸转移到成人世界的流行文化。

当我们开始征集搁浅的洗澡玩具的发现纪录，才发现到，原来漂浮外海的玩具小鸭有好几种。根据简氏世界纪录，有位收藏家搜集了1900只玩具小鸭。有一家叫“全美赛鸭”的公司，则是专门在世界各地的慈善“赛鸭”活动中，出租戴着蓝色运动太阳眼镜的黄色小鸭。只要观众付钱选定标有号码的小鸭，工作人员就会把小鸭倒进河里，第一只漂过终点线的鸭子，就可以帮自己的押注者赢得奖品。

1994年，也就是玩具外泄事件发生后的第二年，全美赛鸭公司共为127场慈善竞赛提供了150万只小鸭，其中5万只小鸭从新加坡的高楼大厦旁漂流过去，10万只则在英国缓慢的埃文河（River Avon）上漂流。这么多的小鸭，必定会有些小鸭逃过负责赛后整理的工作人员的眼睛，漂进了大海里。

幸运的是，我们可以轻易分辨这些小鸭选手以及加尔维斯敦岛（位于得州，邻近墨西哥湾）的海滩拾荒人尤凯西所称的“假鸭”，和我们所追寻的漂流小鸭之间的不同。“长荣桂冠号”船上的动物是由著名的儿童精神科医师布雷兹顿为“福喜儿”公司所设计的，它们在所有的漂浮玩具中独树一帜。福喜儿的鸭子不是用橡皮而是用硬塑料制成，跟其他三种福喜儿的玩具动物一样，这些小鸭的造型拙朴且没有表情，线条简化而并非写实，形状立体而不卡通化。

尽管媒体的关注把这些无家可归的小动物变成了值得收藏的吉祥物，使发现的人不愿意捐出这些小鸭。然而，据我所知，回收的小鸭仍占外泄玩具总数的3.3%，比起球鞋外泄事件还高出30%。有趣的是，在玩具外泄意外发生的许多年后，我们仍可看到许多小鸭作为装饰品摆放在独木舟和捕鱼船上。

许多海滩拾荒人回忆起如何发现传说中的洗澡鸭子，就像回想起自己的初吻一样。英文老师亨利说：“有人在路易斯安那州的一间酒吧，出价50美元，要买我一只在阿拉斯加波浪湾附近发现的红色海狸，但是我没卖。”

对这些洗澡玩具情有独钟的，可不是只有人类而已。亨利的太太说，发现这只塑料海狸的地点“就在某只水獭用碎蚌壳和蟹壳堆起来的贝冢里头，是在离涨潮线60米远的森林里……水獭的好奇和贪玩，使我们相信，这小家伙确实有可能把一只玩具海狸，拖到这古老森林里的土丘上。这只小水獭像是在找朋

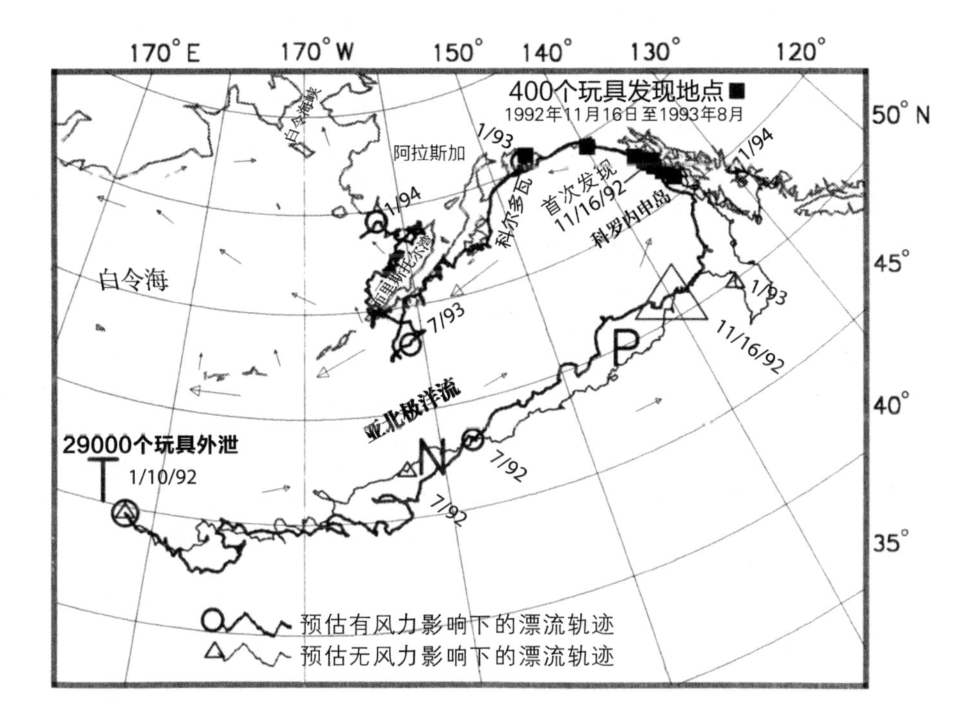

OSCURS所模拟的29000个洗澡玩具从外泄位置（T）开始的漂流，以及海滩拾荒人发现大约400个玩具的日期与地点。这些玩具流经1990年耐克球鞋外泄的位置（N），以及帕帕海洋气象站（P）。粗线代表玩具的预估漂流轨迹，来自风力的加速和偏向也都计算在内，圆圈显示的是每隔半年玩具的大略位置。OSCURS预测，这些玩具将会在1992年11月16日于锡特卡镇附近登陆，这也是实际上第一次捞获玩具的时间。
细线代表的是在没有风力的影响下，速率较慢的玩具漂流轨迹。三角形显示每隔半年玩具的大略位置，更大的三角形则显示11月16日时玩具所抵达的位置。黑色正方形代表据报的玩具寻获地点，其他较小的数字则代表1992年、1992年、1994年的1月和7月玩具所抵达的不同位置。

友似的，选中了跟自己物种最接近的玩具。”

许多人找到的搁浅玩具上都有动物的咬痕，这并不令人感到意外，而且这还只是它们在汪洋中无可避免的伤痕之一。海浪会把玩具往岩石上猛击，许多塑料玩具因此破裂残缺。在烈日的曝晒漂白之下，黄色小鸭和红色海狸都变成了白色，但是乌龟和青蛙则依旧保有原来的蓝色和绿色。

我知道有些玩具很可能会向北漂流，进入北极的浮冰圈，于是我进行了一些测试，看看这些玩具会如何在那儿生存。我用家里的冷冻柜冰冻了几只玩具，接着尝试用铁锤把它们敲碎，结果那些玩具并没有裂开。我还在其中 4 只的身上钻洞，然后将它们浸入水里，看看当它们身体里头进了水之后，是否还能漂浮，结果是可以漂浮，因为塑料本身的密度比海水低。

我的同事认为在太阳、海水和冰的袭击之下，这些玩具很快就会解体，变成五彩的塑料屑。然而，玩具舰队还是继续漂洋过海，尽管褪色且破旧不堪，经过 16 年之后仍然可以辨识得出。

我不应该为此感到意外，因为我知道捕龙虾的笼子标签和漂浮卡片曾分别环绕北大西洋长达 20 年及 31 年之久，且上面的印刷字体仍然可以辨读得出来。后来，我从制造厂商那儿得知，这些玩具的设计可以禁得起 52 次洗碗机的洗涤流程。

1993 年的春夏两季，成千上万的洗澡玩具，以一天 5 ~ 8 海里的速率，北行经过阿拉斯加的冰川与火山。到了 9 月，在阿留申群岛外围辛姆亚（Shemya）空军基地任职的克丽丝朵，报告了最西边的搁浅玩具发现地点，位置就在国际日期变更线的西方 300 海里处。

克丽丝朵和同事总共搜集了 200 多个洗澡玩具，然后用飞机载到安克雷奇的救世军商店去。之后，表层洋流模拟程序预测到，数千个玩具将会漂过阿留申群岛前往西伯利亚，另外还有数千个玩具将会往南绕回锡特卡镇。如果这些玩具存活下来（看来似乎很有可能），其中几个可能会在 3 年之后绕回美洲，再次吸引华盛顿州和不列颠哥伦比亚海滩拾荒人的目光。

这支长寿的玩具舰队，为研究海洋科学创造了意外的好机会，可是需要投入的时间，却远远超出我的预期——我可没打算花掉自己四分之一的人生来追踪洗澡玩具。不过，我们的研究结果激起了吉姆强烈的好奇心，这些发现远远超出了他对漂浮物的思考与想象，于是吉姆不断将表层洋流模拟程序的预测范围延伸。

首先，吉姆重新设定了 OSCURS，以便纳入一开始的漂流历程：从外泄到首次的搁浅，横跨半个太平洋。OSCURS 的预测结果令人十分信服，足以令我们有勇气面对同行的评估，因此我们在美国地球物理学会 ECS 期刊上发表报告，作为球鞋外泄报告的姊妹篇。写评论的科学家无不给予正面的评价。

现在每两年左右，就会发生有趣的货柜外泄事件，不过，我们并没有听到更多关于那些洗澡玩具的消息了。或许是因为要在沙滩上发现这些玩具很困难，而且我们认为，塑料玩具应该很快就会在烈日下解体。毕竟，那些耐克球鞋已经证实超过一年之后，我们就很难再进行追踪，因为球鞋上的编号会褪色，印

作者和吉姆·英格拉哈姆，跟 1992 年 1 月 10 日落海的洗澡玩具一起泡澡。

在鞋舌上的资料则因为藤壶的寄生而难以辨认。于是我们认为，或许应该放弃那些玩具，转向下一起外泄事件。

然而我们的判断是错的，那些玩具在许多年后，仍然保持原本独特的形状。媒体对它们爱不释手，吉姆和我还跟一堆小鸭在热乎乎的浴缸里泡了整整 8 个小时，好让《人物》(People) 杂志拍摄照片。

海滩拾荒人因为媒体的瞩目而受到鼓舞，持续努力拾捡更多的小鸭。于是，我做了一张宣传单，公开征求“头号通缉鸭”的相关信息，吉姆和我一起沿着华盛顿州的海岸分发，后来这张传单就发展成为《海滩拾荒人快报》(Beachcombers’ Alert) 会刊及情报网。

吉姆持续投入了好多年，每个月根据美国海军的气象资料，不断更新漂流的模拟图，直到表层洋流模拟程序预测出，漂流的玩具将搁浅在华盛顿海岸。

1994 年 11 月 10 日，恰如 OSCURS 所预计的一样，一位名叫凡恩 · 克劳斯的人在太平洋海滩观察有无漂浮玻璃的时候，发现了一只褪色的黄色小鸭。他原本以为是小朋友掉的。“你最好捡起来。”他太太雪丽催促道，因为她记得我们发出的传单。

更多通报如雪片般飞来。凯伦 · 葛伯在海岸市的沙丘草丛发现了一只乌龟，它的腹部布满了刮痕。有个叫盖斯瑞的年轻人，在夏洛特皇后群岛的兰格拉灯塔下方的海滩，也发现了两只乌龟和 4 只青蛙。吉姆与我振奋不已，毕竟这些玩具已经漂流了 34 ~ 44 个月，而表层洋流模拟程序还能准确预测出近 1 个月内玩具的搁浅地点，可见 OSCURS 的预测能力十分优秀。

只可惜，我当时并没有察觉到这些漂流物所暗示的关键：阿留申环流稳定的绕行周期——这是了解在大海中所有周期性运行的环流彼此关系的第一步，也是认识环流如何像时钟齿轮一样，共同形成运转系统的开端。

漂浮世界透露了一个重要的提示，然而我却要等到好几年之后才能看见——直到我的双眼在某个海滩拾荒人的盛会上大开眼界，才终于看清楚了一切。

在这段期间，我拜访了许多学校，演说大海与漂浮物的故事，也因此得到了来自孩子的宝贵鼓励。“在这些橡皮小鸭的故事里，有人可能会不喜欢你的想法，并且一直取笑你。”位于加州科罗纳德尔玛郊区一所学校的学生史瑞寇顿，听过演讲后写了一封信给我："这个追踪小鸭的任务需要很多年，而且故事尚未完结，这需要耐心。"那孩子叫我鸭子博士。

注定的缘分再一次打开了通往漂浮世界的门。阿拉斯加的人类学家南希·戴维斯（Nancy Yaw Davis），在她的著作《祖尼之谜：美国原住民与日本人可能的关系》当中提到，这些玩具是个实证，它们横渡太平洋的漂流轨道，很可能就是七百多年前把日本旅人带到美国来的航线。

2002 年 1 月，南希为了签售会停留在西雅图，她与我联系，表示想要举办一场科学会议，探讨太平洋的海流、海风，以及两者对人类迁徙的影响。我建议我们先来办一场海滩拾荒人的活动，这在阿拉斯加还前所未有。

我们两人不约而同想到了锡特卡镇，这里是以前俄属阿拉斯加的首府，无疑也是最佳的活动地点。凑巧的是，南希正好是在锡特卡出生长大的。此外，足以媲美富兰克林的俄国主教伊万·维尼亚米诺夫（Ivan Veniaminov），曾在此地广泛地进行人种学与自然科学的研究。当然，这里也是首次有人发现搁浅洗澡玩具的地方。

"也许明年吧。"南希说。

"为什么不是今年？"我问道。

"因为这样就没有时间募款了。"

"我们不需要资金就可以办得到。"我反驳道。填写补助金的申请表格似乎很浪费时间，还不如拿来进行海滩拾荒，况且，任何资深的科学家如果真的想来参与，就一定可以找出到这里来的方法。于是，6 个月后的 2002 年 7 月，南希召开了"横越太平洋"会议，而我也主持了锡特卡镇有史以来的第一次海滩拾荒活动。

史密森协会的贝蒂·梅格斯（Betty Meggers）、夏威夷大学的芬尼（Ben Finney）、代表美国国家海洋和大气管理局的吉姆、南希和我，共 5 个人，在俯瞰海景的艾迪史东旅馆碰面。当地的渔夫赖瑞，开着他的捕鲑鱼船"晨雾号"，载我们出海进行海滩拾荒。

贝娣、南希、吉姆和我第二年又再次返回这里，参加第二届"横越太平洋"

会议，还有几位当地的特林基特族印第安人也前来共襄盛举。这些原住民早在俄罗斯人或美国白人发现此地之前，就已经主宰这片海域了。

2004 年，在第三届“横越太平洋”会议上，相当有天分的海滩拾荒父子迪恩和泰勒 · 欧比森，展示出一大篮子他们过去 11 年来，在锡特卡附近同一个地方重复翻找，所寻获的 111 只洗澡玩具。

迪恩颇具先见之明，把每次的寻获日期和地点都记录了下来。我很快地计算了他们每年发现的数量，接着发现寻获量在 1992 年、1994 年、1998 年、2001 年、2004 年都达到高峰，将自然过程中常有的变数加以考虑，得到的结果是平均是每 3 年就会出现一次高峰。

由这个结果可以证实，从帕帕海洋气象站释出的漂流瓶所显现的循环确实存在，而在之后的耐克鞋外泄事件中，我们也再度观察到同样的循环。

欧比森父子多年的观察结果，不仅使漂流物的发现资料库扩充得更加完备，后来也证实，他们的发现对于了解亚北极阿留申环流非常重要。

我的直觉告诉我，这些玩具已经随阿留申环流绕行好几回了。为了验证这个假设，吉姆重新设定了表层洋流模拟程序，以 12 年来欧比森父子所记录的时间轴，来推算玩具的漂流轨迹。事实已经证明，当预测单一的漂流轨迹时，OSCURS 的结果相当准确，然而，如果要预测的是 4 个循环的漂流轨迹，OSCURS 的结果又会如何呢？

吉姆像是动画师，就像沃尔特 · 迪士尼把米老鼠的动作分解成每秒 24 帧一样，他让表层洋流模拟程序每天快速、大量地处理气象资料，计算风力和海流，最后以 10 天为间隔，显示出球鞋、玩具或其他漂浮物将会抵达的地点。吉姆在他的电脑上将这些结果以连续播放的影像显现出来，就像快速翻动书本的页面一样，每播放 36 帧，就代表一年。

我花了好几个月时间，一帧一帧地分析 OSCURS 的模拟结果，总共检视了 420 帧、70 件玩具。（后来我无法再进一步分析下去，因为吉姆必须全力参与他太太的生意。自 2003 年以后，吉姆致力于制作这些漂流动画，参与海滩拾荒的时间就很少了。）我拿表层洋流模拟程序所预测的漂流轨迹，跟玩具在华盛顿和不列颠哥伦比亚等地的搁浅时间与位置进行比对，结果 OSCURS 的准确度仍然没让我失望。

表层洋流模拟程序还告诉了我们更多的信息，这些玩具会在何时往北，经过白令海峡进入北极圈，其中一些玩具又会在何时转向南方，进入亚热带的海龟环流。

此外，OSCURS 的模拟结果还显示出 3 种不同的轨迹：有些玩具只会环绕阿留申环流的边缘一圈；有的玩具会重复绕行阿留申环流的边缘，15 年内绕行 5 次；其他的玩具则会在环流内的次轨道上绕行多次。

从 OSCURS 的模拟结果来看，阿留申环流（也包括其他环流）并不是单纯地绕着圆圈，而是一个在大转轮中的多轮系统，有几分类似行星齿轮。

到了 2007 年，这批玩具仍陆续在不同地方搁浅，有的漂流了 34000 海里，几乎能环绕地球一圈半。在接近玩具外泄事件发生的 15 周年之际，我进行了一次计算，显示在环绕史多科森环流之后，有些玩具将会漂近北大西洋。结果这些玩具再度引起全世界的关注，从纽芬兰岛、弗吉尼亚州到德国、澳洲的媒体，纷纷抢着要报道这批难以捉摸的塑料小鸭。

福喜儿公司还宣布，将以 100 美元奖金，提供给找到第一只漂流到大西洋的小鸭的人。美国国家公共广播电台的记者杨萝冰，特地前往波士顿附近的海滩，采访海滩拾荒人的看法。她遇到的每个人都在寻找玩具小鸭。

那些小鸭成了科学与流行文化的象征。2008 年 1 月 8 日，《纽约时报》记者雷夫肯的报道指出，多位科学家迫切地想知道，格陵兰的冰层下到底有多少融冰流动着，以及融冰的流向。美国航天总署的工程师贝哈尔（Alberto Behar）告诉雷夫肯，他们考虑采用几种新奇的方法追踪融冰，“我们想把塑料鸭子放进冰层下，看看它们是否会出现在海面上，鸭子身上会标明：‘如果你发现我，请拨这个号码。’”

贝哈尔似乎没有意识到，自己的提议与老掉牙的研究工具——漂流瓶简直如出一辙，只是玩具鸭子取代了玻璃瓶，成为漂流测定标志。

海洋是井然有序的。当海风向岸风吹拂时，你可以看到漂浮世界无形的手在工作，将漂浮物依照时间和空间加以排列。比起沉入海中的物品，风把浮出水面的漂流物推行得更快，如此一来，漂流物就会依照顺序上岸。今天是打火机，明天可能是牙刷。

在华盛顿州沿岸，第一批登陆的搁浅物通常是紫色水母——人称“顶风水手”的帆水母（Velella velella）；接着是电灯泡，之后则是再大一些的玻璃球，也就是用来悬浮渔网的浮球；在海浪最底处漂流也是最后登陆的，则是渔人捕捉海底章鱼时用的形如擀面杖的玻璃浮标。

像飞行中的鸟群一样，风阻力相近的漂浮物会聚集在一起。海滩拾荒人瓦登，来到哥斯达黎加太平洋海岸上的3个海滩，偶然发现它们分别是以聚集在那儿的搁浅物来命名的：凉鞋海滩、玩具海滩、瓶子海滩。毛伊岛的南岸则有木材海滩，100米长的沙滩上堆着漂流木，而这些漂流木很少漂到其他邻近的海岸线上。

吉姆努力估算，每次货柜外泄流出的货物，漂浮途径和速率如何受到风力的影响。他把风力的影响归纳为两个因素，其一是风力大小，在一定的风力下，漂浮物比表层水快多少；其二是偏向角度，长久以来人们都知道，表层水会往与风向呈45°角的方向移动，不过，不同种类的漂浮物会有不同的偏向角度。所以，为了准确读取海水的移动，海洋科学家就会设法减少他们投递漂流物的风阻力。

我从另一起货柜外泄事件中，清楚地看到这个原理的演示：首先，一切似乎都很有希望——我们将获得许多关于北太平洋海流的资料，就跟耐克球鞋和洗澡玩具曾经提供的信息一样好。它以信件的方式向我们招手，阿拉斯加的海滩拾荒人埃米莉在信中写道：“在阿拉斯加湾的凯阿克岛（Kayak Island）上，我和一些朋友因为发现了大量的曲棍球手套而目瞪口呆……我们不禁想象，有整船曲棍球选手在海上失踪了。”

但是，并没有任何曲棍球选手在海上失踪。“我们会找出犯人的。”吉姆开玩笑说道，而我们确实也做到了。1994年12月8日，从韩国釜山到西雅图的途中，挂着塞浦路斯国旗的货柜船“现代西雅图号”，在中太平洋失火而失去动力。无力抵抗暴风雨中的浪涛，船只漂流了700海里，最后由海岸警卫队救出饱受惊吓的船员。

几艘拖救船将“现代西雅图号”拖至西雅图，把落海的49个装满圣诞商品的货柜箱留在沿途的海中。8个月后，俄勒冈州西边800海里远的地方，鲔鱼船船长安德森，捞起了好几只从“现代西雅图号”掉落的曲棍球手套。

当安德森的船停靠在纽波特（Newport）码头，国家海洋和大气管理局的渔业检查员，注意到船艄的4只手套，他把仍然滴着水的手套拿给吉姆看。在外海捞获的漂浮物非常罕见，于是吉姆启动了表层洋流模拟程序来分析这次的发现。结果OSCURS显示，风力的推进，使手套的漂流速率比表层水流动的速率快了20%，于是吉姆得到了预测搁浅所需要的风力因素。

每个月，美国海军会将北太平洋的大气压力资料寄给吉姆，好让他能够更新曲棍球手套漂流历程的预测。我们耐心地等到2006年1月14日，表层洋流模拟程序预测出，手套将会在温哥华岛东南边的巴克利峡湾（Barkley Sound）上岸。

“就是今天！”我惊呼道。就在那时，电话响起，一位叫做艾力克斯的海滩拾荒人通知我们，他在巴克利峡湾将近5000米长的沙滩上，发现了50～60只曲棍球手套。表层洋流模拟程序又再度展现预测的威力。

随着时间推移，数千只手套陆续靠岸，从加州与俄勒冈州的边界，一直到夏洛特皇后群岛。我开始着手追踪这些手套，在拨了许多通电话之后，终于探到线索，订购这批手套的香港出口商把原发票寄给了我。这张发票显示，烧毁的“现代西雅图号”总共流失了34300只曲棍球手套,以及34000只Avia球鞋。

非常有趣的是，这两种外泄的货物在海上的遭遇截然不同。在手套完成了2000海里的跨海漂流之后，整整隔了两个月，Avia球鞋才冲上岸。此外，手套的手指部分遭到严重磨损，球鞋的状况则好得多。起先，我以为这是因为球鞋的制作比手套要精良。接着，我比较两者在海上的漂流经过：球鞋以鞋底朝上的姿势乘风破浪，鞋体的布料在水面下受到保护，手套则恰恰相反，以迷你冰山之姿漂洋过海，手指的部分突出海面，受尽日晒褪色和海鸟的啄咬。

漂流姿势的不同也解释了为何手套行进的速度会比球鞋快得多：风会滑过光滑得几乎与水面等高的球鞋鞋底，但却会把手套竖立的手指部分当做帆。如果手套完整地绕行阿留申环流一圈，风力因素最多可把绕行周期减少8个月——从3年降为2～3年。这会造成很大的统计误差，因此我不得不把手套排除在环流绕行周期的计算之外。

在数千海里的漂流历程里，即使是风阻力与水流的微小变化，也能把漂流物分出类来。我猜想，在锡特卡镇聚集的玩具或许也显示出某种分类规则。果然不出所料，在锡特卡附近海滩拾荒的欧比森父子给我看的一篮子玩具当中，每26只海狸、21只青蛙、18只乌龟里，就会出现35只鸭子。

对于下落不明的青蛙和乌龟的行踪，我只能猜测。不过现在我察觉到，风力的作用对于材质相同、大小相近，但形状不同的物品，会有不同的影响——就海洋而言，玩具乌龟与玩具小鸭，或许就像苹果和橘子那样不同。

即使只是左右手如此轻微的差异，也会让手套漂进不同的航道。海洋就像一个老人，有亿万年的经验，能够分出左与右。马丁凯（Martin Kaye）是地质学家兼海滩拾荒人，他对贝壳相当着迷，就如同我钟情球鞋一样。马丁凯在特立尼达和多巴哥岛的可可亚湾（Cocoa Bay）沿岸，找到了895个文蛤的壳，这种特殊的文蛤（Royal Comb Venus）主要分布于西印度群岛，其中一边的壳上有一排像脊椎似的硬棘，可以让人轻易分辨出“左”和“右”。

不出所料，海洋也依照左右边把文蛤的壳分类了——在海湾的一头，87%遭冲刷上岸的是右壳；相隔50千米远的海湾另一头，则只有11%是右壳。

“每片沙滩都有自己独特的性格，”达可曾经这么告诉我，“我家后门北康瓦耳海岸的波斯寇森海滩（Porthcothan Beach），接收的左手手套比右手的多了3倍。”史蒂夫则是在他俄勒冈州的地盘上，找到了17只左手手套，右手手套只有6只。

就像手套一样，搁浅球鞋的左右脚数量也有分别。一天，我在佛罗里达州可可亚海滩附近的沙滩散步，发现了一打右脚球鞋和一只左脚球鞋。

荷兰海洋研究所的研究员利奥波德（Mardik Leopold），调查了好几百只在北海附近搁浅的鞋子。他发现，右脚的球鞋偏好在北海西边的设得兰群岛（Shetland Islands）上岸，而左脚的球鞋则聚集在东边沿岸。利奥波德也针对球鞋进行流体力学实验，看看海水在球鞋周围流动时，会将球鞋往哪个方向推动。结果发现，光是因为左右脚的差别，就足以改变球鞋漂流的方向。

得州的泰莉·卡弗特是位护士，也是位海滩拾荒人，她很有耐心地统计了一整年在得州加尔维斯敦岛西端搁浅的鞋子。结果发现，左脚鞋比右脚鞋多，比例是 120 ： 51，而且无论靴子还是高跟鞋，几乎所有种类的搁浅鞋，都出现了类似的左右脚比例。

那么，少了的右脚鞋在哪里呢？毋庸置疑，一定是随着“偏好”右脚鞋的海流，漂到别的沙滩上去了。还有其他左脚鞋漂到别的沙滩上吗？如果不是只有鞋子，而是整只脚跟着鞋子一起冲上岸呢？这画面光是想想就让人毛骨悚然了。

5 | 海棺材

你这大海啊！我也把自己托付给了你……我猜透了你的心意，我在沙滩边看见你那弯曲着的、发出邀请的手指……

——

《自我之歌》

那口棺材使我浮起，几乎有一天一夜，我漂浮在柔软如挽歌般的水源之上。

——

《白鲸》

加拿大不列颠哥伦比亚海边漂着几只人脚，这个离奇现象在 2008 年的春夏引爆了一波媒体狂热。

2007 年 8 月至 2008 年 6 月期间，温哥华岛与加拿大大陆之间的乔治亚海峡（Georgia Strait）沿岸，发现了 5 只脚，有 4 只右脚，以及其中 1 只右脚的左脚。这几只脚上都穿着运动鞋，其中 4 只是 12 号的。接着又出现了第 6 只脚，但后来证实这是一桩可怕的恶作剧，官方的形容是：穿着运动鞋的“动物爪子”。之前发现的那 5 只脚的 DNA 采样，跟失踪人口的 DNA 比对之后，只有一人相符。似乎不可能是蓄意肢解，因为警察并未在骨头上发现切痕。

受到离奇的漂浮残肢的吸引，全球媒体再次蜂拥至美国西北海岸，他们又来向我寻求答案，心急如焚的家属甚至打电话来询问，是不是发现了他们失踪的亲人。然而，我只能提供个人的推测与大概的见解。

我并不是因为这个议题太陌生，过去 20 年，我除了在太平洋追踪运动鞋和洗澡玩具的漂流路线，也展开了一项听起来可能同样怪诞的研究，你可以称它为“漂浮残骸鉴别学”（forensic flotsamology），也就是研究人的尸体或部分肢体在海洋中的漂流与变化状态。巴恩斯总是教导我们，不管数据来自何处，都不要忽略有用的数据。鉴别数据中确实也蕴藏着丰富的信息，有时不用借助其他线索就能弄清真相。

肢体被冲上岸没有什么不寻常之处。人体在漂流过程中，会受水流猛力拉扯、遭障碍物猛烈撞击和食腐动物咬噬而逐渐肢解。一般最先脱落的是头颅，快言快语的吉姆就说："这样就省得法官判决砍头了。"接着脱落的是脚、腿、躯干及手臂，每个身体都有十来个可分解的部位。

这次的漂浮物大部分是右脚，没有其他部位，似乎可以称之为奇迹。正常来说，左脚应该会在别处被冲上岸，可是究竟在哪里？其他的身体部位又到哪里去了呢？

以目前情况而言，那些脚上的球鞋似乎是关键。我不清楚这些球鞋是不是有气垫鞋底，但是一般鞋子里的泡棉也会让脚浮到海面上，而且因为球鞋以鞋底朝上的方式漂浮，自然可保护鞋内的部分不受到食腐鸟的啄食。

我母亲给我的一个提示，让我开始投入到漂浮残骸鉴别调查之中，就像当初她引领我进入漂浮物学一样。

1988 年 2 月，球鞋外泄事件发生的前两年，母亲给我看了一篇剪报，报道中说，位于西雅图最西边，紧临皮吉特湾的阿凯角（Alki Point），发现了一具被冲上岸的尸体。稍后，我拼凑出了整个故事。

意外发生的前两个晚上，来自附近路易斯堡陆军基地的 3 名士兵，走上了壮观的塔科马海峡吊桥。1940 年因强风吹袭而扭断的塔科马海峡旧吊桥，已经成为高中物理共振现象的经典范例，吊桥倒塌的画面让世世代代的高中生永生难忘。建于原址的新吊桥虽然对强风不至于有如此剧烈的反应，但是 20 层楼高的高度，却吸引了不少跳桥寻死的人。

那晚，3 名士兵站在桥上，准备好往下跳。事后其中两人说他们只是开玩笑，谁知另一位兄弟竟真的跳了下去。下坠了 4 秒钟、68 米之后，那个士兵以 130 千米的时速撞上冰冷的水面，这速度就跟跳下金门大桥落水时的速度一样快。撞击的强力撕裂着他身上的牛仔布料，也使他内脏破裂。

报道中还说，国王郡的验尸官哈兰德检查了尸体。我打电话给哈兰德，提议用华盛顿大学海洋科学系上的皮吉特湾水工模型来模拟跳水死者尸体的漂流路线。（这个水工模型是巴恩斯的发明，一个了不起的皮吉特湾复制品，每次学校试图丢掉它的时候，我们这群海洋实用派就会集体抗议。经过了半个世纪，这个水工模型依旧胜过电脑模型，尤其是模拟潮汐涡旋的时候。）

哈兰德赞成我的提议。我们在水工模型里放进一颗塑料珠子，代表跳海的死者，然后以一秒代表实际的一小时来看整个漂流过程。模拟显示，死者落水之后，往南漂流了一两个小时，接着往北经过塔科马海峡和寇弗司海峡，绕过布雷克岛（Blake Island）之后继续往东行。冲上岸之前，尸体曾在阿凯角南边背风面的一个涨潮涡旋中打转。

我们为这案子写了一篇文章，投到《鉴别科学期刊》（Journal of Forensic Science），后来广受好评，据我们所知，这也是利用水工模型追踪浮尸的首例。在那之后，哈兰德带我参与其他的案件，我也就跟着追踪了许多人体遗骸。

1995 年，我接到法庭通知，要为某颗漂浮的头颅提供专家证词。这是一桩轰动俄勒冈州的凶杀案，一名叫琳达·史丹裘的女人，被控把男友推落俄勒冈州加农海滩附近的悬崖。于是我请住在当地的麦克劳带我到现场去调查。

我觉得有时候我就是摆脱不了恐怖的事情。我办公室的窗户面向奥罗拉大桥（Aurora Bridge），堪称西雅图的金门大桥，过去有超过两百人从桥上跳进华盛顿湖通海运河。就在我修改塔科马吊桥跳海事件的书面报告时，我一抬头，刚好看到一个人从窗前迅速坠下。几个星期后，又有一个人坠落在我们的停车场上。

不过，幸好我不是面向金门大桥。截至 2005 年，官方发布统计数字，总共有超过 1200 人跳金门大桥自杀——但这并不包括 1971 年的两具浮尸。当时，我的海洋研究所同学约翰·寇纳玛斯（John Conomos，也是巴恩斯的学生），正在研究旧金山湾的水流，而那两具浮尸可以说是额外提供给他了一些研究数据。

两名死者是黑帮派成员，在普西迪区遭敌方帮派杀害后，被丢进旧金山湾。一开始，两具尸体沉入深海的南行海流中，接着，在奥克兰国际机场附近，膨胀了的尸体浮出海面。后来，浮尸继续漂流，每天漂一两千米的距离，最后在离金门大桥约 56 千米远处被冲上岸。

约翰获得的海洋数据，可以说是形式最古老的海洋学资料。1400 年前就曾经有膨胀的浮尸，向世人表明博斯普鲁斯海峡（Bosporus）的水流动态。

公元 617 年，拜占庭皇帝赫拉克利乌斯（Heraclius）击退了波斯军队，当时波斯人从中亚一路奋战杀到博斯普鲁斯海峡，海峡的对面就是拜占庭的首都君士坦丁堡。战胜的赫拉克利乌斯皇帝下令砍下波斯士兵的头，把尸体丢进海峡。膨胀的躯体乘着强大的表层水流往南漂，头颅则沉入海里，随着深处更强大的潜流向北滚动，死尸的牙齿最后流进了黑海。

船夫也发现，如果把装满石头的篮子垂进深处那道潜流里，潜流就会逆着表层水流的方向，把篮子拖往北方。这就是双向流：表层的水和深层的水流动方向相反，海洋科学家把这称为“河口湾”（estuarine）水流形态。

20 世纪 80 年代和 90 年代初，我开始对浮尸很感兴趣，但同时也试图解答如果在西北海域发生石油外泄，会有什么结果。有个情景在我脑海中一直挥之不去，尽管同事都觉得不太可能发生：大型油轮从阿拉斯加运送原油到樱桃角（Cherry Point）的炼油厂，樱桃角位于西雅图北边约 160 千米处，而我担心，进出胡安德富卡海峡的油轮可能会相撞。

在冬季，胡安德富卡海峡经常出现猛烈的风暴，掀起的巨浪可能跟肆虐墨西哥湾的超级飓风相当，甚至更大。我知道就在加拿大不列颠哥伦比亚海岸北边不远处，曾经有 3 次浪高 30 米的纪录。如此猛烈的风暴，很可能会把浮油向前推出 100 海里远，推进皮吉特湾和其他内陆水域。可是，因为从来没有人在风暴中施放过漂浮物来进行研究，所以联邦政府和州政府的有关当局，都认为这只是天马行空的猜测。

后来我从历史学家詹姆斯（James A. Gibbs）的一小段描述当中偶然发现一条线索，指引我找到所需要的漂浮数据。资料来自一个多世纪前的一起船难。

1875 年 11 月 4 日，“SS 太平洋号”明轮船从温哥华维多利亚港出发，准备前往旧金山，船上约有两三百名乘客，其中有许多是刚从卡西亚尔金矿区采完矿，打算好好庆祝一番的淘金客。此时，高速帆船“奥菲斯号”正沿着华盛顿州海岸往北航行。黑暗中，两艘船在胡安德富卡海峡口的弗拉特里角(Flattery

Cape)外相撞,此处是声名狼藉的水中墓园。“奥菲斯号”经过抢修之后继续航行,严重毁损的“SS 太平洋号”在 30 分钟后沉没,消失在海面上,只有两名乘客生还。

接下来的一个月,3 个强烈风暴将“SS 太平洋号”的罹难者打散到 100 海里远,从 20 海里外海到沿着胡安德富卡海峡回到维多利亚港的 80 海里距离,都可见到漂浮的尸体。搜救人员在内陆淡水与太平洋咸水交汇之处,发现绵延了 60 海里的失事残骸和尸体。我意识到,如果尸体可以乘着海流漂这么远,浮油肯定也可以,而假如浮油漂了那么远,沉入水中的石油也会漂进皮吉特湾。

接着,我在研读一起漏油事件的资料时,证实了自己的想法。1988 年 12 月,“耐司酋卡号”油轮在华盛顿州西南部的格雷斯港(Grays Harbor)发生漏油,外泄的原油量达 875000 升,有些往北漂,转过弗拉特里角,然后与“SS 太平洋号”的罹难者尸体一样,被冲到胡安德富卡海峡上的同一区域。然而,就连这项资料也敲不醒有关当局,他们依旧认为石油不会流进胡安德富卡海峡。

从 20 世纪 70 年代后期到 80 年代后期,我投入了大约 10 年时间为两条输

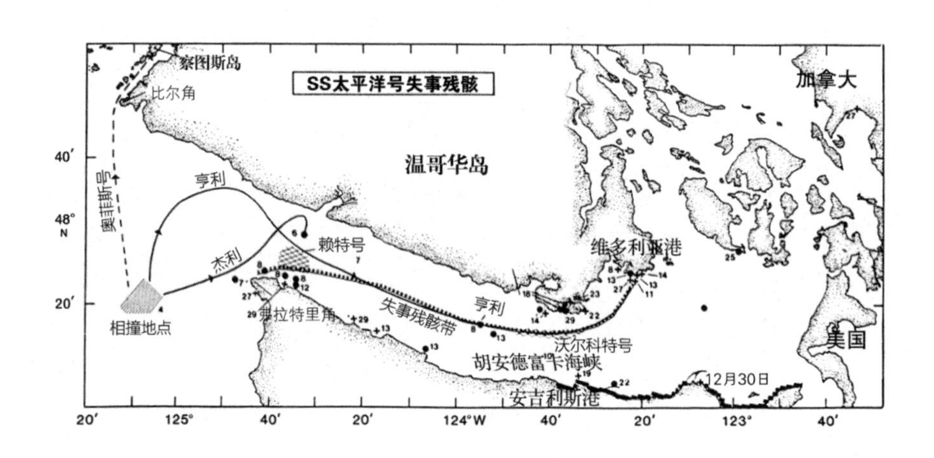

“SS 太平洋号”的失事残骸从弗拉特里角漂进胡安德富卡海峡,而这也有可能是海上漏油的漂流路线。海岸线上的黑点,代表 1875 年 12 月间,残骸或罹难者被冲刷上岸的地点与日期。

油管的提案进行相关的海洋学调查，这两条输油管预计从天使港地区往东延伸，穿过胡安德富卡海峡海底，通到阿纳科特斯（Anacortes）、樱桃角和更远的油港。两条输油管都能免除让阿拉斯加油轮曲折驶过狭窄的内陆水道，因而大幅降低在海峡上发生大量石油外泄的危险。

但是提案胎死腹中，因为环保人士提出了许多让人担忧的问题，使得炼油厂畏缩不前，只能选择采用沿用已久的靠油轮载送的老办法。所以，我只好继续讲述“SS 太平洋号”带来的教训，尽管那是对牛弹琴。

我从 1988 年（4 年后才发生洗澡玩具外泄事件）开始从事残骸监识的海滩拾荒工作，20 年下来，一共整理出 18 本笔记，其中 9 本记录的是人体遗骸，另外 9 本则记录的是火山浮石之类的题材。

20 世纪 90 年代中期，生死问题突然变得跟我密切相关。影响我最深的 3 个人步向了生命的尾声。巴恩斯终于在 1995 年，放弃抵抗阿兹海默症。第 2 年，大肠癌打垮了大久保明。而我父亲，正在与帕金森症和其他病痛进行长期抗战的最后一回合。

尽管如此，父亲仍然热切关心我的工作，对我的使命也给予大力的支持。帕金森症让父亲的手严重颤抖，不能再为我的文章画插图之后，他转而写诗，描写大海和海上漂流物。等到青光眼使父亲的视力严重模糊之后，他就向母亲口述他写的诗句。

啊，身系一环环历史的大陆漂流物
灾难和事故，将之推向漂流……

父亲在最后一首诗中写道：

你给了人们
香水、薰香、拐杖、藤杖
……

蒙你恩典善待。

从1980年开始，我几乎每天都会到父母家待上一个小时左右，一起喝点葡萄酒，聊聊天。1996年某天，父亲提出一个点子，发行一份报道海滩拾荒、漂流物及洋流的通讯。那天，父亲的物理治疗师怀特刚好在那儿，与我们共进午餐。怀特说他愿意帮忙排版，而母亲说她可以负责邮寄，我只要负责写就行了。于是《海滩拾荒快报》就此诞生。我们在那年7月，寄出了第一期的通讯。然而父亲永远没有机会看到他的创意成果，那时，青光眼已夺走了他的视力，父亲也就在那个月去世了。

很快的，《海滩拾荒快报》有了自己的生命，变成全世界资料提供者网络的聚集点。一大群海滩拾荒的队伍，在全球各地的海岸上侦查搜寻，从伊朗（伊朗国王的某位前保镖是通讯的收件人）到皮特凯恩岛（Pitcairn Island），寻找可证实环流动态的漂浮物。

父亲去世前，还为我开启了另一扇窗。他跟我分享了自己在青少年时读到的故事，这也许是后来许多漂浮世界故事的起源。

父亲在青少年时期，跟守寡的母亲住在芝加哥“贺司乐老爹”地下酒吧楼上的仓库房里。在那个年代，他住的街区犯罪盛行，曾经有一颗流弹从街上射进房间，离父亲的婴儿床不到一步。大部分时间，父亲都在小巷里玩耍，不过在当时，他已经很喜欢阅读。

他永远忘不了自己拥有的第一本书，一本从垃圾桶里找出来的宝贝：律师兼作家派克（Albert Pike）所写的《道德与教义》，共济会的《圣经》。派克的书引领父亲成为共济会的一员，50年后他仍旧时常翻阅这本书，就像环流返回岸边的起点。

派克的书里讲了一则从古埃及神话撷取出来的故事，描述奥西里斯（Osiris）这位传奇法老死后经历的旅程，父亲把这个故事反复读了一遍又一遍。

河水将奥西里斯的棺木从尼罗河口送往北边，经过西奈半岛、加沙走廊、以色列，到腓尼基人的城市比布鲁斯（Bybhlos），最后卡在一棵柳树的弯曲处。

伊西丝顺着水流找到了奥西里斯，使他复活了一小段时间，让她怀了一个儿子，也就是鹰头人身的荷鲁斯神（Horus），荷鲁斯日后会找赛特复仇。

但是，伊西丝把奥西里斯的遗体运回埃及埋葬的时候，赛特却把尸体砍成了 14 块，撒在土地上，此举成为埃及人种植农作物的方法，也因此有了尼罗河

Beachcombers' Alert!™

Since 1996

Vol. 9 No. 2 • October - December 2004 • Curtis C. Ebbesmeyer, Ph.D.

Beachcombing Science

Dean Orbison with turtles, ducks, beavers, and frogs. *After 12 years adrift, the frogs and turtles remained true-blue to their original colors (green and blue, respectively), whereas the ducks and beavers faded from yellow and red to white, respectively.* ***Dorothy Orbison*** *photo*

Beachcombing Science From Bathtub Toys by Curtis C. Ebbesmeyer

Twelve years and counting — the saga of the tots' tub toys continues. On January 10, 1992, 28,800 turtles, ducks, beavers and frogs packed in a cargo container — called *Floatees* by the manufacturer — splashed into the mid-Pacific, where the 45th parallel intersects the International Date Line (44.7°N, 178.1°E). During August-September, 1992, after 2,200 miles adrift, hundreds

Continued on page 2

The Call of Our Dust

46,000 *by* ***Richard Lang*** *and* ***Judith Selby****. After years adrift, the bathtub toys (left) disintegrate to bits of floating plastic. "The California Coastal Commission reports 46,000 pieces of visible plastic floating in every square mile of the ocean. This shocking fact along with our inability to visualize the magnitude of that quantity compelled us to count and attempt to exhibit 46,000 plastic pieces collected from Northern California beaches," wrote the artists. "When we committed to this work, we had no idea of the enormity of the undertaking. To date, we continue our task. On a hundred wires, we strung 4,600 pieces of plastic to simulate the colorful bits of plastic floating in 1/10 of a square mile of sea."*

Multiplying 46,000 plastic pieces per square mile by the total area of the ocean yields 6.4 trillion pieces of visible plastic afloat on earth, equivalent to a thousand pieces per earthling. The U.S. Environmental Protection Agency estimates that Americans annually make 910 million trips to the beach. If the ocean transported all these bits to U.S. shores, Americans could rid the sea of visible plastic by picking up seven thousand bits per trip. Copyright photo by Richard Lang and Judith Selby.

Continued on page 4

《海滩拾荒快报》头版刊出海滩拾荒高手迪恩·欧比森与上岸玩具的合照。右栏的文章，报道的是漂浮海的塑料海尘。

每年泛滥、灌溉作物之说。忠贞的伊西丝捡拾和拼凑奥西里斯的散落尸块，但始终找不到他的阴茎，只好做了一个替代品。有另一个说法是，伊西丝是在这时才怀了荷鲁斯的。

奥西里斯的故事，可能源自当时地中海东部地区水流、居民、货物的实际情形。从考古遗迹发现，大约4 650年前的法老王史内福鲁（Sneferu）就曾从比布鲁斯引进木材（黎巴嫩的上好杉木）。返回埃及的水手很可能告诉了伊西丝，她丈夫的棺木会在比布鲁斯冲上岸。

石棺的漂流路线与现代的数据吻合（其中一些数据来自卫星追踪的漂流物），这些数据显示，尼罗河的污水会沿着海岸，先往东流，再往北流。1938年尼罗河发生了一场大水灾，浮岛和淹死的牛群最北就冲到了比布鲁斯。古埃及人显然也观察到了同样的现象。

听了奥西里斯的故事，加上冰岛的漂流物传说以及日本的《平家物语》，我不禁猜想，说不定每个传说故事当中都藏着一点真相。漂浮物的故事与人类的生命有命运上的相似处：婴儿从一个充满水的环境来到这个世界，而逝者经由从漂浮世界回归来处。

长久以来，不断有年轻的母亲想尽办法安置私生子或在困境下出生的孩子，历史和传奇故事也一而再地传递出同样的信息：让婴儿随流水漂走，将他们托付给神明。在基督教国家最广为人知、最命中注定的漂流婴儿，莫过于约基别（Jochebed）的儿子，约基别把婴孩放进纸莎草箱，抛弃在尼罗河的芦苇丛间。这婴儿成为后来的摩西，名字的意思是“从水里拉起来”。中东及其他地方的传说当中，也经常有类似的弃婴故事。

在7世纪的中国，有个孕妇遭土匪绑走后，产下了婴儿，她把孩子放进长江，附上一封说明婴儿身世的血书，任他漂向自由。一名僧侣发现了篮子里的孩子，将小男孩当做自己的弟子抚养长大，这名小男孩后来成为众所皆知的唐僧。

在蒙古布里亚特人（Buryat）世代相传的故事里，也说到某位骁勇善战的传奇人物，同样也是顺水漂来的。曾经有一位可汗有两名妃子。年长的妃子使计，让可汗命令年轻的妃子把她刚生下的婴儿装进摇篮，用沥青封住，然后投进湖里。就在摇篮搁浅，婴儿踢开自己的小船时，一只云雀唱着“成，成！”于是这孩子取名为成吉思，也就是我们知道的成吉思汗。

有时候，漂浮世界的神明会对年幼无辜的人微笑。1908 年，8 名暴徒绑架了 18 个月大的芮妮，把她放在停泊于马赛的帆船上。但是，他们还来不及勒索，一场暴风雨就把船打沉，淹死了绑架的歹徒，而小芮妮竟然平安地睡在木箱做成的摇篮里，搁浅在 30 多千米外的沙滩上。

不过，对于流水漂送过来的礼物，还是要小心谨慎为好。

马丁 · 布恩是荷兰泰瑟尔岛（Texel）上的铁匠，继承了长年打捞的传统。布恩曾经足足吃了 3 个月的麦片粥罐头，这是他父亲在海滩拾荒时捡到的。但是比起他祖父发现的东西，那可就是小巫见大巫了。

“有一天，布恩的爷爷在海滩上发现了一个 200 公升的酒桶，他把酒桶滚到沙丘上，拉开塞子，啜饮了一小口，发现竟是纯酒精！这下子他等于捡到了 400 升高浓度的酒，于是他邀请所有的人都来喝一杯。”诺兰德把布恩爷爷的故事转述给我听。

从此以后，每当布恩爷爷的酒瓶空了，他就会走回沙丘去盛酒，直到酒桶里一滴也不剩为止。最后，他拿斧头劈开酒桶，“才发现桶子里有一只用纯酒精保存的猴子。”他猜想大概是从船上落海的动物标本吧。无论酒桶来自何处，对布恩爷爷来说，再也没有比这更有趣的了。

不谈酒腌猴子了，我们言归正传。

浮尸往往引起伤感而非惊奇。通常风浪和鱼群会在海里安排一场简单的葬礼，但是有的时候，白骨和木乃伊在漫漫远征之后，终会突破千难万险抵达岸滩。1979 年 2 月，5 米长的波士顿捕鲸船“莎拉裘号”，在夏威夷毛伊岛东岸沿海遇到强烈暴风雨，结果马达失灵开始漂流。90 天后，“莎拉裘号”搁浅在马绍尔群岛的淘吉环礁（又称“博卡克环礁”），位于它漂流起点西边 2000 海里远。船上 5 名渔夫当中，有 4 人至今仍下落不明，但是第五名渔夫的骨骸漂至淘吉环礁，有同情心的渔夫还特地在陆地上埋葬了他的遗骨。

1975 年，6 米长的“葛芮丝号”在墨西哥犹加敦半岛被寻获，船舱里有两具泡在水里的尸体。船帆让“葛芮丝号”从马提尼克岛（Martinique）漂流了两个月，总计漂流了2000海里远。

自从有水手在海上航行，就一直有幽灵船和棺材船漂流在海上，无论船员是死或是失踪。这些船一直是灵感的来源，让文学家或艺术家创作出伟大的作品：荷马的《奥德赛》、英国诗人柯勒律治的《古舟子咏》、爱伦·坡的《瓶中手稿》、斯托克的《吸血鬼德古拉》，以及好莱坞"神鬼奇航"系列电影。瓦格纳的歌剧《漂泊的荷兰人》当中，荷兰船长每7年才有机会上岸寻找真爱——这个时间周期，差不多跟太平洋的两大环流（即海龟环流和海尔达环流[①]）的绕行周期一样长。

这类死亡的漂流，通常都是个别发生的事件。然而每隔10年左右，总有一支临时凑合成的船队，逃离某片不快乐的土地，船上挤满了饿着肚子背井离乡的难民，其中有许多人没能顺利渡海到达彼岸。

在20世纪70～80年代，越南的上百万船民企图航向安全的大陆。最近则是西非的渔民，遭到欧洲渔业加工船及邻国的逼迫而离开家园，千方百计要前往加那利群岛（Canary Islands）和欧洲。2005年，其中一艘小船发生故障，漂过大西洋到了东加勒比海的岛国巴贝多，船上载着12具干尸。

20世纪90年代前叶，"自由小舰队"不断从古巴倾巢而出，用上了各种可以漂浮的东西。1994年7月31日，年轻人欧马和西贝托从古巴南边的皮诺斯岛（Isla de Pinos）出海。两人利用欧马家屋顶上的铝片，以及欧马工作的面包店里的面粉麻布袋，缝制成船帆，打造了一艘两米长的小船。这是欧马的第4次逃亡。他母亲说他因为上次的逃亡被关一年，才刚出狱不久。

欧马和西贝托出航的时机不够幸运，选在糟糕的时间点进入套流（Loop Current）的周期。套流是极少数名副其实的海流，差不多每一年都会沿着墨西哥犹加敦半岛往北推进，画出一个宛如孕妇腹部的凸起。初期，海流往北穿过犹加敦海峡，绕过古巴，从古巴与佛罗里达的中间往东流出墨西哥湾，加入墨西哥湾流。随着凸腹的幅度增大，套流更往北凸，几乎快碰到密西西比三角洲。接着在一瞬间，水流突然破裂，凸起的腹部分离开来，形成一个直径200海里

① 分别是作者对"北太平洋亚热带环流"和"南太平洋亚热带环流"的昵称。

的涡旋，此时，套流就会回复到环绕古巴的正常流动路线。

欧马和西贝托原本指望可以往北漂过古巴西端的圣安东尼奥角，跟许多同胞一样，搭上流速很快的套流，把他们往东载到迈阿密。但是海流可不这么想。

套流有可能严重影响钻油平台林立的墨西哥湾，甚至酿成灾难，因此石油业界对于套流的奇特动向无比感兴趣。套流会把大量的深层热带暖水带进墨西哥湾，如果条件刚好符合的风暴，从上空经过此套流或是其中一个涡旋，就可能聚集足够多的能量，形成巨大的飓风，2003 年的胡安（Juan）飓风就是一例。

这段时期，石油产业一直往更深的海域发展。我从 1969 年开始在美孚工作的时候，30 米是近海钻油平台的一般水深，到了 20 世纪 80 年代后期，钻油平台的深度超过了 600 米。

鲍勃仍旧是业界的近海测量顾问，而我差不多在 1977 年根据鲍勃测量的海流，发表了一篇《墨西哥湾之强大深层流》的论文。我们发现，墨西哥湾区的海水流速超过每小时两海里时（套流涡旋中经常出现这样的流速），海流就会使钻油平台振动，最后钻油平台会像强风中的旗杆那样连续作响。尽管如此，这篇文章并没有引起太多反响，石油公司毫不在意，在更深的海里继续照常打井。

1989 年 2 月，石油产业终于受到震撼教训。墨西哥湾的套流旋转出强而有力的纳尔逊涡旋（Nelson Eddy），以每小时 4 海里（7.4 千米）的速率，把一整个平台设备从油井口推开、漂走，后头拖着一大堆管子和缆线，就像一只巨大的水母。这个事故造成两个月的进度延误，以及 2000 万美元的修复费用，损失惨重。许多近海钻油平台都测量到来袭的纳尔逊涡旋的海流强度。

事件过后，石油业界决定汇集所有的资料，重现纳尔逊涡旋的行进动态。就像我们之前在“海洋资料搜集计划”所做的，重现卡米尔飓风所引起的海浪，来说服石油公司提高钻油平台的标准规格。不过，现在我们面对的，是由非常不同的海洋过程所形成的海流。

不知究竟是有幸还是不幸，我接下了这项审查工作。后来证实是一场噩梦。我必须汇集来自不同石油公司在不同期间、用不同仪器、于不同深度测量出来的品质不一的大量海流数据。我们开发出的模型比当时用来设计钻油平台的模型更加复杂，石油公司的海洋学家希望我们简化这个模型。他们往后推，但是我们向前进。

一开始，我们认为只要看以 5 天为一个间隔的数据，就能够了解纳尔逊涡旋。后来我收到格伦(Scott Glenn)的传真,他是我的纳尔逊涡旋研究小组成员，负责写出电脑模型。格伦告诉我，就算以两天为一个间隔的数据来观察纳尔逊涡旋，其变化仍非常大。我忍不住悲叹起来，可以想见，我们必须以一天为一个间隔，来执行这个复杂的模型。我传真回复格伦，他耐心地把模型重新做了一遍。

现在我们可以更加清楚地看到，巨大的纳尔逊涡旋是如何发展的。它时断时续地移动着，停顿了一星期，才开始改变位置与形状。在脱离套流之后，它看起来像是从大陆棚弹回，呈椭圆形，好像投在墙上后弹回的皮球。我们一直研究这个模型,等纳尔逊涡旋走到西边、不会威胁到任何钻油平台为止。几年后，纳尔逊涡旋在墨西哥湾西半部的涡旋墓园安息，位置靠近许多漂浮物搁浅的马塔戈达岛（Matagorda Island)。

纳尔逊涡旋的教训，促使石油业者把海流勘测纳入钻油计划书里。为了避免灾害重演，石油公司现在联手资助我的两位老同事寇何兰（Patrice Coholan）和菲尼（Jim Feeney)，利用卫星定位浮标，追踪套流涡旋的路径。他们二人也把自己的发现整理成大纲，刊登在每周发布的《涡旋观测站》(Eddy Watch）通讯上。

欧马和西贝托在 1994 年 7 月 31 日从皮诺斯岛出航时，并没有上述这些资料可以参考。就在他们出发前两天，《涡旋观测站》预报说，墨西哥湾套流的凸腹已达极限，即将产下一个涡旋。欧马和西贝托绕过圣安东尼奥角的时候，红外线卫星云图显示附近有强大的海流，寇何兰注意到套流刚刚形成了犹加敦涡旋（Eddy Yucatan)。结果，耗尽水和食物的欧马和西贝托，陷在这初步形成的涡旋中打转。

经过 45 天的漂流，他们来到路易斯安那州外海不到 60 海里的地方。附近采油平台上的工作人员看到了他们的小船，第二天，海岸防卫队寻获这只船以及欧马干瘪的尸体，而西贝托的身体早已被3米高的海浪抛进海里了。

1000年前，维京人循着大小类似的涡旋，抵达了冰岛的新家园。日本的中国式帆船的船员乘着更大的涡旋（即海龟环流），绕行过北太平洋，其中有些人存活了下来，并在多种族的美国找到新的家园，但大多数人显然命运凄惨。

欧马和西贝托认为海流是可靠的，却只找到了死亡。但至少他们的命运并未湮没无闻。20世纪90年代初期，8～10艘橡皮艇和几艘小船的残骸在乔治亚州的坎伯兰岛（Cumberland Island）被冲上岸，船上发现来自海地的钱币、报纸以及其他财物。海岸防卫队询问报告者，橡皮艇或小船上有没有橘色的记号，代表船上的乘客已经在海上获救了——可惜并没有看到任何记号。

佛罗里达州的东海岸不时会有古巴木筏被冲上岸。其中一艘是由卡车轮胎的内胎拼凑而成的，绝望的难民把自己绑在里面。他存活了下来，不过等到海岸警卫队赶来救援时，鱼群已经开始活生生地啃食他的身体了。来自墨尔本的海滩艺术家库姆斯（Wayne Coombs），在那个轮胎皮筏上插了3支桨，以表哀悼。他告诉我，海洋触摸到的东西都会成为艺术。

一艘竹木筏在卡纳维拉尔角（Cape Canaveral）附近搁浅，从那儿眺望，可以看见一艘太空船正停在发射平台上。人类或许征服了外太空，但是，我们依旧与漂浮世界绑在一起。

“比重”是物质最根本的性质之一，通常以漂浮的特性来形容。比重小于1的物质，可以漂浮在淡水中，而比重大于1的物质则会下沉。人体与保龄球的比重差不多都等于1，但针对两者所提出的问题，却多过你能想象的。

冲刷上岸的保龄球数量多得令人惊讶。我不懂自己为什么直到某次海滩拾荒同乐会上，才了解这是业余人炮制造商最喜欢的弹药，有的还曾从航空母舰的发射器中射出。12磅以内的保龄球（中等磅数的保龄球）会漂浮在水中，磅数更重的球则会下沉。我如今依旧不明白，沙林杰是怎么想到要把其中一篇小说取名为《一片保龄球汪洋》（The Ocean Full of Bowling Balls）的，或许他跟爱伦·坡一样，都有不可思议的海洋知识。

跟保龄球一样，人的身体和头颅也会漂在水上。我汇总了身体和头颅在海上的路径，发现到一个不寻常的模式：约有一半会漂浮，一半会沉没。（针对此题目做过的唯一一份科学研究指出，有 69% 会漂浮，31% 沉没。）是浮是沉，取决于肌肉、骨骼、脂肪、体液的比例。鲍勃有一次看到两名华盛顿大学足球队的队员上游泳课的情形。一位是防守组的线卫，是个天生的漂浮者，几乎没办法使自己在水中前进；另一位是进攻组的锋线队员，很自然就沉进水里，虽然不停打水，但就是无法保持漂浮的姿势。

我们和水的相似处比我们知道的还多。人的比重跟水的比重只相差几个百分点——令人奇怪的是，历史上还曾经利用水的这项特性来审判人犯。19 世纪以前，政治和宗教当权者都会依赖海洋或是最近的河流，来判定犯人是否有罪。这是个危险的考验。如果水流拒绝接纳有嫌疑的人犯或女巫，让他们漂浮在水上，就判他们有罪，之后可能会被吊死或烧死。如果沉入水底，就判他们无罪，但这样一来，他们可能会溺死，才能证明自己的清白。敢于冒险的罪犯要是知道自己会沉进水底，而自己又很会憋气的话，他也许就可以抢劫偷窃而又能逃过惩罚，心安理得地相信水会赦免自己的罪行。

人在淹死的时候，肠道内的厌氧菌和受感染的伤口就会开始工作。这些细菌会消化人体组织所含的糖分和蛋白质，同时也分泌出二氧化碳及二氧化硫，这两种气体可使身体某些部位膨胀，主要是脸部、腹部及男性生殖器，通常需要一至两个星期，才能累积到足够的气体让身体膨胀。不过，还有许多因素会影响分解和腐烂的速度，水深、水温、身体接触到的阳光多寡、螃蟹与其他食腐生物啄开皮肉的速度。尸体一旦膨胀，就会脱离泥的吸附力，浮上水面，除非让木头或其他障碍物给拦住了。在这阶段，尸体可能变得难以辨认。

如果水温够冷，就可避免分解，尸体可能就永远不会浮上水面。但是只要尸体开始产生气体，就会不可阻挡地要浮出水面。有一次，我研究过一具尸体，杀人凶手以为绑上几块砖，就可以让尸体永沉海底，他们在死者的胸部和颈部，绑上 5 块黏合在一起的砖头，但是尸体依旧浮上了水面。

1921 年 4 月，刚假释的公路大盗马弘尼，就被上了一堂细菌浮力课，从而后悔终生。38 岁的马弘尼与西雅图一位年届 7 旬的富有寡妇结婚，10 星期后，他发现自己不在寡妇的财产继承人名单内，盛怒之下，他毒死了寡妇，把尸体塞进行李箱，弃尸在西雅图市中心北边的联合湖里。但天不遂人愿，行李箱浮上来了，于是他在行李箱上绑了水泥块，看着行李箱沉下去的时候，才松了一口气。

马弘尼以为大功告成，伪造了亡妻的签名，好谋得财产。可惜，他事前并没有做好功课，他并不知道联合湖其实很浅。春天转为夏天，湖底的水愈变愈暖，马弘尼弃尸 4 个月之后，行李箱因为尸体腐烂而浮上了湖面。第二年，马弘尼被处以绞刑。

尸体腐烂的过程是不可阻挡的，所以一具尸体如果被一只脚卡住，无法浮起，气体可能还是会持续累积，直到产生出足够的浮力，让尸身脱离那只脚而浮上水面。这么一来，你就会碰上一件缺脚的奇案，这跟最近发生在加拿大的案例刚好相反：有脚没身体。

鲨鱼撕裂人体四肢的速度比细菌或螃蟹更快，而且可以将食物完好地保存在胃里 3 个星期甚至更久，等需要时再慢慢消化。这项本领不仅对大型掠食动物来说很有用（因为它们必须在浩瀚水域里寻找躲藏起来的猎物），另一方面，也是出人意料的鉴别证据来源。得州的卡弗特护士有一次告诉我一个发生在 20 世纪 70 年代的事件，一名冲浪者在加尔维斯敦岛失踪，6 天后，只寻获了他的冲浪板，但一个月之后，渔夫碰巧发现鲨鱼的肚子里有一只脚，脚上缺了一根脚趾，后经证实那就是失踪冲浪者的脚。

这样的证据或许可以说明失踪案件，却不足以破案。

1935 年，一只 4 米长的虎鲨被困缠在渔具里，后来送到悉尼的古吉水族馆展示。不到一个星期，虎鲨就生病了，接着吐出一只水 鸟、一只老鼠，以及一只肌肉结实的人类手臂。从指纹和两名拳击手的刺青图案可证实这是前拳击手史密斯的手臂，史密斯在 3 个星期前下落不明。

警方判定，史密斯与几名同伙共谋，弄沉一艘游艇，打算骗取保险金。后来这场欺诈阴谋变味了，同伙把他杀掉，将尸体塞进锡制的箱子里。结果，那只箱子对这个大块头拳击手来说太小了，他们就把他的左臂切掉，绑在一支锚上，虎鲨发现之后就吃进肚子里。

细菌揭穿了马弘尼的阴谋，警方从联合湖捞起装着受害者尸体的行李箱。

没有人发现史密斯的其他遗骸。尽管有这个强有力的间接证据，澳洲最高法院根据1276年发生在英国的一起案子，判决一只手臂并不足以证实这是一桩谋杀案，独臂史密斯有可能还活着，于是，针对其他共犯的起诉理由与证据并不充分。

史密斯其余的身体也许是让另外一只鲨鱼吞掉了。大型的鱼类曾吞食过一整具人体。有时，那些被吞下肚的人足够幸运，能活着讲述自己的故事。

有一则尚未经过证实（而且令人难以置信）的传言这么描述：在夏威夷，有一条巨大的石斑鱼吞下了一名潜水者，不过那人从鱼鳃钻了出来。1758年，一只6米长的鲨鱼把一名掉入海里的水手吞下肚，船长立刻用鱼叉杀死了鲨鱼，让水手可以活着环绕欧洲一圈，展示那只风干的鲨鱼。1771年，一头抹香鲸撞毁了小型帆船，吞下一位名叫詹金斯的鱼叉手，不久又把他毫发无伤地吐了出来。

鲸鱼或鲨鱼有可能真的吞下了约拿[①]，不过，约拿在大鱼的肚子里恐伯活

①约拿（Jonah），《圣经》中的人物，会带来厄运之人，在鱼肚里待了三天三夜。

不了太久，久到能让他有办法旅行到远方。

但要说堪称壮举的旅程，约拿可就比不上“藤壶比尔”（Barnacle Bill）了。“藤壶比尔”是牙齿鉴别学者替一具漂洋过海的无名浮尸起的名字，灵感来自他头骨上长出的藤壶。我是从另一个比尔，也就是验尸官比尔·哈兰德的口中听到“藤壶比尔”大名的。

那天，我和比尔在附近的新墨西哥餐厅吃晚饭，他偶然提起夏威夷有一副身份不明的骷髅被冲上岸，身上穿着救生衣，而且是专门设计给在艰险北部海域翻船的渔夫保暖、防水的标准款式，并不适用于夏威夷的水域。最后，我到檀香山拜访奥多姆博士，奥多姆博士是那里的验尸官，从他口中证实了这个故事，也细读了他的鉴别档案。

1982年的某天早晨，有个在普纳鲁乌海滩（Punaluu Beach）慢跑的人，无意间发现了一件橘色救生衣。一颗沾满海藻、褪色的骷髅头，从救生衣的领口往外瞪视着，两个眼窝里满是藤壶。在停尸间里，奥多姆的验尸小组切开了布满藤壶的救生衣，发现腐烂的内脏还黏在长满藤壶的骨头上。根据长年的经验，奥多姆从骷髅的骨架特征判断这是一名30多岁的白人男性骷髅，身高超过180厘米，臼齿上的填补材料看上去很粗糙，可能是在俄罗斯或亚洲接受的治疗。死者身上只穿了一条蓝色牛仔裤。他缺了左臂，但救生衣是完好的，表示不太可能有骨头漂走，他在落海前应该就只有一只手臂。验尸小组估计，这副骷髅已经漂流差不多两年了。

在那之后，我花时间研究“藤壶比尔”奇案，但始终无法查明他的身份。我猜测他是从北极海漂过来的。依循这条航线，他确实有可能在两年这么短的时间，就漂抵夏威夷海域，我可以用从阿拉斯加北坡地区的马更些河（Mackenzie River）三角洲漂到圣地亚哥的漂流卡来证明这一点。

2008年4月，在“藤壶比尔”被冲上岸的20多年后，我收到一封感人的信，是住在塔科马的一位女性写来的。她5年前在报纸上看到“藤壶比尔”的报道，至今仍萦绕在脑海里。她在信中写道：“这些年我会不断想起，逼得我非写信问清楚不可。”20世纪70年代初期，她父亲在波涛汹涌的塔科马海峡学潜水时失踪，

还原现场：穿着救生衣的骷髅。

尸体一直没有寻获。冲上夏威夷海滩的“藤壶比尔”有没有可能就是她父亲的遗骸?

这绝对不可能，有几个理由：她父亲是非洲裔美国人，并不是白种人，失踪的时间比“藤壶比尔”早了10年，而且穿的是潜水衣而不是救生衣。不过，依照塔科马海峡的海流动向，我告诉她：“你父亲可能在很短的时间内就漂得很远了，我希望这个信息对你多少有点帮助。”

古代人不只注意尸体是否会漂浮，还会观察尸体如何漂浮。古罗马自然学家普利尼（Pliny）曾写道：“男性尸体会以背部朝下的姿势漂浮，女性的尸体是面部朝下漂浮，仿佛在死后，大自然都希望可以免去她们的羞怯。”

但是，格拉斯哥人道协会的乔治告诉我，普利尼完全说反了：“大多数的浮尸都是脊背朝上，女性和肥胖的人就可能是脸朝上漂浮。这是因为乳房和肥大的肚子充满了气体。”不过，乔治也注意到，“男性和女性的尸体浮上水面所需的时间其实并没有显著的差别，这与一般我们所认为的完全相反。”

尸体的漂浮旅程，也意味着海葬并不像感觉上那么容易。

住在俄勒冈州尤金市的柯洛尔就要求葬在海里。他的朋友查到州立法律资料，规定海葬的地点必须距离岸边至少3海里远，而且水深至少要200米。于是他们打造了一个杉木棺材，雕刻上十字架，并且打了许多小洞，好让棺材沉入海里，最后选在佛罗伦斯镇的海边举行海葬。两天后的黎明，一个带狗散步的男人在岸上发现了柯洛尔的棺材，棺材在40个小时内漂流了40多千米。假如柯洛尔的朋友在更远的外海放出棺材，他可能就逃得过沿岸流，漂越太平洋了。

为了确保海葬者安葬于海底，帆船时代的海军士兵想出了一个防止失败的方法，让船上的修帆工把帆布缝在死者周围，再填进12磅的沙子、石头、弹丸，或手边现成可丢弃的任何重物。（根据98位成年男性所做的科学浮力实验，证实了修帆工的经验法则，额外添加的这12磅重量，可以使任何人沉入海区。）

但有的时候，船员会舍不得用更多重物。1977年拿破仑战争期间，那不勒斯王国的海军准将卡拉乔洛（Francesco Caracciolo）叛变，那不勒斯国王斐迪南四世的英国盟友、海军上将纳尔逊（Horatio Nelson）逮捕了卡拉乔洛，以叛国罪名审判并处以绞刑。可是，负责把尸体抛进海里的人低估了卡拉乔洛的浮力，结果尸体冒出水面，迷信的斐迪南四世受到惊吓，驻那不勒斯王国的英国大使汉米尔顿爵士却安慰他说，卡拉乔洛只不过是回来乞求原谅罢了。

有几位水手足够幸运，能够在仍然活着的时候，让大海给吐了出来。1942年前后，一道巨浪把美国海岸防卫队的指挥官戈林（Robert W. Goehring）从巡逻艇“USS杜安号”上打落到海里，而在他游近巡逻艇时，另一个大浪将他推至甲板的高度，他的队员乘机抛出救援设备把他救上船。

我不知道戈林指挥官在幸运逃过一劫之后有何感想，不过，有这么一个时期，在海上工作的人都不再相信下一次自己也会这么幸运。

纳尔逊涡旋袭击10年之后，我到墨西哥湾工作，在钻井平台周围追踪水流，利用最新的高科技仪器（ADCP，声波多普勒流速剖面仪）测量流经的海流。我绘制出海流的模式，让钻井平台的领班知道，何时会碰上时速超过两海里的强烈海流，而必须关闭采油作业，以避免可能发生的灾难。万一发生灾难，将导致300名员工停工，每天损失20万美元。

这是我所享受的那种即时、现场感十足的海洋科学工作，就像在大博湾追逐蛇鲨，或在中大西洋追踪水板一样。在美孚的工作期间，我确实争取了很多年时间，才有机会视察近海钻井平台，亲眼目睹我一直以来协助设计的设备。现在，我都开车到路易斯安那州的直升机场，搭直升机飞到大型钻井平台上空，接着，他们用“篮子”把我放下。“篮子”是委婉的说法，它其实只是个庞大的粗绳编织物，你得紧紧抓住，让起重机操作员把你从七层楼的高度放下去。

但不知从什么时候开始，我得了恐高症，害怕自己会松开手，因为没有任何安全带或安全网，所以我就请机长找个人来陪我一起搭乘。一切都很顺利，起重机的操作员轻缓地把我放到摇摆不定的研究船上。不过我意识到，要在海上钻油平台之间吊来吊去，自己显然已经太老了。那次视察之后不久，我打电话给鲍勃，告诉他我不想再出海了，他很能谅解。

6 | 漂浮世界中的海军上将

辽阔的大地与汪洋上所有的水源称他为王：
经过许多风暴，
他的众多岛屿漂浮在时间的深海之上

—— 

许多海滩拾荒人告诉我，他们住得离开阔水域太远，所以无法找到有趣的东西。我告诉他们，只要是有潮水的地方，就会有海洋漂流物到来。每次涨潮，都会把漂流物不断往陆地方向推送，一次比一次推得更近，直到冲上岸为止。

除了太平洋，大西洋和它的内陆集水盆地也有漂流物。大西洋上的漂浮物可以深入波罗的海几百千米，深入墨西哥湾 2000 海里，深入地中海超过 1500 海里。早在 2000 多年以前，古希腊的哲学家亚里士多德就已经知道了。“在赫拉克勒斯之柱[①]耸立的狭窄水道上，大西洋形成一股海流，流入内海，就像流入港湾。”背后的成因，其实藏在大海的另一头。中东地区又干又热，使得大量的水从地中海东部的水域蒸发，于是，相当于 5 条亚马孙河的水量涌进直布罗陀海峡，补充蒸发掉的水分。进入这片海域的漂流物可以说是无处可逃。

1999 年夏天，正在西班牙太阳海岸的马拉加（Malaga）附近度假的乔治·伍德，以为自己看到了被冲上岸的婴儿，不禁惊慌失措。后来发现只是个洋娃娃，绑在木头上，附带一个塑料瓶子，里头的纸条上写着：“我们无力照顾这个婴儿，请给她一个温暖的家。”这是两名学生的恶作剧，他们两个月前在苏格兰的海滩捡到了洋娃娃，就把它丢到海里，让大西洋的海流载着它全速前进——每天可漂 30 海里。

漂流物漂进地中海的几率很低，但不会小到接近于无。从美国东部释放的

① 赫拉克勒斯之柱（Pillars of Heracles），在西方古代经典中，是指耸立在直布罗陀海峡入口处的海岬。

瓶子，只有 2% 会在欧洲捡到和通报，而我计算过，抵达欧洲的漂流物当中，有 1% 是漂进地中海的。处理这些数据之后，我推测，每 5000 个从美国东岸放出的漂流瓶，只有一个会抵达地中海。我知道有另外 5 个漂流瓶漂到了地中海，其中一个是百加得（Bacardi）兰姆酒漂流瓶，是游艇主人凯伊·吉布森从北卡罗来纳州抛出的，一年后有人在意大利的热那亚捡到。热那亚是哥伦布的出生地，而哥伦布是历史上第一位懂得细读漂流过大西洋信息的漂浮物学者。

我在 1996 年才意识到哥伦布的重要性。那年 7 月，我父亲去世了。我筋疲力尽又万分悲恸，觉得自己必须离开一阵子。碰巧有个机会，佛罗里达州的海滩拾荒人凯西·卡兹邀请我去参加第一届“海豆研讨会”。凯西是有名的“佛罗里达海豆小姐”，这是她第一次在可可亚海滩筹办海滩拾荒同乐会。

凯西想在 10 月份举办同乐会，因为每年 10 月冲上佛罗里达东岸的漂浮物最多。碰巧，哥伦布首次登陆美洲也是在 10 月。我是在那个场合跟齐聚一堂的海豆专家坐在可可亚海滩公立图书馆内，面对着参加研讨会的民众才第一次知道“海豆”这种跨越各大洋的种子竟有奇异的繁殖策略，而且在正史与传说中都有深远的起源，还大大影响了首批横跨大西洋的水手，包括维京人和哥伦布。

每片海洋都有各自的漂浮珍宝。在北太平洋沿岸，海滩拾荒者最喜爱的宝物是渔网上的玻璃浮球，而在北大西洋沿岸，几个世纪以来一直是海豆。

1570 年，法国植物学先驱洛贝尔（Mathias de L’Obel）和他的学生佩纳（Pierre Pena）记录道，他们曾经“从高贵的凯瑟琳·基利格鲁夫人手中收到海豆当做赠礼……据说在康瓦耳郡的海岸上，可大量发现其他稀有品种的豆子……年复一年，康瓦耳人发现新的豆子，有些在海上漂浮，其他的则从沙滩上挖出来，仿佛是从新世界顺着南风或西风漂流过来……”工艺家喜欢把这些美丽的漂流海豆制作成鼻烟盒、火柴盒和火绒盒。

“海豆”这个词，指各式各样适合航海的种子，它们借着海流散播到新土地上繁殖。海豆的大小差异很大，从微小的夜牵牛籽到西瓜那么大的海椰子都有。海椰子（*Manicaria saccifera*）是岛国塞舌尔的特有植物，两片果核形状很像女性臀部，常让孤寂的水手想入非非。不过，“海豆”通常是指生长在热带美洲河岸的各种果树和藤蔓植物的种子，具有坚硬光滑的果壳，像杏仁一般大小。

许多种子可以漂流好几年，借着本身的密度与防水果壳内的气囊漂浮。1974 年，海豆大师丹尼斯（John V. Dennis）进行实验，把不同的种子放入海中漂浮，这项实验持续至今。有 7 种种子现在仍在海上漂浮，其中包括刺果苏木（俗称“老虎心”）、可可椰子、海椰子以及海之心。如此的耐力，也许可以帮助海豆超越全球变暖，只要找得到不会结霜的环境，海豆就会长出一片全新的丛林，而随着冰霜消失会继续向北散布。

美丽的海豆和漂流是一体的，最美丽的海豆品种似乎也漂流得最久。好运也会乘“波”破浪。世界上有许多人视海豆为护身符，古代的水手相信海豆能保佑他们一路平安。古挪威人和赫布里底群岛（Hebrides）的岛民相信“马利亚豆”的种子可以确保怀孕成功，这种豆子的其中一面有十字架的图案，另一面有个暗色的轮廓，极像子宫里的胎儿。这是个很可爱的说法，不过就我知道的唯一一次近代试验当中，马利亚豆对怀孕没有效果。丹尼斯去世之后，佩里(Ed Perry）承接了海豆的漂浮实验工作。他给太太一粒马利亚豆，希望可以在她生产时减少一些疼痛，结果根本没有效果，最后她把豆子丢还给了他。

许多生活在热带地区的人相信，把海豆戴在脖子上可以避邪。墨西哥湾沿岸的卡兰卡瓦印第安人，相当敬畏我们现在所说的“汉堡豆”，这个名称来自豆子边缘上像馅饼一样的深色条纹。

16 世纪的西班牙探险家卡韦萨德巴卡（Cabeza de Vaca），早年当过奴隶，后来孤立无援地旅行于墨西哥湾及北美洲西南部印第安部族之间。他发现这些原住民视“这果实为最珍贵的豆子，用来当做药，以及在舞蹈和庆典上使用”，于是他用豆子交易来赚钱，以游商的身份在内陆各部族之间四处旅行。

我曾经在马塔哥达岛的海滩上拾荒，马塔哥达岛靠近卡韦萨德巴卡当初受困的地点，我可以证实，他那时能够捡到的豆子，肯定让他拿不动。所以，像许多有经验的海滩拾荒人一样，他想必也只选择最好或最稀有的海豆。

有一次，我在南加州的纽波特比奇市（Newport Beach）演讲，有位从古巴来的听众认出我所展示的汉堡豆，他说至今古巴人依然认为这种豆子代表好运。《得州的贝壳与海滩》的作者安德鲁斯（Jean Andrews）发现汉堡豆“在

三种有名的海豆：汉堡豆、海之心、马利亚豆。

墨西哥各地的印第安市场里当做草药贩卖，当地人对豆子的神奇力量依旧心存敬畏”。这样的敬畏是有科学根据的，汉堡豆含有左旋多巴，可用来治疗帕金森症。在父亲去世前不久，我告诉他这件事时，他笑了，想知道嘴里含一颗汉堡豆，会不会帮助他对抗帕金森症。

物品的形状可以决定它在海上移动以及着陆的方式，所以，海豆的奇怪形状或许是一种演化适应的结果，可以让豆子在最能够生存的地点冲上岸，你可以说它“最有形者生存”。

最“有形”的海豆之一，当然就是俗称“海之心”(学名 Entada gigas)的种子。基于某种原因，演化和海洋携手塑造了一个海洋情人、一颗可以漂流至少 34 年的心形种子。大自然似乎偏爱心形，海浪和海滨有时候会把陶瓷碎片磨成一颗颗的心。兰伯特(C. S. Lambert)与汉伯里(Pat Hanbery)在《海玻璃编年史》书中展示了 15 个心形的陶片，“有时海洋会施一种奇妙的魔法”，他们写道。

我在可可亚海滩还学到一件事，亚速尔群岛的居民把海之心叫做“哥伦布豆”，根据丹尼斯和佩里的说法，这是因为“岛上的人认为，这种豆子为哥伦布提供了最棒的线索，让他发现美洲新大陆。”

这个典故引起了我的好奇心，我把历史学家莫里森（Samuel E. Morison）所写的哥伦布传记读了又读，注意到大家看待哥伦布的航海探险时经常忽略的一面：漂浮物的重要意义。于是我又参考了其他传记，尤其是哥伦布的儿子费迪南和其他与哥伦布同时代的伟大探险家所写的传记。结果我发现，哥伦布与今日的海滩拾荒人有多么相似。海滩拾荒者真正仔细地观察水上载浮的东西，哥伦布也是如此。其他的探险家并没有做到这点，因此是哥伦布，而不是其他人航向了新世界。

哥伦布，是改变了历史的海滩拾荒人。

哥伦布有许多机会看到来自美洲的漂流物残骸。他是热那亚织布工的儿子，生长的地方离后来成为他生命重心的“北大西洋亚热带环流”非常遥远。不过，地中海是个海盆，所以即使小哥伦布还是个孩子，也有可能在海边玩耍时捡过一些神秘的硬壳种子。

各位不妨参考以下这些数据。美洲的树木和藤蔓植物，每年可能释出 200 亿颗海豆。假设这些豆子横跨大西洋、漂进地中海的几率与各种实验抛出的漂流瓶一样，也就是十万分之一。接着，再把乘上几率之后算得的数目，除以地中海海岸线的全长 5 万千米，结果就是平均每一年在地中海沿岸每千米大约会有 4 个海豆冲上岸。

后来哥伦布开始航海，他干了 20 多年船员，最南航行到非洲，最北到过冰岛。他学会观察，哪个纬度上的哪一种风会往东或往西吹。或许他听说过冰岛垦荒者利用漂流物找停泊港湾的故事。当然，他也在许多港口的小酒馆喝过酒，结识来自各地的水手，听他们述说在海上看到的奇闻逸事。也许他亲眼看过风靡一时的异国漂流物。

有一次，哥伦布自己还真的变成了漂流物。在一次海战中，他的船被击毁，他只能紧抓着划桨漂浮在海上，最后海浪把他冲上位于葡萄牙王子亨利门阶前的海岸上。亨利是一名航海家，也是世界第一所海洋学校的创办人。

或许最重要的是，哥伦布在亚速尔群岛待得够久。位于北大西洋中央的亚速尔群岛是海上垃圾带的主要堆积场，也是北大西洋亚热带环流（哥伦布环流）环绕的位置。由于海流会在岛屿周围绕行，各地的岛屿就变成了吸引漂流物的磁铁，但是亚速尔群岛上空的高气压环流会在周围形成一道很实在的涡旋，使亚速尔群岛成为超级磁铁。说得更确切一点，是一台吸收海洋尘块的吸尘器。

许多研究证明，这些小岛吸引了大部分的大西洋漂流物：摩纳哥王子艾伯特一世在19世纪80年代抛出的实验漂浮物，有16%在此现身；海洋学家邦珀斯整理的480个跨大西洋漂流路线，有10%以此为终点；丹尼斯统计的639颗横渡大西洋的海豆，有16%在此登陆。一个来自美国的漂流瓶漂进地中海，就会约有100个搁浅在欧洲的大西洋沿岸，而有1000个被冲上了亚速尔群岛。

墨西哥湾流像一条打开的消防水龙头，以北卡罗来纳州的哈特勒斯角（Cape Hatteras）为中心点，把无数的漂浮物往东边喷向欧洲。哥伦布在亚速尔群岛上见证过喷洒过后冲上岸的结果：海之心、竹材、漂流木，甚至还有破旧的独木舟。漂流木的外表很新，因此他推论，可能只漂过了一片狭窄的海域而已。哥伦布的儿子费迪南记载道："亚速尔群岛上的一些人告诉哥伦布，西风吹了很长一段时间后，海浪就会把松树拍打上他们的小岛（特别是格拉秀沙岛和法雅岛），而这些小岛并没有生长松树。"对哥伦布而言，他随处看到的漂流木都太新了，不可能长途跋涉过好几千海里的汪洋。

哥伦布在自己手中的一本历史书的空白处写道："来自东方的中国人曾到过此地。我们看过许多奇异的事物，特别是在爱尔兰的海港高威，曾有外貌独特的一男一女各坐在一艘小船上。"哥伦布的传记作家莫里森认为，这两个"芬人"，可能是芬兰人或北欧极区的拉普兰人。可是，这两个民族都不擅长用独木舟，而且波罗的海和挪威外海的海流，应该会把小船送往东边和北边，而不是西南边的大西洋。

我同意哥伦布的看法，这些"芬人"来自更遥远的西方，也许是格陵兰或加拿大的拉布拉多地区。冬季的天气模式可以说明原因。

偶尔，急流会把在北美洲上空的冷气团，推至藻海的温暖上空，这会产生双重影响：沿岸的强风可能会把许多倒霉的爱斯基摩人推向大海。同时，冷空气使海水温度下降，导致密度变大，而干燥的空气也会让更多水气蒸发，使海水盐度增加，这样又会让海水的密度进一步变大。这些作用大大提高了藻海表层海水的密度，甚至导致表层海水下沉一两千米。有些独木舟很可能就跟着变重的海水一起下沉，但是其他的独木舟，搞不好就漂流到亚速尔群岛和欧洲去了。因为有海豹皮和肠子做成的衣服，加上冬天的严寒，尸体保存状况良好，而让哥伦布认为他们是“中国人”。

当代英国漂浮海洋学家卡拉瑟斯（John Carruthers），曾提及19世纪德国地理学家顾普雷希（Thaddeus E. Gumprecht）写过的一篇文章，这篇文章早就被世人遗忘，但卡拉瑟斯的字里行间似乎暗示，可能有一些爱斯基摩人在漂流之后竟能生还下来。

哥伦布当初以为从中国漂来的独木舟，与照片里的独木舟很相似。受好奇

格陵兰原住民猎人所划的独木舟
（照片拍摄于1944年前后）

心的驱使，我跑去找 1854 年的德国地理期刊，顾普雷希的文章就发表在里面。全美国只有唯一的一本，收藏在南卡罗来纳州的某个图书馆，于是我设法通过海洋和大气管理局一位好心的图书馆员代为说情，借出那本期刊。我找来了一位翻译员，接着却发现顾普雷希使用的是他那个时代的学者惯用的高地德语，我的翻译花了好几个月的时间才弄明白。

顾普雷希发现，古罗马自然学家普林尼曾经提及一份遗失的手稿，手稿上记载，某位日耳曼王子曾经把一些遭风暴打上岸的“印第安人”，献给新上任的高卢总督。顾普雷希发现的其他漂流生还者记载，则出现在 10 世纪及 12 世纪的德国海岸。1508 年，一艘法国战舰在英国沿海俘虏了一只小船，清楚指认船上的“芬人”其实是爱斯基摩人，这可以说是最早的证词。那只小船上载了 7 个人，“身形矮小，深色皮肤，五官大致上极好，说的语言无人能懂，穿的衣服由鱼皮缝制而成，小船则由树枝和木头打造而成”，顾普雷希写道。

17 世纪的小华莱士(James Wallace Ir.)是苏格兰北边奥克尼群岛(Orkney Islands)的医生,他指出常有“芬人”被冲上岸。1682 年及 1684 年,又有其他“芬人”被冲上岸的通报，说他们乘着“鱼皮”船出现在奥克尼群岛，此外还一直有故事流传说 :“有一群爱斯基摩人曾经定居在不列颠群岛。”

漂流之路虽然艰辛，但擅长捕鱼和航海的爱斯基摩猎人能够幸免于难，这似乎很合理。以一小时两海里来算（这是爱斯基摩轻型小船的合理漂流速率），从格陵兰的法韦尔角（Kap Farvel）到奥克尼群岛，总距离 1200 海里，需耗时 25 天，而从纽芬兰岛到爱尔兰，有 1500 海里，则需耗时 31 天。阿留申群岛上的原住民，可以划着很像独木舟的皮船，横越阿拉斯加湾 1000 海里，而为了追捕海獭，甚至能一路划到加州。

在近代,求生能力不如阿留申人或爱斯基摩人的普通人,也曾在小船上漂流、生存达 60 天或更久的时间。1928 年，生于德国的法兰兹·罗麦划着帆布独木舟，从葡萄牙跨海到波多黎各，航程将近 4000 海里，在这之后，独木舟横渡大西洋的时候，都取道北半球的东西横贯航线，而横渡太平洋时，则是从加州的蒙特雷航行到毛伊岛。

哥伦布从独木舟被冲上岸的线索，推断陆地就在西方几个月的航程之外，而不是好几年，这在他的水手能忍耐的范围内。哥伦布的推断没错，亚速尔群岛的最西端距离纽芬兰岛只有1000海里。

哥伦布当时相信，那块陆地可能就是他在书上读过的中国和日本，尽管他没受多少正式的教育，但哥伦布读书一丝不苟，他读过的《马可·波罗游记》书页上写满了笔记。他看到冲上岸的奇怪小船中的尸体并不是欧洲人的，似乎比较符合马可·波罗对中国人的描述，于是认定那些尸体就是中国人的。他知道非洲并不生长竹子，于是猜测自己看到的竹片来自“黄金之国”——日本。他可能以为自己看到的是马可·波罗所形容的中国椰子树，不过，椰子树是在马可·波罗之后才开始在世界各地种植，当时并没有出现在大西洋附近。后来，哥伦布宣称在古巴东北部发现了一棵椰子树。他找到的很可能是比较小的海椰子树，一个品种完全不同的植物，当时确实生长在美洲，它的果实也确实冲到了亚速尔群岛。

哥伦布时代的地理学家及航海专家都明白，亚洲不可能如此靠近，因为地球实在太大了，漂浮物显然无法横渡如此浩瀚的海洋。但是哥伦布读的是水文学而不是地图学，他相信眼睛所见的漂浮物而不是从希腊人那儿传承下来的几何学。哥伦布是个生态航海家，他使用指南针、星象和测深锤，同时也仰赖漂浮物和水鸟的信息。他的航海日志会讲故事，几乎每天都会记录经过的漂浮物，包括种子、树枝、马尾藻、船难碎片。他用水手的锐眼看到的大海就像今天开车人使用的公路一样，有各种道路标示牌。哥伦布学会看遍整片海洋。

登陆时，哥伦布看到沙滩上遍布的海豆和竹片，就知道他已经抵达自己所想的目的地了。在佛罗里达的“豆子海岸”拾荒时，我也发现了海豆和竹片（这两种漂浮物往往会一起上岸），顿时觉得自己仿佛正通过哥伦布的眼睛看世界。

1492年9月9日，哥伦布终于从加纳利群岛出发，进入了地球最大的海洋公路之一。另外两大海流，即墨西哥湾流以及黑潮，也都以速度著称，分别沿着大西洋和太平洋的西侧，以每天100海里的劲速往北奔腾。但是，真正的马拉松选手却是供应墨西哥湾流及黑潮的东西向海流：从北美洲流至亚洲，横跨 7000 海里的太平洋赤道流，以及哥伦布搭乘的从非洲奔流至加勒比海，横跨 3000 海里的大西洋赤道流，这两道海流平均每天可走 10 海里，日复一日，就像公交车路线一样规律。

所以，哥伦布可以说是碰上了天时地利的大好时机。在 32.8 天内航行了 3466 海里之后，哥伦布终于在 10 月 12 日，登陆巴哈马的圣萨尔瓦多岛。根据他的计算，他们平均一天航行 106 海里。在这 106 海里当中，风力和船帆贡献了 96 海里，其余 10 海里则是靠海流——海流总计推送了 328 海里，那可真是成功的“临门一脚”啊。

随着航程越拖越久，哥伦布的船员开始造反，于是他承诺 3 天内若看不到陆地，就打道回府。第 3 天，他们果然看到了陆地。要不是这么一道洋流，哥伦布可能就得放弃，今日的美洲可就会是截然不同的地方了。首先就没有“亚美利加[①]”这名字了。

从加纳利群岛西行了 10 天之后，哥伦布一行人碰到了漂浮在中大西洋海域的巨大马尾藻丛。只不过，他们以为所见到的是“浮岛”，身陷马尾藻丛的哥伦布在日志上描述自己“正通过一个个岛屿”。漂浮岛到底存不存在，常有人议论纷纷，虽然几个世纪以来已经有上千名水手说看到过。

哥伦布肯定听人提过在中大西洋看到未知的岛屿，每年总有几则通报，而这些传闻使他远航的决心更加坚定。传闻经常说，水手在傍晚时分发现自己正驶近某些岛屿，次日早晨却不见任何踪影，而制图员会将这些结果记录在地图上。哥伦布本人至少有两次误以为看到陆地，使船员的士气大增之后又跌落谷底。因此他改变奖励方式，不再奖赏第一个发现陆地的人。哥伦布的儿子费迪南写道：“为了避免有人不时高喊‘陆地！陆地！’，制造虚幻的喜悦，哥伦布下令：宣称看到陆地的人，如果未能在两天内证实自己所言不虚，将会失去奖赏，即使两天之后真的看见了，也视为无效。”

① 亚美利加（America），取名自佛罗伦斯探险家Amerigo Vespucci（1454～1512）的名字拉丁文拼法Americus。

但可能这些忽隐忽现的"岛屿"确实存在，只是它们会随波逐流，前一秒还在，下一秒就消失了，所以无法标示在海图上？

20世纪初的重要古生物学家马修（William D. Matthew）估计过，在17～19世纪曾有1000座"岛屿"漂浮出海，而在距今六千多万至一万年前的新生代，则有两亿多个。马修所谓的"岛屿"，是由大量的倒塌树木和其他残骸组成的密实厚垫，上面再堆积泥土而形成的漂浮岛，常见于欧洲的湖泊美索不达米亚的沼泽，以及北美太平洋西北地区漂满浮木的河川上。

根据某位拓荒者的叙述，河中漂浮岛的表面"维系了一片森林的生长，几乎跟河岸上常见的景象没有区别。这片森林会随着河面涨落而盛衰。洪水泛滥时，由于漂流木堆的推挤，产生了一种奇怪的呻吟，像是怪物深陷痛苦的声音，而木材断裂发出的尖锐巨响可以传到好几千米外。"

在开阔海域，这样的巨响还会传得更远。也许就是这些嘎嘎作响的声音，让那么多水手以为听见从浮岛深处传来的怪物咆哮声，而视之为险恶之兆。今天，工程师和港湾管理当局在漂流木阻挡水道和威胁船运之前，就会清除掉这些堆积物。

浮岛当然也会出现在更为隐蔽的湖泊中。有时候，这些浮岛会聚集成"迷你大陆"，接着又分散开来，仿佛在比赛渡湖，最后再跟湖岸接在一起。羊群会踏上这些浮岛觅食，然后发现自己被湖水团团包围，等抵达对岸之后，就镇定地走下浮岛。

在安第斯山脉海拔3812米的高处，的的喀喀湖100英里长的深蓝色水面上，有许多浮岛，是世上一直有人居住的最古老浮岛。1532年，克丘亚印第安人为了逃离西班牙征服者，躲藏在当地人称为uros的浮岛上。岛民把称为totora的高香蒲的漂浮根上块连在一起，在上面覆盖芦苇秆，盖出浮岛。他们也用芦苇编织小屋和小船。几个月后，芦苇失去浮力，岛民就会再次铺盖新的totora。最后，浮岛可大到支撑一整个村落。1994年，那儿有70个浮岛，其中最大的岛——1200百平方米的翠卜那岛（Tribuna），有156位居民住在上面。

原本就是观察家的达尔文，从智利的瓦尔帕莱索（Valparaíso）骑马到亚基尔（Yáquil）的金矿区，看到了许多"由各种枯死植物的茎紧密缠绕组成的岛，活着的其他植物则在上面生根成长……这些浮岛会随着风从湖的一端漂到另一端，岛上经常载着牛和马。”将近170年后，研究员奥尔特（Toby Ault）在2002～2003年，走访达尔文的足迹，发现当地人为了农耕已经把湖抽干了。漂浮世界就这样消逝，就像其余的自然世界一样。

1892年春天，佛罗里达的东海岸出现了一个更为奇特的现象。那个季节的天气诡谲多变，有飓风、海啸，还有能把整片森林连根拔起的暴洪。被铲起的一部分森林变成了史无前例的漂洋茂林之岛，岛上的树木长到10米那么高，海员在7海里外就可望见。美国海道测量局担心这座漂浮岛会威胁到横越大西洋的轮船，于是在每个月发布的导航图上标出漂浮岛的位置，这份导航图也标示了冰山、水雷、失火船只、漂流木等威胁的位置。许多船长收到1892年11月份的北大西洋导航图时，都不可置信地盯着看了好一会儿，因为上面标示着一座顺着海流漂浮的岛屿。但是这既非烟幕弹也非幻觉——在2248海里长的航程上，就曾经被亲眼证实过6次。

这种恐怖之物激发了不少文学想象。6年之后，法国科幻小说家凡尔纳[①]写出了《漂浮岛》，描写一座跟巨大冰山一样大的人工岛。1922年，由工程师转行当作家的洛夫廷[②]，在《杜立德医生航海记》中也描写了一座“永远顺着水流向南漂”的浮岛，不知道他有没有读过那座横渡半个大西洋的岛屿的记载。

哥伦布第一次出航的前段航程，受到好天气的眷顾，他在风暴最多的季节横渡北大西洋，却没有碰上任何强烈气旋或飓风。回程时，他往北走，以便寻找可以送他返乡的东风，而在中途，他选择在熟悉的补给站亚速尔群岛停靠。结果，在亚速尔群岛，幸运之风抛弃了他。

冬天时，来自热带的暖湿空气与北极南下的干冷空气冲撞后，会产生强烈涡旋，冲击着亚速尔群岛周边的平静水域，这现象每年会发生一两次，在

① 凡尔纳（Jules Gabriel Verne，1828～1905）代表作有《环游世界八十天》、《地心历险记》、《海底两万里》。

② 洛夫廷（Hugh Lofting，1886～1947）英国小说家，创造了能跟动物说话的“杜立德医生”这个著名的童书主角。

1492 ~ 1493 年的冬天尤其严重。从西方吹来的寒冷狂风，害得里斯本港口的船舶好几个月动弹不得，就连地中海沿岸也深受其害，热那亚的海港在圣诞节的时候已经结冰了。

哥伦布的“尼娜号”驶进一个超级锋面风暴，可以说是 15 世纪最强大的一个风暴。哥伦布担心自己会死在海上，让他的劲敌有机可乘，夺走自己的功劳与奖赏，儿子也会失去保护，沦落到贫民监狱里。于是他抛出了世界上第一个真正获得证实的漂流瓶。他匆匆写下两份航海摘要，把信封好，收件人写的是伊莎贝拉一世和国王斐迪南，最后用蜡把瓶子封住，里头还附上一张字条，承诺要奖赏 1000 个金币（大约相当于今日的 20 万美元），给发现漂流瓶且愿意献给女王的人。

哥伦布偷偷把这两个小包裹放进两个酒桶里，然后将其中一个酒桶抛进海里，希望它可以漂到欧洲。他的船员认为这是个“奉献行为”。哥伦布把另外一个酒桶放在“尼娜号”的船尾，稍后他说：“万一船沉了，酒桶可能会漂浮在浪涛上，任由暴风雨摆布。”哥伦布的灵感说不定来自他在冰岛听到的雷神传说故事，也有可能是他从描写亚洲的游记中，读到了平康赖的浮图牌。

不过，落海的酒桶漂到哪里去了？亚速尔群岛四周的海流会把漂浮物散布到西班牙和葡萄牙（正如哥伦布所期望的），但更多时候是随着北大西洋亚热带环流（哥伦布环流）前往美洲。每次环绕一圈，这道环流会留下大约一半的漂浮物，因此，某样东西在绕了 7 次之后（需时 23 年）而仍然留在环流内的几率是 1%。然而在这之前，蛀船虫（海上的白蚁）应该早就把酒桶啃得一干二净了。

有个微乎其微的可能是，哥伦布的酒桶依旧在北极圈漂浮，因为极地的寒冷海水足以冻死蛀船虫。如果酒桶刚好转向北边，沿着佛罗里达东岸往北漂，墨西哥湾流（以及北大西洋流）可能就会把它送到法国或英国。如果酒桶没有在英法两地搁浅，就可能会继续沿着挪威海岸漂向北极海。曾经搁浅在那儿的木头，最古老的可追溯到 9500 年前。

如果哥伦布的酒桶当真漂到了西印度群岛（也就是古巴、海地、特立尼达和多巴哥、百慕大群岛、开曼群岛这一带。根据盛行的风向和海流来推断，我认为这是最可能发生的情况），那么他承诺的奖赏就毫无意义了。

在世界各地，凡是没有炼铁厂的地方，碎铁片就是贵重的奖赏。找到碎铁片的人可以用石头把这些碎片打造成值钱的工具和武器。要是有哪个美洲印第安人发现了哥伦布的酒桶，可能已经从经验中学会了发现碎铁片来源的沉船比搜集铁片更为重要。

已故的巴斯科姆（Willard Bascom）是人人敬仰的海洋学家，也是海底探险的先驱，他是我在美孚工作时的同事。巴斯科姆估计过，沉入海底的古代船舶可能有大约 4 万艘，"单是公元前的头 1000 年，就有至少 15500 艘商船沉没)。依海洋科学家的"百分之二法则"：漂流物从大海的一端释出后，有 1% ~ 2% 会抵达另一端。换句话说，可能就有上千甚至上万艘古代船舶的残骸漂抵美洲。这对于早期的海滩拾荒人来说，可是填满胃口的大量铁钉和铁链啊。

如此看来，捡到哥伦布酒桶的人，很可能会为了酒桶上的箍环敲碎木桶，却对里面不值钱的羊皮纸视而不见。不过，哥伦布最后也没什么好烦的了，因为老天继续赐他好运。他正好从风暴较弱的南边航行而过，如果他走的航线再往北偏两三百海里，碰到的风浪就更大，他的船肯定会沉没。

哥伦布的两个酒桶一直没有人捡到。当时的人根本不知道，比起坚固的木板和铁片，脆弱的玻璃瓶反而能在海上撑得更久。如果当初哥伦布用的是玻璃瓶，说不定今天就有一本哥伦布航海日志手稿了。

7 | 黑潮汹涌

潮线上的漂流物与抛弃物总是提醒着我们，

海岸之外有个奇特而与众不同的世界

——《海之滨》

哥伦布的酒桶消失无踪，但是其他传说中的漂流物，无论存在与否，却永远漂浮在传闻之海与近来的互联网上，包括：泰奥弗拉斯托斯（亚里士多德的门徒）追踪过的地中海漂浮玻璃瓶、女王伊丽莎白一世的“皇家开瓶官”、幽灵船“屋大维号”、轻巡洋舰“悉尼号”的幽灵救生带、黛丝·亚历山大的瓶中遗书、克莱德·潘伯恩的跨海飞机轮子。（如果你想知道上述每个漂流物传说的真实性，可参考附录 A。）

这些传说衍生出官司是非、冒险漫画和没完没了的茶余饭后的谈资。另外一些漂洋过海的漂流物则有更大的影响。有些学者和漂流物迷相信古代漂流物为美洲带来木材、铁钉及其他无生命的漂流物。他们坚持认为水手、渔夫或乘客偶有幸存，并定居美洲，为当地社会注入新的文化和基因。有些人走得更远，比如英国出生的动物学家和业余碑铭研究家巴里·费尔（Barry Fell）。他坚信，旧世界的民族（尤其是神秘且精通航海的腓尼基人）确实曾到新世界做生意，足迹最远到达美国麻省的贝弗利（Beverly）和巴西的里约热内卢，还在近海处留下沉船遗迹。可惜，美洲土著人并没有留下早期与外人接触的任何记载，所以碑铭研究家往往要倚赖碑文和其他文化遗物——这些材料要么是有争议的，要么就完全是伪造的。

要证明亚洲航海人同样探访过美洲，跟美洲人做过买卖就更难了，因为横渡太平洋的距离更远。此外，美洲并没有发现大量的亚洲文物能支持这样的论断。尽管如此，另外一群学者提出了令人瞩目的观点：过去 6000 年来，日本的遇难船不断被冲上美洲海岸，有时还影响了美洲的土著文化。

这种观点的始作俑者，是史密森协会的著名人类学家贝蒂·梅格斯。五十多年来，她不顾同事的强烈反对，一直在这方面进行钻研。1966年，贝蒂在《科学美国人》杂志上发表了一篇权威性文章，描述五千年前日本水手如何漂流到厄瓜多尔。在那之后，她发现了许多证据，包括DNA、只可能源自日本的病毒以及日本独有的制陶技艺，她认为这些证据都在暗示：古代日本人的影响也到达了中美洲、美国加州、厄瓜多尔和玻利维亚。

在锡特卡镇每年举行的"横越太平洋"会议上，年过八旬的贝蒂仍会报告她的最新研究结果。会议结束后，我们和其他与会者一起乘船到一小时航程外的偏远海滩去，彼此分享搜集到的漂浮物和背后的故事，而贝蒂也会与我们继续分享她的发现。

贝蒂处理问题的方式就像玩拼图，她会逐一比对从太平洋沿岸出土的破碎陶片。她发现，从智利的瓦尔迪维亚（Valdivia）、厄瓜多尔及日本最南边的九州岛挖掘出来的许多破碎陶片上面的图案很相近，因此断定约6300年前，曾有一艘载满日本土著居民绳文人的船航行至瓦尔迪维亚与厄瓜多尔。贝蒂说，还有其他发现显示有其他船只先在美国加州和哥伦比亚的圣哈辛托（San Jacinto）登陆。

促成这种迁徙的幕后推手是人类史上数一数二的世纪天灾。很少有地方像日本一样，天灾如此频繁，这个岛国漂浮在太平洋板块、欧亚大陆板块和菲律宾海板块的接触带。这三大板块的碰撞虽然缓慢，力量却很强，经常造成大地震、海啸及火山爆发。

大约6300年前，九州南方外海的小岛喜界岛，发生了威力强大的火山爆发，把100立方千米的泥土、石头、火山灰喷到空中，喷发量之大，差不多是印尼喀拉喀托火山1883年爆发时的9倍，是美国圣海伦火山1980年大爆发的24倍，是公元79年毁灭庞贝和赫库兰尼姆的维苏威火山爆发的40倍。

喜界岛火山爆发引起的海啸淹没了沿岸城镇，喷出的岩浆覆盖了4700万平方千米的陆地与海洋。几米厚的火山尘和火山灰覆盖了肥沃的土地，之后长达两个世纪，日本南部都是不毛之地。由于无法耕种，绳文人启程寻找可耕之地，即贝蒂·梅格斯认为的"绳文人出走记"。接下来，就要靠"黑潮"这个了不起的自然现象了。

太平洋的“黑潮”（因从岸上眺望时可见这道海流给地平线添上的暗色而得名）就相当于大西洋的墨西哥湾流。黑潮从台湾开始汹涌北上，大量的热带温暖海水弧形流经日本及阿拉斯加东南沿海，再沿美国西北海岸南下。同时，从西伯利亚吹来的强劲冷风（相当于大西洋上从北极吹到北美的强风），把太平洋沿岸的船只和其他漂浮物推进黑潮里。

海风把逃难的绳文人推进了黑潮，许多渔夫同样深陷其中，他们被海面上的浮石困住，回不了家。黑潮把他们送到了美洲，这些糊里糊涂完成跨洋之旅的特使，想必不是前无古人，而且也绝非后无来者。

在已知的漂流意外中，有半数的船漂抵陆地时，还有几个漂流民活着。

1260 年前后，一艘中国式帆船在快要漂到北美洲的时候，遭到加利福尼亚洋流拦截，被送进往西吹的信风中，最后搁浅在夏威夷群岛中毛伊岛的怀卢库（Wailuku）附近。这个事件口耳相传，几个世纪后变成了这样：当时，毛伊岛迎风面地区的执政酋长瓦卡拉纳（Wakalana）拯救了船上的幸存的三男两女。这 5 人受到皇族般的款待，其中一名女性还跟瓦卡拉纳酋长结了婚，后代子孙遍及毛伊岛和瓦胡岛。

这只是第一批意外抵达夏威夷的日本代表团。根据檀香山主教博物馆馆长约翰 · 史多克斯的说法，到 1850 年为止，还有 4 艘船搁浅在夏威夷，“船上的人跟夏威夷贵族通婚，也在群岛的文化发展上留下印记……夏威夷的本土文化以波利尼西亚文化为主，但也融入许多不属于波利尼西亚的文化特色”。

日本人的影响同样也散布到了北美大陆。考古学家偶尔会挖掘到一些遗迹，譬如在华盛顿州欧泽特湖（Lake Ozette）附近的印第安村庄遗址发现了铁（当地土著人并不会冶铁），在俄勒冈州海边发现了由亚洲陶器制成的箭头，当然还包括贝蒂 · 梅格斯在厄瓜多尔发现的 6000 年前的日本陶器碎片。就像贝蒂在厄瓜多尔的研究中发现了独特的文化遗物、病毒和 DNA 标记，人类学家南希 · 戴维斯也有类似的收获。她在新墨西哥州北部的祖尼族印第安部落发现了日本文化的特征，这与当地其他普韦布洛族印第安人（Pueblo）有明显差异。戴维斯推断，

14 世纪时，日本人已在加州落脚并往内陆跋涉，还协助建立了祖尼族。

华盛顿大学的人类学家昆比(George Quimby)估计,从公元 500 ~ 1750 年，大约有 187 艘中国式帆船从日本漂流到美洲。漂流船的数量在 1803 年之后剧增。说来讽刺，这还要感谢一个排外政权为了锁国政策所尽的一切努力。1603 年，德川幕府在长年的内战之后统一了日本，开始封闭国门，与外界隔离，只开放长崎港进行有限的贸易。西方的船只和遇难船一律遭到驱逐，登陆的传教士及其他外国人将被处死，就连从海外返国的日本人也概不宽恕。

为了让水手停留在沿岸水面上，幕府将军下令所有的船都必须配备大型船舵,但到了远海,大型船舵却容易断裂。这样一来,吹到外海的船只就孤立无援了。要想避免翻船，水手就得砍断主桅，任凭没舵没帆的船漂向未知的大海。

政治因素与地理、天气、海流共同作用，促使这支行动缓慢、意外成军的舰队在海上漂流。几个世纪之间，幕府将军们把势力转移到江户，要求每年进贡大米和其他物品。可是日本多山的地形阻碍陆上运输，于是每年秋冬，在收成之后，载满贡品的船就会取道海路，从大阪和其他人口众多的南方城市航向江户。这些船只必须横渡毫无遮蔽的深水区域远州滩（恶名昭著的“死水湾”)，而且刚好会碰上从西伯利亚南下的风暴——同样的天气形态也在加拿大的拉布拉多、纽芬兰岛以及美国东部的新英格兰地区肆虐，让爱斯基摩人的独木舟漂到大西洋去。根据日本气象专家荒川秀俊的记录，在 90 艘漂流船中，有 68%是被 10 月至次年 1 月这 4 个月的暴风吹进了黑潮。

1984 年和 1985 年的 10 月,日本铫子市(Choshi)一群自然科学社团的女生，为了知道漂流民究竟漂流到了哪里,把 750 个漂流瓶投进了黑潮。到 1998 年为止，有 49 个被海滩拾荒人拾获，其中 7 个在北美沿岸，9 个在夏威夷群岛，13 个在菲律宾，16 个在日本邻近地区。这些百分比与已知漂流船的搁浅位置非常相似。有些瓶子晃荡到了俄罗斯堪察加半岛，就在日本的北面。自从 1967 年一个名叫 Dembei 的日本渔夫的中国式帆船飘到这里（这是已知的日本和俄罗斯之间最早的联系），在堪察加俗语中就用“dembei”称呼那些随波逐流的东西。

20 世纪的几位冒险家曾经乘着无甲板小船，跟漂流民航行了一样远的距离。1991 年,法国人达波米(Gerard d' Aboville)独自划着 8 米的小船,历经 134 天，

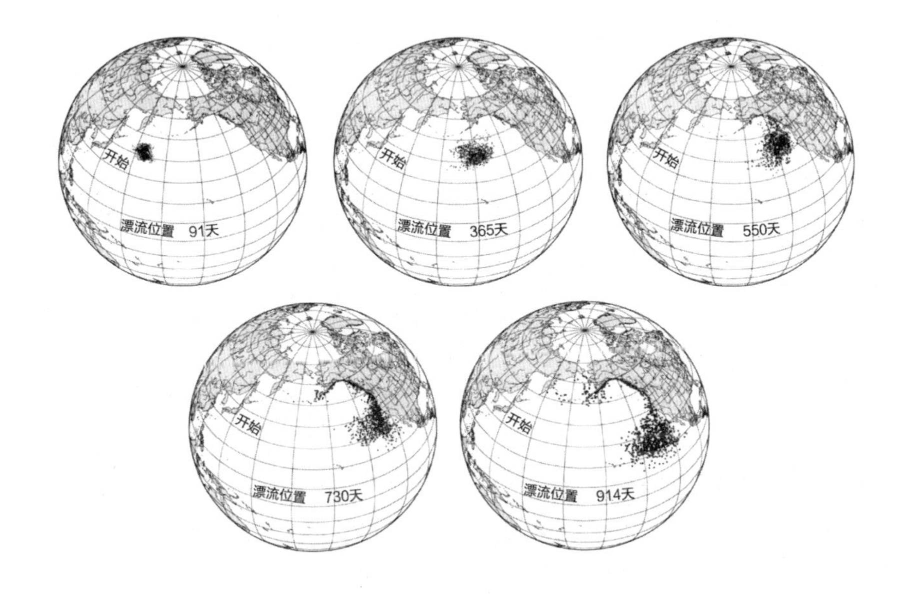

表层洋流模拟程序（OSCURS）模拟了1187件自日本大海角（Great Cape）抛出的假想漂流物，从1967～1998年，每10天记录一次。漂流物的路线和目的地会因为抛出后的天气状况而有所不同。

从日本到北美，航行了6200英里。1970年，西班牙的阿尔萨（Vital Alsar）与4位伙伴利用木筏从厄瓜多尔航行到澳洲，在6个月内旅行了将近8600英里。1952年，法国生物学家邦巴尔（Alain Bombard）以行动证明，在海上迷航的人有能力生存下来。他搭着折叠式木筏，花了65天漂过大西洋，全靠捕鱼和喝海水维生。不过，要比耐力，这些不怕死的家伙根本比不上漂流民，漂流民通常都漂流了超过400天，甚至还曾长达540多天呢。

时光流转，日本沿岸的往来船只数量继续攀升，漂流船的数量也跟着增加。到了19世纪中期，每年平均有两艘日本弃船会在加州至夏威夷的海运航道上出现。19世纪30年代，夏威夷附近出现了4艘弃船，船上至少有5人生还。然而，还有许多中国式帆船在少有人航行的海域里通过，因此没人看见。

接着，在1854年，太平洋的另一端发生了一起非常不同的登陆事件。美国海军准将佩里（Matthew Perry）带领“黑船”打开了日本对外的门户。佩里发现，有好几位很有学养的口译员等着跟他见面，这些人不曾离开过日本，却能说一口流利的英文。在封闭遁世的幕府时代，这怎么可能呢？

答案就隐藏在乘着黑潮的漂流物里。1813 年 10 月，中国式帆船“督乘丸号”运送完献给幕府将军的年度贡品之后，离开东京返回鸟羽市（Toba）。途中，船遇到西北风，漂到外海，漂流了 530 天之后，又在加州沿岸一英里外遇到强风，再度漂向汪洋。船上 14 人中有 11 人罹难。最后，在墨西哥外海 470 英里处，一艘美国双桅帆船伸出援手，拯救了 3 名生还者。“督乘丸号”的船长重吉（Jukichi）在离家 4 年之后返回日本，他逃过了死刑，然后偷偷把自己的经历写成一本日志。尽管遭到官方查禁，但是重吉的日志引发了日本学者的好奇心，也发挥了影响力，为迎接佩里准将以及比佩里早 6 年抵达的外国访客铺平了道路。1860 年，美国驻夏威夷的地方行政官员博登（JMES w. Borden）评论说：“毫无疑问，对日本遇难渔民伸出援手和表示关心，是让日本终于向外国人和海外贸易大开门户的最充分理由之一。”

1832 年 10 月，另一艘中国式帆船“宝顺丸号”，满载着稻米和陶器离开了鸟羽市，却遇上台风，被扫向美国；450 天后，海浪将其打上华盛顿州的海岸。船长和船上的两个男孩活了下来，被当地的马考族印第安人（Makah）俘虏，成为奴隶。船难的消息传到哈德逊湾公司位于温哥华堡（Fort Vancouver）的交易站，他们派遣一队人马前往拯救那 3 名生还者。

那时，麦克唐纳（Ranald MacDonald）还只是个 10 岁的小男孩，母亲是科拉特索普族印第安人（Clatsop）的公主，父亲是哈德逊湾公司的代理商。麦克唐纳并没有亲眼见过那 3 名遇到船难的日本人，但是他们横渡大西洋的故事鼓舞了他，就像爱斯基摩漂流者及海豆激励了哥伦布一样。于是，麦克唐纳构思了一个十分大胆而且类似于自杀行为的计划：让自己漂到日本。

14 年后，麦克唐纳 24 岁，终于有机会实现少年时的计划。他搭上“普利茅斯号”捕鲸船，说服船长在靠近北海道北端的一座火山岛时将他丢下船。麦克唐纳坐着自己临时造出的小舟在海上漂，后来被日本人逮到，不过，也许是因为他迷人又和蔼可亲的举止，他逃过了死刑，只是被关进监狱而已。麦克唐纳把牢房变成教室，给兴趣盎然的学者上英文课。6年之后，他的几个学生替幕府将军和佩里准将翻译外交书信，其中有一位付山先生，后来成为驻日美国大使馆的第一位翻译官，也是近代第一位带船横渡太平洋的日本人。这段漂流兜了一圈，又回到原点。

尽管日本解除了锁国政策，幕府将军因为明治维新而退位，黑潮依旧继续把船舶横扫到美国去。1876年，驻旧金山的日本领事布鲁克斯（Charles Wolcott Brooks）发表了一篇具有重大突破的文章，内含一张地图，标示出55艘日本弃船的发现地点。布鲁克斯的同事戴维森（George Davidson）利用这些坐标，绘制了一张海龟环流（北太平洋亚热带环流）的洋流图。就我所知，这是第一张根据漂流物绘出的环流图。

直到今日，仍有漂流船不时抛锚。若是碰巧发现漂流船或被弃的船只，你可以搭救船上的生还者，但却救不了那些船，因为没办法拖着船身走。就像1914年俄国破冰船“泰梅尔号”发现一艘漂流的中国式帆船时一位目击者所说：“我们任它继续漂流。”他注意到“那艘船显然已经漂流了一段时间，因为整个船身盖满了海洋生物”。等到弃船冲上岸，藤壶及其他贝类生物通常已经抹去可以辨识船只身份的证据了。

正因如此，罗德尼·莎兹的圆满调查成果特别值得一提。罗德尼是海滩拾荒情报网的忠实拥护者，住在夏洛特皇后群岛的格雷厄姆岛（Graham Island），经常在附近美不胜收的玫瑰岬拾荒。他在那儿捡到了280只耐克球鞋，还从中凑出70双给自己的家人亲戚穿。1981年8月，罗德尼偶然发现了一艘长5米半的木制小帆船。这艘船刚被冲上岸不久，上面布满了藤壶。罗德尼把小船清理干净，摆弄了一会儿，就搁置在自家的前院，试图查明它是从哪里来的。与日本领事馆和海岸警卫队通过信之后，他得知这艘小船是“宝荣丸号”（船名意为“丰富的宝藏”），1980年2月26日，台风把它从釜石市（Kamaishi）的停泊处吹走。现在，这“丰富的宝藏”（不仅仅是名字）变成罗德尼的了。

其他弃船的旅程，几乎可说是命中注定。1984年3月，一位名叫坂本和贵男的退休公务员，坐上10米长的“和丸号”（他太太形容那艘船是“他一生的

西雅图的调查人员在查看
幽灵船“良荣丸号”。

最爱”)，从日本三重县尾鹫市出海钓鱼，此后就再也没有回家。18 个月后，“和丸号”搁浅在加拿大不列颠哥伦比亚的鲁珀特王子港（Prince Rupert），但船上不见坂本的身影。25 年后，鲁珀特王子港与尾鹫市缔结为姊妹城市。

有些漂流旅程更是怪异至极。1927 年万圣节当天，商船“玛格丽特美元号”在华盛顿州外海发现了一艘遇难渔船，即 26 米长的“良荣丸号”。甲板上散落一堆人骨，生锈的火炉上放置着填满白骨的水壶，一个角落里还有几具干尸。一块杉木板上的潦草日志描述了他们的命运：11 个月前，他们在铫子市外海捕鱼，遇到强风袭击，被向东推远，引擎机轴也被弄断了，只好随着黑潮漂流。刚开始他们以米饭、鱼肉为生，最后不得不吃死去同伴的肉，直到最后一个人写下最后一个字。

太平洋上的漂浮物不只是从日本及亚洲以弧线路径向东漂到北美洲，还会沿着美洲海岸继续往南北移动，北至阿拉斯加，往南最远可达厄瓜多尔，漂流时间可达一两年，距离 2000 ~ 4000 海里不等，足以媲美跨洋之旅。由于这条漂流路线没有惯用的名字，我就称它为“美国沿岸航道”吧。

根据表层洋流模拟程序（OSCURS）的计算，以及 55 个寻获的研究用漂流瓶的数据，美国沿岸海流一天只走 7 海里，这只有某些河川流速的 1/17，是海龟一天所游距离的一半。虽然如此，海龟仍会搭上这条海流，以节省体力，接着加速回到它们在下加利福尼亚外海的觅食区。弃船和垃圾会不时从海浪中转出，搁浅在沙滩上，就像高速公路旁的废弃车子。这里头除了日本漂来的帆船，还有 250 年前从马尼拉驶往墨西哥阿卡普尔科港的西班牙帆船。同海龟一样，这些船只也循着沿岸海流移动。尽管没有人真正发现过船骸，但是从记载和冲上岸的手工艺品可以得知，有一些西班牙帆船曾经在夏威夷、俄勒冈州及下加利福尼亚的沿岸失事沉没。一直以来，我在俄勒冈州及下加利福尼亚海边协助寻找西班牙帆船，我们发现了许多瓷器的碎片和蜂蜡碎块（值钱的东西），但就是没有找到船身。几个世纪之间，海岸线一直在变动，显然把许多船骸埋在了海滩和沙丘底下。

在墨西哥北部的下加利福尼亚，我们选择在马拉利莫海滩附近寻找西班牙帆船的踪迹。马拉利莫海滩是全世界数一数二的海滩拾荒地点，葛拉汉 · 麦金托什就是在这里偶然发现了一整间酒吧那么多的酒。灰鲸会游到这里的斯卡蒙潟湖（Scammon's Lagoon）产仔，海龟也会从日本游回这里，丁香角（Punta Eugenia）的镰刀形沙湾在此处弯进太平洋，将整个北太平洋 9000 海里沿线漂来的漂浮物截留下来。背风处的涡流则会把漂浮物丢在马拉利莫海滩上。

19 世纪 70 年代，布鲁克斯发现了 5 艘搁浅在墨西哥沿岸的中国式帆船，其中 3 艘在马拉利莫海滩附近，两艘在更南边，靠近阿卡普尔科。1962 年，海滩拾荒人挖出了一件陶瓶，很可能就来自其中一艘：史密森协会的研究员判定这件陶瓶是 1890 ~ 1710 年间于德国韦斯特林山（Westerwald）地区制作的。这只陶瓶或许来自西班牙帆船“旧金山号”，它于 1705 年驶离马尼拉后，就一直没有抵达阿卡普尔科。

法兰希斯哥是当地老练的飞行员，经常在马拉利莫海滩搜寻宝藏。1979 年，他发现了一艘 6 米长的独木舟。通过专家的协助，他最后判定这独木舟是 200

年前沿岸阿塔巴斯坎印第安人的透娄瓦族（Tolowa）用小红杉木凿成的。目前，透娄瓦族的人口不过 1000 人，居住在俄勒冈州与加州的交界地带，隐身在世界最高的树林里。这并不是唯一一个从北美太平洋西北地区长征到此海滩的独木舟。后来又有 3 艘被先后找到，其中两艘仍是不屈不挠的法兰希斯哥发现的。我在格雷罗内格罗（Guerrero Negro）附近的沙丘寻找失踪的西班牙帆船“圣菲利普号”时（距离法兰希斯哥发现第一艘独木舟已过了 28 个年头），无意间看到了另一艘古老的独木舟，它裂成两半，平躺在沙丘上，船头和船尾正是太平洋西北地区的特有设计。

如果这些独木舟仍留在它们的诞生地，潮湿多雨的天气早就让它们化成肥料了。然而，下加利福尼亚的干燥空气和沙丘将它们保存了下来，说不定保存了好几个世纪。这些独木舟是怎么漂过来的呢？答案就藏在“美国沿岸航道”复杂的动态里。这股沿岸流其实是更大的海道的一部分，比太平洋横跨的宽度还长，弧线沿着海岸从阿留申群岛的东南部直到赤道。从南加州到阿拉斯加东南部的中纬度区段，春秋两季，水流方向会随着沿岸的风向改变。冬天，“戴维森洋流”（因追踪这道洋流的那位戴维森而得名）会将漂浮物推向北方；夏天，风向转为北风，海流和漂浮物就往南移动。

有些漂流物自始自终都会顺着“美国沿岸航道”漂移，但有的漂流物会横切出去，漂进开阔海域。一般而言，“小涡旋扩散”（small eddy diffusion）现

作者发现一艘从北美太平洋西北地区漂到马拉利莫海滩的独木舟。马拉利莫海滩是下加利福尼亚最大的拾荒海滩。

象会确保同一时间一起释出的漂流物不会彼此分散得太远，即使在穿越海洋的途中也是如此。有的时候，漂流物根本不会分散，所以我们才会看到锡特卡镇的塑料小鸭群、康瓦尔郡一块块搁浅的铺地木板，以及几十年来冲上同一个沙滩的西班牙帆船残骸。不过，在非常罕见且显然是偶然发生的情况下，一起放出的漂流物会朝相反的方向起航：两个从白令海峡出发的漂流物，一个到了挪威，另一个却在加拿大不列颠哥伦比亚落脚。

1994年的曲棍球手套外泄事件，揭示了那些独木舟可能航行的“跷跷板路线”。在漂过半个北太平洋之后，曲棍球手套先是在1996年1月中旬漂到了温哥华岛；接下来的一年里，冬天的海流将手套舰队推往北边，夏天的海流又将它们推往南边，然后戴维森洋流再次把它们推向北边。一年之后，一些手套终于抵达了马拉利莫海滩。海洋航线虽然曲折，手套舰队却总是坚持不懈。

一场秋冬季节的暴风也许就会把法兰希斯哥发现的独木舟冲进加州任何一个滨海小镇的河川，或是将它淹没在外海的波涛里。接下来的冬天，独木舟将会漂向北边，就像曲棍球手套一样。春天来时，独木舟转南漂流，到了秋天就可抵达马拉利莫海滩。在那里，飓风或海啸会把它往岸上冲得更远。毋庸置疑，还有其他独木舟埋在马拉利莫海滩的沙堆下，等待挖掘；眼尖的海滩拾荒人，已经在那儿发现过数根遭沙子埋葬的红杉原木了。

美国沿岸航道与其他海洋航线一样，一边起伏一边流动。通过从160千米高空拍摄的卫星照片，可以看到此航道上成片的浮游生物，以及当中水温高低不同的水板，左摇右摆，蜿蜒而行。美国沿岸航道上空，反复来回的风回旋得厉害，使得漂浮物不是横向漫游就是顺流而下，像离开调度场的火车似的往各个方向逃离。

但是，有些残骸顺着美洲沿岸航道漂流得更远，沿着更宽的太平洋洋流运送带漂流，并成为巨大海洋运送带的一部分。无论从加州还是阿拉斯加沿海出发，还是从日本或菲律宾外海启程，这些残骸最长可绕过9000英里长的北太平洋海岸线，直到最后被丁香角的大镰刀钩住。不过，还是有一些残骸能溜过丁香角的沙湾和其他容易搁浅的海滩，继续绕行，搭上洋流运送带回到亚洲，顺着环流绕圈，然后持续拍打着非常缓慢却稳定的节奏，再从头来一遍。

8 | 巨大的海洋运送带

那海上的旋涡是定律，
可显露也可藏匿起因。

世界的力量总是以绕圈的形式运转，
而所有的一切都设法在周边围绕。

在即时通信发达的现代，我们常常会以为谜一般的事情很快就会水落石出。然而，即使如渔网上的玻璃浮球，这种早在 20 多年前就开始出现、如今已普及于大西洋和太平洋的用品，还是有许多发现的人不知道它是什么东西。费心思索一件“UFO”（这里指“不明漂流物体”，即“unidentifIed floating object”），就像要解决一桩悬案一样辛苦，如果只靠单打独斗，往往屡试屡败。因此，我们需要成立“海滩拾荒情报网”，好将所有海滩拾荒社团凝聚在一起，彼此商量每次遇到的特殊情况。

即使有了情报网，追查这些 UFO 可能仍要花上好几年，其中大多数或许永远无法得到确切的结论。有时候，谜底好不容易揭晓，答案却平凡得令人尴尬。例如，有一种没有任何标志、弹珠似的塑料球体，每隔一段时间就会在世界各地的海岸上发现。有好几年，这些塑料球让海滩拾荒人想破头仍不得其解。1997 年的某个晚上，我结束了整整一天在“海豆研讨会”主持漂浮物情报摊位的工作，回到汽车旅馆。我偶然瞥见了自己的盥洗用具，接着就突然明白那些塑料球体是什么了：Ban 牌和各种品牌体香剂的滚珠！现在，收豆家都称这些塑料球为“Ban 珠”。

许多出席研讨会的人也给我看了一些圆形的、有浮力的、像石头的珠子，这些珠子呈砖红色，直径约一厘米。丹尼斯确信这些石珠子来自火山，我也认为这是很合理的判断。后来荷兰的研究员杰哈德·卡帝（Cerhard Cadée）解开了这道谜题。在2002年10月的《海滩拾荒快报》中，卡帝描述自己从1982年开始，就在德克赛岛上陆续发现这种珠子，这种珠子在那里相当常见。他同时提到，荷兰的其他海岸并没有发现过任何浮石。于是，这些珠子来自火山的可能性就变得很小了。卡帝还注意到，这些珠子与比利时生产的某种经过烧烤的黏土颗粒有些相似，这种颗粒普遍应用在盆栽土壤、隔热材料以及混凝土当中。从这些线索看来，珠子很有可能是人造的。

我将卡帝的发现在期刊上发表，同时寄给报纸《漂浮种子》刊登。新西兰奥克兰大学的葛列格里是海洋垃圾专家，他看到《漂浮种子》的报道之后，在2005年写信给卡帝，告诉他那些神秘的珠子确实是人工制造的黏土颗粒。

有时候解开了一个谜底却会开启另一道谜题。1997年，《海滩拾荒快报》报道了克劳斯在捡拾柴火时发现的“有角球体”，克劳斯就是第一个发现塑料小鸭搁浅在华盛顿沿岸的海滩拾荒人。克劳斯发现的“有角球体”看起来很像第二次世界大战中所用水雷的缩小版，但是材质是高级不锈钢，而且焊接技术非常高。这么高成本的材料不可能浪费在制作水雷上。然而，球体上找不到任何标志与线索。我把照片传真给西雅图警察局的防爆处理小组，接着他们又把资料传真给华盛顿班戈市核动力潜艇基地的爆炸物处理小组。第二天，海军派专人把这个有角球体从海滩上移除。他们将球体拆解开来，发现它既不是爆炸物，也不是一般的军械，上头的两个角实际是固定用的托架。

有位《海滩拾荒快报》的读者认为，这个球体是一种从前用来清洁管线的工具。另一个人则猜它是某种热控性灭火器，专业人士称为“灭火瓶”，通常装在飞机引擎旁。过了5年，相关资料辗转传过好几位专家后，终于传到在第二次世界大战期间制造这种有角球体的公司手中。该公司证实，这正是“灭火瓶”。据说，这个灭火瓶是从一架坠落在日本外海的轰炸机中掉出来的，从此漂过了北太平洋。然而，大约一年之后，又有一个灭火瓶被冲上岸，距离第一个的搁浅地点约两千米。这带来另一个待解的问题：是否有一架坠海的轰炸机就沉在华盛顿州附近的海底呢？

在各种漂流过太平洋的奇异物品中，有一组 UFO 至今依旧困扰着我，即自 1961 年起在美国西北海岸出现的神秘瓮坛。我第一次知道这些瓮坛是在伍德的著作《捡拾来自日本的玻璃浮球》里，这本充满创新精神的书在 1967 年出版，启发了许多海滩拾荒人。我初次接触到这本书是在 20 世纪 90 年代，当时伍德已经去世了，不过我打电话给他的儿子迪克，他还住在伍德距西雅图不远的老家。迪克热情地借给我两箱他父亲生前为写书所搜集的资料，只可惜伍德来不及在癌症带走他之前完成那本书。我在箱子里找到了关于 50 个瓮坛搁浅岸上的笔记，后来我自己又发现了另外 30 个瓮坛。瓮坛的确切资料并不多。目前，我们只知道这些瓮坛的高度从 30 ～ 50 厘米不等，重量在 9 ～ 22 千克之间，不透水的泥盖则让瓮坛得以浮在水面上。这些瓮坛第一次出现在华盛顿州海岸上是 1961 年春天。在接下来的 40 年里，陆续有瓮坛被冲上岸，只是频率越来越低。

当我把瓮坛的搁浅日期排列出来后，我明白自己发现了某样重要的东西。这些关于瓮坛的纪录很有可能是持续时间最长的数据资料，足以显示某个环流的轨道。问题是，我无法得知这些瓮坛来自何方。

我请吉姆帮忙，利用表层洋流模拟程序，看看这些瓮坛有可能从什么地方开始漂流，才会在 1961 年春天抵达华盛顿州。吉姆尝试将不同日期输入电脑，程序模拟的结果显示，这些瓮坛很有可能是 1959 年秋天从日本漂流过来的。而

1961 年在华盛顿沿岸搁浅的神秘瓮坛，很有可能是 1959 年超级台风袭击日本时流落海洋的。

瓮坛也果真与来自日本的漂流物被冲上岸的模式一致：大部分在俄勒冈州和华盛顿州的海岸搁浅，其余的则零星出现在北加州、夏威夷、加拿大不列颠哥伦比亚以及阿拉斯加，最北可到达白令海。

我想起不列颠哥伦比亚的一位女性土著居民曾经告诉伍德，如果日本发生了天灾，就意味着几年后温哥华岛的海滩拾荒会有大丰收。于是我调查纪录，看看日本是否曾在1959年遭遇大型风暴。果然不出所料，日本史上最强大的超级台风薇拉于1959年9月侵袭日本南海岸，带来时速160海里的暴风，造成多于5000人死亡。我假设这些漂流的瓮坛来自日本沿海的某艘船，因为风暴的侵袭而掉落海里。根据我之前的估算，源自日本的漂流物有1%在北美洲出现，因此，既然有80个瓮坛在北美洲被冲上岸，就表示那艘船一定载有好几千个瓮坛吧。

只可惜我一直没能确认这个假设。当我发表关于漂浮物的讲话时，我常常展示这些瓮坛的图片，希望能有听众报告自己同样的发现。2007年8月，这项努力在阿拉斯加的科迪亚克岛略有所得。当时，我正在当地展示阿留申人文化的阿鲁提克博物馆（Alutiiq Museum）进行演讲。一位住在敬老院的绅士向我展示了一件他于20世纪80年代在临近雪利科夫海峡（Shelikov Strait）的地方发现的瓮坛。我建议他把这物件捐赠给博物馆，并在自己记录中添上了一笔。

"环流"（gyre）源自希腊文的"陀螺"（gyro），意思是"旋转"，所以我们经常见到的"沙威玛"（用从旋转的烤肉杆上削下的肉片做成的希腊三明治）原名也叫做gyro。在水中，gyre可以代表涡流、涡旋、水环或者大旋涡，也就是任何可以带着漂流物绕行一圈的水流。这样的水流大致分为两个部分：水流快速的狭窄运送带以及内部流速较小的紊乱水流。在日常生活中，我们很容易观察到各种小型或大型的涡流，诸如浴缸中或马桶里，打着旋的汤水里，龙卷风旋转的暴风眼里，以及显示着由巨大洋流形成的圆环的卫星云图上。

大规模的海洋环流由不同的洋流组成，例如北太平洋西侧往北的黑潮（特别变化无常，像条失控的消防水带），连接着由西往东的北太平洋洋流，到达北美洲沿岸后，向南形成加利福尼亚洋流，然后在北纬15°左右再折向西，成为北赤道洋流，到达菲律宾后北转，再度与黑潮汇合，形成了巨大的北太平洋亚热带环流系统（也就是我所说的“海龟环流”）。这种大规模的环流系统，就像咬着自己尾巴打转的蛇，在大洋中形成连续的回路，而组成环流系统的各个洋流，则像是接力赛跑的选手一样，一棒接着一棒。

大洋环流可以说是除了海洋与大陆之外最重要的地球特征。地球上有 11 个主要的环流系统，遍及全世界海洋的 40%，其中任何一个的涵盖范围都不亚于一块大陆或巨大的岛屿。尽管如此，至今仍没有人尝试过系统地将这些大洋环流当做一个类别来研究。而且也没有人为这些环流命名，有的只是笨拙地冠上地理名词，例如北太平洋亚北极环流。

为了弥补这样的疏忽，也为了让人更容易记住这些巨大的海洋环流，我们建议以探险家、航海家或是漂流物的名字来为这些环流命名，以表彰他们环绕或横渡大洋环流辽阔领域的壮举。例如将“北大西洋亚热带环流”改称“哥伦布环流”，以纪念这位首度利用洋流往返于新大陆和欧洲的航海家，而哥伦布确实是人类史上绕着环流航行的第一人。至于“北大西洋亚北极环流”，我们建议取名为“维京环流”。维京人从欧洲跟随环流来到冰岛、格陵兰、纽芬兰岛甚至更远的地方，是北方知名的航海民族。“南大西洋亚热带环流”，则可被称作“航海家环流”，以纪念葡萄牙航海家亨利王子，他不仅创立了欧洲第一所航海学校，更开启了人类史上的“大发现时代”。

“北太平洋亚北极环流”，我们建议取名为“阿留申环流”，以表彰在北太平洋海域生存的英勇猎人民族——阿留申人。为了追捕海豹、海獭和鲸豚，他们可以划着比达卡皮船横渡某些世界上风暴最多的海域。规模更大的“北太平洋亚热带环流”则因为一群不屈不挠的划行者而成为“海龟环流”，它们横渡了最宽阔的海洋，随着季节更替，再返回它们在日本的生育海滩。我们还要以一位勇敢的人类学家兼探险家的姓氏，为“南太平洋亚热带环流”重新命名，称之为“海尔达环流”。海尔达是第一位以亲身经历证实某条古老航道可以通行的人。“印度洋亚热带环流”则建议改为“马吉德环流”，以纪念 15 世纪伟大的阿拉伯航海家兼作家马吉德（Ahmad Bin Majid），他所绘制的地图引导葡萄牙人展开了遍布全球的航海历程。

另外，我们将“南极洲环流”重新命名为“企鹅环流”；横越北极海域的大

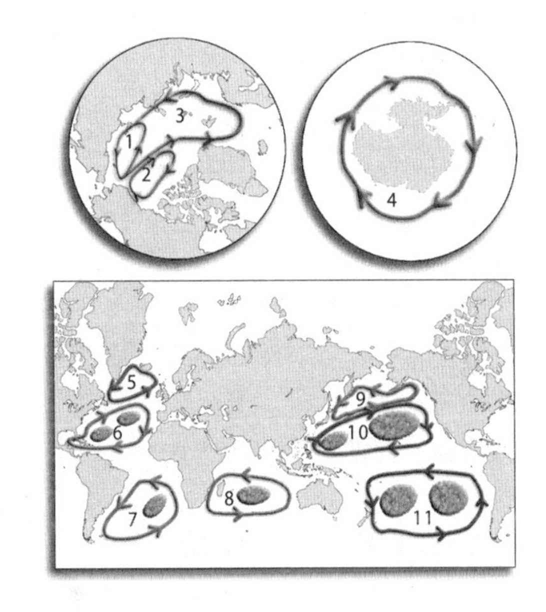

世界主要的 11 个海洋环流：1. 梅尔维尔环流；2. 史多科森环流；3. 北极熊环流；4. 企鹅环流；5. 维京环流；6. 哥伦布环流；7. 航海家环流；8. 马吉德环流；9. 阿留申环流；10. 海龟环流；11. 海尔达环流。（图中的灰色圆块代表海洋中的 8 个垃圾带）

环流则称为“北极熊环流”。我们还把北美洲以北的较小环流称为“史多科森环流”，取名自挪威的探险家史多科森，他曾搭乘一座浮冰，在环流周围绕行。同样在北极海域、邻近西伯利亚的“梅尔维尔环流”，并不是为了纪念《白鲸》的作者，而是要纪念一位海军军官乔治·梅尔维尔（George Melville）。身为探险家、船难生还者和海洋科学家，乔治·梅尔维尔比任何人付出了更多的努力，揭示了“梅尔维尔环流”与“北极熊环流”的运动。（想进一步了解上述环流的范围以及绕行周期等细节，请参阅附录 C。）

伍德不仅打破了现代海洋科学界对环流的冷漠，率先在著作中描述了玻璃浮球绕行海龟环流的情形，还再接再厉，开创了被我称为“环流记忆”（gyre memory）的观念。伍德计算出了环流的损耗率——在一定的时间内有多少乘载的漂浮物会流失（简单地说，就是被冲上岸搁浅了）。他的计算结果是：环流每进行一次完整的绕行，就会有 20% 的漂浮物流失。汇集了更多资料之后，我的预测则是，如果将所有环流加以平均（位于北极结冰海域的环流除外），在每次完整的绕行当中，将会流失大约 50% 的漂浮物。换句话说，环绕的漂浮物就像放射性同位素一样，也有所谓的“半衰期”，而且恰好等于环绕一次所需的时间。

因为有了足够的漂流数据，那些极有可能是从日本漂流到北美洲的瓮坛，也成了继洗澡玩具、龙虾捕笼标签、玻璃浮球、水雷、球鞋、比彻上将与摩纳哥王子艾伯特一世的漂流瓶、美国国家海洋和大气管理局的漂流卡片之后，我能够计算出“半衰期”的 13 种漂流物之一。根据我的计算，这些漂流物同样都是每绕行环流一次，就会经历一个“半衰期”。因此，只要知道某环流的绕行周期，我们就可以得知某种漂流物大约会在什么时候最后一次被冲上岸。按照伍德的计算，漂浮在太平洋上的渔网玻璃浮球将会在 2145 年最后一次搁浅，我的预估则是 2177 年。但我们两人谁也无法在那时候确认预测是否正确了。

不过，我已经有办法统计出那些神秘瓮坛的寻获量，以及每隔多久会出现一次高峰。在阿拉斯加，每 3 年会出现一次高峰，与“阿留申环流”扫过阿拉斯加湾科迪亚克岛的时机恰好吻合。在南边，我发现 3 次高峰，彼此相隔大约 5 ~ 7 年，也相当于范围较大的“海龟环流”的绕行周期。“海龟环流”一路从温哥华岛往下运行到墨西哥的下加利福尼亚，瓮坛也随之出现在沿岸地区。随着时间增加，每次寻获的瓮坛数量也愈来愈少，再次证明了瓮坛的“半衰期”等于环流的绕行周期——每绕行一次，就会有一半的数量被冲上岸。

许多海滩拾荒人认为，这些神秘的瓮坛是火葬用的骨灰坛。不过，我们将几个瓮坛打开后，发现里头装的是与海水混合在一起的某种食物，而不是骨灰。我至今仍然无法确定这些瓮坛来自何方。不过，这完全不妨碍我们从瓮坛身上得知海洋环流的周期。

早在 19 世纪 40 年代，比彻上将就已在不经意中利用漂流瓶将某个环流的行经路线记录了下来，甚至还将相关纪录加以整理，推算出该环流的绕行周期。比彻上将所记录的 152 个北大西洋漂流瓶当中，80% 在投掷后的第一年内即被人寻获；投掷后的 3 年里，在同一海域同一侧沿岸被寻获的比例则达到了 97%。至于那 6 个落后的漂流瓶，则是在第 4 年或更多年以后才有人通报发现。

或许有人会认为，这6个脱队的瓶子只是在沙滩上躺了好几年才被人发现。然而，它们的出现却很不寻常地集中在两个时间，告诉我们事情没那么简单。其中4个在投掷后的9～10年间被寻获（大约是3年的3倍），另外两个则是在投掷后的14～15年间被寻获（3年的5倍时间），而在这两次发现以外的其余时间，没有任何瓶子搁浅上岸。由此我们可以推测，这6个脱队的瓶子其实是马拉松好手，各自默默完成了绕行"哥伦布环流"3遍与5遍的赛程，因为"哥伦布环流"的绕行周期刚好是大约3年。

在比彻上将追踪漂流瓶之后的一个多世纪，才又有人将注意力投在研究渔网玻璃浮球如何绕行太平洋中范围更大的"海龟环流"上，这个人就是伍德。而在伍德公布他的发现之后的几十年里，我又找到了几件漂流物，确实完整绕行过某个环流一圈，然后搁浅在它们航程的起点上。其中两件漂流物令人印象特别深刻，一件出于意外，另一件则是有意而为。

1999年，我收到来自夏威夷哈雷瓦镇的冲浪者兰迪·拉里克的一封信。信的开头很普通："我在报纸上看到一则关于玻璃浮球与海流的报道。报纸上注明，如果有人知道相关的故事，可以写信给你。以下是我的故事。"兰迪接着回忆"风钻特伦特"（Buzzy Trent）[①]的故事，"他是大胆冲浪者中的传奇人物，驾驭过好几个最巨大的海浪。"兰迪曾经为特伦特制作冲浪板，包括他最后一次用的那块。"特伦特本来就是很古怪的人，有一次，他提出了一个特别的要求，要我制作一块线条流畅，如火箭般狭窄的冲浪板，颜色采用独特的战舰灰色，不做任何装饰，仅仅绘上当时他正在抽的异国风味古巴雪茄的纸环图饰。"兰迪制作完毕之后，按照惯例，在上面签了自己的名字。

1971～1972年的冬天，特伦特在某次冲浪时遭巨浪打翻，丢了冲浪板，紧接着一个离岸流将冲浪板推向外海。在那个没有水上摩托车和救难直升机的年代，拿回冲浪板的唯一办法，就是划另一块冲浪板出海找回来。"那块特制的冲浪板是特伦特最喜欢的之一，所以他真的那么做了。"几个小时之后，特伦特

① 本名古德温·默里·小特伦特（Goodwin Murray Trent, Jr.），1929～2006年，巨浪冲浪的始祖。

空着手回来，无功而返。再见了，特伦特的冲浪板。

将近 6 年之后，在 1977 年夏天，兰迪的一位朋友打电话通知他，有一块搁浅的老旧冲浪板刚刚在考艾岛的北岸被人发现，板子表面不仅被阳光烤焦了，还布满了胡须般的海草。不过，依稀可见上头有个奇怪的雪茄标签装饰以及兰迪 · 拉里克的签名。这块冲浪板究竟是环绕了太平洋一周再度回到夏威夷群岛，还是在过去 5 年半的时间里一直在夏威夷群岛附近徘徊呢？从这块冲浪板的大小、可辨识度、价值等方面来看，如果它一直在冲浪圣地周围漂流，实在不太可能没有人拾获。

相隔 18 年之后，另一件让人印象深刻的漂流物航行了 3000 海里，为这个疑问提出了可能的答案。1995 年 12 月 14 日，时速 160 千米的强风袭击了华盛顿州海岸。第二天，盛产生蚝的维拉帕湾四处布满新的垃圾，布莱恩 · 雷金宝在垃圾堆中发现了一个纽约塞尔兹气泡矿泉水的瓶子，瓶盖紧得让他不得不拿老虎钳打开。

雷金宝发现的瓶子里有张纸条，日期写着 1990 年 2 月 20 日，纸条开头画了加菲猫的脸。“嗨，我的名字是米歇尔·斯通，我今年 10 岁，上小学 4 年级。”原来，米歇尔跟班上同学一起将他们的漂流瓶从华盛顿州东部的学校邮寄到靠近维拉帕湾南端的伊尔沃科港（Ilwaco）；接着，这些瓶子被送上渔船，投掷到海里。米歇尔在纸条上描述了父亲如何种植小麦和大麦，她的母亲是幼儿园老师，姐姐喜欢打篮球，她自己则喜欢游泳、钓鱼，以及跟表妹莎拉一起骑马。“还有，尽快回信哦。”她在最后写道，还在结尾处画了一个笑脸。

6 年对小朋友来说是很漫长的等待。奇妙的是，“风钻特伦特”的冲浪板与米歇尔的漂流瓶航行了几乎一样长的时间，然后同样搁浅在它们的航程起点上。而且，这还只是我所确定的花了约 6 年时间环绕过“海龟环流”的 40 件漂流物中的两件而已。

为了解开疑惑，我们再度利用表层洋流模拟程序，依据“风钻特伦特”的冲浪板与米歇尔的漂流瓶落海时盛行的风向与海浪将它们长途漂泊的历程重现。“它们一直绕啊绕，”吉姆补充说，“只有表层洋流模拟程序知道漂流物会停在哪里。”表层洋流模拟程序的分析结果显示，冲浪板与漂流瓶的航线非常相似，它们甚至都穿越了日本本州岛与九州岛之间的海峡，而没有搁浅。

尽管有了这些实证，但直到 2007 年以前，没有人可以提出令科学家满意的证据，说明漂浮物会绕着环流的轨道航行，也没有人可以解决基本的问题：漂浮物绕行环流轨道的速度是否跟环流中的水一样快？幸好如今我们有了表层洋流模拟程序、卫星追踪的浮标以及海滩拾荒情报网，我们终于有能力回答这些问题了。1992 ~ 2007 年的 15 年间，通过我自己及其他人的海滩拾荒行动，我搜集到 7 组资料，可以为我们揭露"阿留申环流"的绕行周期。事实上，当我在搜集这些资料时，纯粹只是追随着自己对所有漂浮物的着迷，而不知道这些数据将成为了解世界各大环流的关键。当我把所有数据摊开在"意大利面地图"上（这是海洋科学界的行话，因为地图上错综复杂的漂浮物航线，就像一团意大利面一样），我察觉到这些资料隐约透露出"阿留申环流"为期 3 年的绕行周期。这些线索包括：

玩具——首先当然是福喜儿的海狸、乌龟、青蛙及小鸭。欧比森父子仔细建立了为期 13 年的详细记录，内容是他们在锡特卡镇附近发现的 111 个被冲上岸的洗澡玩具。就如第四章描述的，欧比森父子发现，玩具搁浅的高峰分别出现在 1992 年、1994 年、1999 年、2002 年及 2004 年，大约是每 3 年出现一次。

凉鞋——在耐克职员的协助下，我们获得了另外一组资料。经过确认，2000 年 1 月 22 日，一个装有 10240 只耐克儿童运动凉鞋的货柜掉落海里，位置就在著名玩具外泄地点的西边。这些凉鞋上全都标有独特的编号，说明制造的中国工厂及预定的出厂日期。6 年之后，我去拜访雷兹罗 · 韩寇，他是阿拉斯加科迪亚克岛的发电机操作员，闲暇时会进行海滩拾荒。雷兹罗展示了他在科迪亚克岛上发现的 10 只凉鞋，发现时间是 2001 年及 2004 年，分别是在外泄事件发生的 1 年和 4 年之后。果不其然，根据表层洋流模拟程序的分析显示，这些凉鞋在落海的 10 个月后，首先会抵达科迪亚克岛，然后乘着阿拉斯加的海流往西转，环绕环流一圈后，又会再次经过科迪亚克岛。

漂流瓶——住在不列颠哥伦比亚维多利亚的布莱恩 · 吉斯本同时从事三份工作。他经营水上计程车，经常载游客出维多利亚港赏鲸；闲时到偏僻的海滩上拾荒；也接受各种政府机构委托，进行海洋研究调查。工作期间，布莱恩碰巧搜集到一份老旧文件，我认出那是国际地球物理年（1956年）期间在加拿大进行的研究活动的官方报告。当时，与会的海洋科学家在阿拉斯加海湾的几个定点沿着“阿留申环流”的南部边缘投掷了19449个用咖啡色啤酒瓶制成的漂流瓶。这项研究的公开报告当中，啤酒瓶寻获数量只记录到1962年底，而布莱恩手上的官方结案报告，则更新到1972年底，增添了另外97笔漂流瓶的寻获纪录。这份报告的内容再度显示，在阿拉斯加沿岸每3年就会出现一次漂浮物寻获量的高峰。

浮石——布莱恩好几年前就经常听到有浮石漂浮在海上的消息，只是他始终找不出消息来源。后来，布莱恩终于找到了来自1914年夏洛特皇后群岛地方报纸的一篇剪报，内容描述有人发现颜色奇特的浮石散布在岛屿的海滩上。我猜测这些浮石应该来自1921年6月6日阿拉斯加半岛的卡特麦火山爆发所喷出的熔岩：该次爆发将大量浮石倒进雪利科夫海峡。散布在海底的灰烬证实了卡特麦浮石的确向西南方漂流过雪利科夫海峡，朝亚洲前进，接着又循着环流绕回夏洛特皇后群岛。

上述这些漂流物全都环绕过“阿留申环流”，绕行一周的时间也几乎都是3年。然而，这是否代表“阿留申环流”的绕行周期就是3年呢？环流中的海水是否跟漂浮物移动得一样快呢？我已经尽可能追踪、分析能够排除风力影响的漂浮物。凉鞋漂浮时鞋底朝上，露出海面的体积极小；厚实的加拿大啤酒瓶横着漂浮，大部分瓶身会没入水中；浸水的浮石也几乎不会浮出海面；至于那些玩具，我只将它们变得残破、难以漂浮之后的航行列入分析。

然而，为了得到确切的答案，我仍然需要监测水流本身，只是这就如同在追踪幽灵一样，可说是“追水者”的终极挑战。

后来我领悟到，自己大可不必像在研究大博湾时一样，采用“拉格朗日法”来追踪水板——那就像是警察追着驾车的人跑一样。如果我可以在环流的某个固定位置上，以足够的时间长度取得一系列水温和盐度的读数，我就能够找出当中的重复模式，继而分辨出该环流的绕行周期；这是典型的“欧拉法”——就像是警察站在路旁监测交通状况一样。然后我就可以验证我的假设：在绕行环流轨道的时候，漂浮物的速度等于水流的速度。

过去几十年来，大多数的环流都缺乏系统的、针对开放水域进行的水温与盐度监测，“哥伦布环流”与“阿留申环流”则是其中的例外。自 1954 年起，针对“哥伦布环流”，海洋科学家每个月在同一定点进行水温与盐度的采样，位置就在百慕大附近；20 世纪 70 年代，我曾在参与“多边形——中大洋动力学实验”时在那里追逐过地中海涡流。至于“阿留申环流”的采样，则是在一边畅饮啤酒，一边讨论时得出了可行性方案，当时是 2005 年，我们正在锡特卡镇举行第四届“横越太平洋”会议。

锡特卡镇的居民主要仰赖两种与众不同的方式为生，这一点从他们使用的船只就可以看出来。一种是渔船，另一种则是游艇或邮轮。海洋科学家通常偏爱渔夫的聚会场所，例如尔尼酒吧。我在那儿跟老同事汤姆 · 罗耶喝了两大杯啤酒，也交换了不少关于“阿留申环流”的情报。汤姆任教于阿拉斯加大学，可以说是海洋科学界的开路先锋。他连续 35 年，每年数次，定期到崎岖多岩的基奈半岛的复活湾测量海面下 100 米深处的水温和盐度。要在如此波涛汹涌的水域中持续进行这些纪录，需要的是勇气和毅力，特别是当足以倾覆货柜的风暴从阿拉斯加湾呼啸而至的时候。汤姆与我分享了他汇编的资料，我则向他描述欧比森父子记录洗澡玩具被冲刷上岸的年表。忽然间，追逐水与追踪漂浮物这两件事在我脑中融合在一起：为何不查一下塑料玩具在锡特卡镇附近被冲上岸的时间点与复活湾水板经过的时间是否吻合呢？

比起在船边吊几个感测器四处追逐，有了汤姆的资料，再加上表层洋流模拟程序的模拟功能，我们就可以用更简单的方法来追踪水板了。吉姆将表层洋流模拟程序设定好，模拟水板沿着“阿留申环流”轨道漂流时途经复活湾的情形。接着我们再利用一种被称为“频谱分析”的数学方法计算出怎样的绕行周期会呈现出那些漂浮物搁浅的模式。结果让人十分惊喜。我们计算出的“阿留申环流”绕行周期与泡澡玩具、凉鞋、啤酒瓶的搁浅高峰间隔时间不谋而合——都是 3 年。统计上的相关性很明确，不太可能是巧合。

如今，我终于体会到，那些被冲上岸的漂浮物可以引领我们深入认识围绕在你我周围的辽阔的水世界，同时也让我们知道海洋环流的运行节奏。有了上述研究结果，就算缺乏长期而系统的水温与盐度资料可供比对，我确信在其他环流当中漂浮物的环游纪录也同样能够透露环流的运行节奏——通过这些漂流物，我们仿佛可以听见海洋的心跳声。

为了确认我没有疯，我将这项发现投给了美国地球物理学会的会员通讯EOS。我的论文《洗澡玩具环绕太平洋亚北极环流》以挑衅之姿出现，因为今日的科学界并不相信一个世纪前几位海洋科学先驱的推论：漂浮物可以沿着环流轨道绕行一圈。我在论文中详细说明了那些玩具是如何办到的。

尽管标新立异，但EOS的评论家和编辑并没有对这篇论文的科学性提出质疑。40年来，我在类似期刊发表过许多相关的论文，然而这是第一次不用答复任何批评。"从简单（但辛苦）的分析中衍生出丰富的观点,真的令人耳目一新。"一位不具名的评论家如此写道。"因为标题（很卡通）、深刻的内容与结论，我把这篇论文读了好几遍，试图寻找严重的瑕疵，但是，每多读一次我就从中得到更多乐趣，也对作者的结论产生更大的信心。"

然而，"阿留申环流"只是漂浮世界11大环流的其中之一，我对其余的10个环流仍然毫无概念。我没有10个人生，无法一一针对其他所有环流做出这样深入的分析。于是，我另外寻找了更简单的方法，来估计一个环流的绕行周期。我回想起8年级在基础物理课学到的重要概念："距离等于速率乘以时间。"我将这个概念套用到现有的情境：一个环流的绕行周期等于漂浮物沿着环流轨道漂流一圈的距离除以漂浮物的漂流速率。

我统计出沿着"阿留申环流"长征的漂流物共有28个（大多数都不包含在投给EOS的那篇论文里），我们确切地掌握了这些漂流物实际漂浮了多久，飘浮了多远的距离。我从这些数据计算出漂流物的移动速率，接着用环流的周长除以流速。通过第3种计算方法得到的平均值显示，"阿留申环流"的绕行周期是2.97年。

在我母亲第一次叫我注意耐克球鞋搁浅事件的16年后，我终于找到了一个方法，可以利用漂流物来计算漂浮世界中每个环流的绕行周期。我知道，如果她能亲眼看到自己的好奇心所带来的成果，她会非常开心的。

世界 11 大海洋环流所涵盖的面积加起来跟地球上陆地面积的总和一样大。虽然每个环流大小不一，不过平均下来，大致上与美国的面积差不多。海洋环流通常是椭圆形的，宽度约是高度的 3 ~ 6 倍。一个漂流物要环航过 11 个环流，总计要花 70.6 年的时间，航行距离总长达 90250 海里（约 167000 千米）。不过，这计算暂时不包括北极海域的环流，因为该处的冰块会使水流和漂流物的移动速率降低 90%，因此位处北极海的 3 个环流有更长的绕行周期。至于在其他 3 个大洋的环流，绕行周期加起来与 3 个海洋的表面积成正比。太平洋的面积是大西洋的两倍，是印度洋的两倍多一点，因此，位处太平洋的所有环流绕行周期加起来，几乎刚好是印度洋的一个环流和大西洋各环流周期总和的两倍。

在玩具大外泄 3 年后，当我们在“阿留申环流”和“海龟环流”附近追踪泡澡玩具时，吉姆更新了表层洋流模拟程序，以便模拟玩具的动态，结果我们发现自己所研究的是两种轨道，有的玩具依循着环流的周长漂流，有的则绕着环流内较短的环线漂流。

如同表层洋流模拟程序 OSCURS 的模拟所显示的，环流并不是单纯的一个圆圈，而更像是轮中有轮、轨中有轨。有些环流轨道（如亚速尔群岛附近的次轨道）专门聚集漂浮物，我发明了一个名字，称它们为“垃圾带”，之后我们将进一步讨论“垃圾带”可怕的辉煌史。

根据表层洋流模拟程序的模拟结果，洗澡玩具航行过“阿留申环流”周围不同的轨道和次轨道，其中，两个外环道的周长分别为 7300 英里和 6800 英里，两个次轨道的长度分别是 4000 英里和 5500 英里。这些轨道大致上都有相同的路线，由北太平洋东部开始，沿着阿拉斯加海岸走，逐步前往更远的西北太平洋。不过，其中最短的轨道只到达阿留申群岛的中间地带，另外两个最长的轨道则一路延伸到堪察加半岛。

无论玩具掉进哪个轨道，流速大致上都一样，每天 5.1 ~ 5.6 海里。因此，绕行周期的差异主要来自于距离——漂浮玩具绕行最短的次轨道一圈，需要花 2.2 年的时间，绕行最外围的轨道一圈，则要花 3.5 年。因此，漂浮玩具的平均绕行周期大约是 3 年。

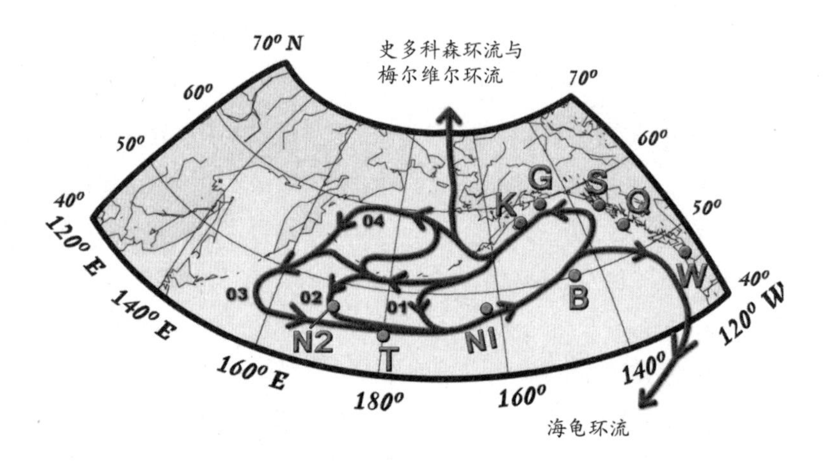

阿留申环流的4个轨道。最外围、也是最固定的04轨道，绕行周期大约是3年。
在开放海域上的圆点，代表漂浮物的落海地点：B—由帕帕海洋气象站投掷的啤酒瓶；K—来自卡特麦火山的浮石；N1—耐克球鞋外泄处；N2—耐克儿童凉鞋外泄处；T—泡澡玩具外泄处。
岸上的圆点，代表漂浮物的发现地点：G—复活湾的水板；Q—夏洛特皇后群岛的洗澡玩具；S—阿拉斯加锡特卡镇的泡澡玩具；W—华盛顿州的泡澡玩具。

此外，环流也不只是轮中有轮而已，环流彼此也会像互相咬合的齿轮般运转。例如，南极洲巨大的“企鹅环流”就是一个行星齿轮组，与大西洋、太平洋、印度洋里的环流相互契合。当两个环流汇合时，就会链接在一起，并且相互传递少量的漂浮物。不过，由于传递的窗口无论在时间还是空间上都很紧迫，大多数漂浮物还是会继续留在原本的环流内。例如，玩具从“阿留申环流”逃到“海龟环流”的机会只会出现在前者15%的轨道段落上，而且一年中只有15%的时间有可能发生——每年的7月到8月，正值夏季季风向南吹拂，因而有可能将漂浮物从环流的东南角落推出去。因此，如果不是恰好天时地利，漂浮物就会留在原本的轨道上了。

若要具体想象这个传递的过程，我们可以参考漂浮物传说中最壮观的航程之一（尽管尚未获得证实）。据说，古怪的缝纫机公司继承人黛西·亚历山大在

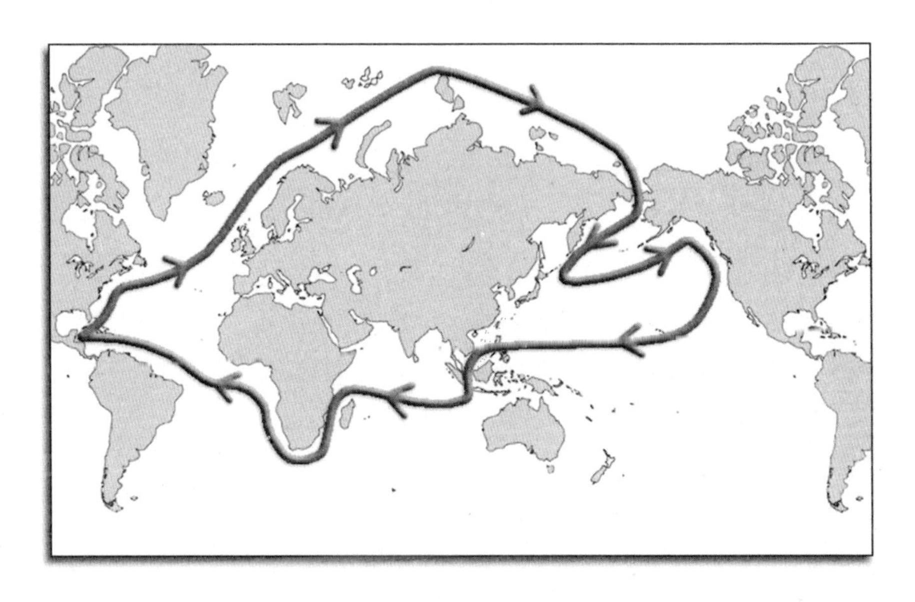

漂浮物被海水抛上抛下，沿着数个环流的轨道，环游世界一周。我将这条壮游航线称为“壮流”。

1937年丢了一只瓶子到泰晤士河，瓶子里装有一份遗嘱，她要把1200万美元遗产的一半赠予寻获瓶子的人。结果这瓶子漂流了12年之后，才由一位破产的餐厅老板在旧金山湾拾获。原本这只瓶子出了泰晤士河口后，应该向右转，以J字形逆时针环绕过北海——这点可由科学家自1897年起为进行渔业研究而投掷的成千上万个瓶子中得到证实。此外，科学家还利用两种放射性同位素——从英国塞拉菲尔德与法国拉亚格的核废料处理厂排出的碘129和铯137——来追踪漂流物如何循北海的海流直达北极海。

北极海是一片满是浮冰的汪洋，风吹动海水，就像搅动玻璃杯里的冰块一样。虽然北极海只占全球海洋体积的1.5%，占全球海洋面积的5%，但却吸纳了全世界河川径流的10%。注入北极海的淡水大部分来自西伯利亚，其中挟带大量的大块浮冰。这些浮冰的主要航线是“跨极漂浮海流”（Transpolar Drift

Stream)，它们快速流过北极（浮冰的流速可达每天 1 ～ 2 英里），接着往下流经格陵兰与欧洲之间的大西洋。这道海流所经之处，会把来自白令海与大西洋的较暖海水推至一旁，于是产生两股反流：环绕在阿拉斯加与加拿大北部的“史多科森环流”，以及在西伯利亚北部的“梅尔维尔环流”。

黛西的瓶子出了北海之后，会乘着“梅尔维尔环流”向东进入白令海峡，这趟旅程可长达 6 ～ 8 年。到了白令海峡，这只瓶子可能会循着“北极熊环流”又绕回英国，也可能环绕过“史多科森环流”。因为曾在同一时期和地点释出的漂流卡，都环游过上述两条航线。然而，机会的窗口似乎对准了这只身价 600 万美元的瓶子，将它适时推向南方，于是瓶子穿越了白令海峡来到太平洋，最后搁浅在加州的海滩上。

循着全球海洋运送带的所有环流轨道走一遭，就等于完成了环绕世界的壮游，因此，我将这样的航线称为“壮流”。亚历山大的瓶子完成了“壮流”航线的北半部，经证实，共有 6 个漂流物曾完成过这趟长征。此外，曾经有瓶子旅行过全球海洋运送带南半部的每一段航程，但是至今仍没有任何瓶子一次绕行过“壮流”的所有航线。加州的海滩拾荒人艾伦 · 舒瓦兹希望能借着漂流瓶，以加州为出发点，完成这伟大的梦想。他解释说 ：“我们的终极目的很简单，先横渡太平洋，穿过马来西亚与印尼狭窄的航道，乘着洋流横渡印度洋，绕过非洲南端，再沿着非洲海岸北上，然后横渡大西洋进入亚马孙河，再搭便车穿过加勒比海进入墨西哥湾流，接着沿北美洲的东海岸北上，向东横渡大西洋……最后希望有人从爱尔兰或苏格兰送回漂流瓶。”或者，舒瓦兹的某个瓶子将会继续沿着东北航线往上漂流，横渡北极海，再往下穿过太平洋到日本，最后向东横渡，回到北美洲西岸。如果这瓶子果真完成整个“壮流”航线，环绕世界一圈，将要花上 20 年的时间——相当于人类的一代。

9 | 尘归尘，来自大海的生命

漂吧，漂吧，我的灵魂，

漂向最纯净，最黑暗的沉睡。

——《死之船》

整整20年（这是航行全球海洋运送带一圈所需的时间），只要有可能，大久保明和我就在一起工作，无论是我因工作需要前往纽约，还是他必须前来西雅图的时候。为了方便我使用纽约州立大学石溪分校的设备，大久保明安排我担任他的助理教授。在此期间，我们一起发表过许多篇论文，谈论北极冰山的消融、爱荷华州的蚊子群聚现象、来自西岬的污水以及北美五大湖的浮标等。

大久保明对所有事物始终怀抱兴趣与热忱。每次他来我家，我们可以天南地北地讨论，或是一边玩拼图，一边聆听贝多芬的交响曲，一个晚上听完全部9首。有一回，他带来了世界上最难的双面拼图，一面的图案是50只猫，另一面则是同一张图旋转90°后的样子，简直是超高难度的智力游戏。我们熬了一整夜，拼到第二天早上5点计程车来载他去机场为止。

大久保明的挚爱是与他一起在东京长大的青梅竹马敬子·帕克（Keiko Parker）。他们彼此是邻居，两家族都是日本武士的后代，敬子的家庭也很富有。在大久保明还是青少年的时候，两人就坠入爱河，比大久保明还小10岁的敬子当时还只是个孩子呢。后来敬子想到美国读书，她父母答应的前提就是要大久保明担任敬子的监护人。

由于两人的个性都固执又倔强，他们了解到彼此不可能结为夫妻，于是各自跟别人结了婚，但是始终维持非常亲密的友谊。敬子把大久保明的著作《扩散与生态问题：数学模型》从英文翻译成日文，这本书后来成为该领域的经典作品；敬子还保留了大久保明大量的笔记，为这本书的第二版做准备。在后来的岁月里，敬子才是大久保明的守护天使。

与大久保明一起工作的这段时间，我逐渐着迷于一种漂浮颗粒——火山灰。我开始想一窥火山灰与海洋究竟有什么关系，甚至还有与生命本身的关系。有个著名的事件偶然间点燃了我的兴趣，我碰巧与这件事惊险地擦身而过，只是当时的我浑然不觉。1980年5月，我和同学鲍勃在北加州汉保德湾进行海洋观测。鲍勃先飞回西雅图，我则留下来打包监测用的器具。5月18日早晨，我离开尤里卡市，开着租来的小货车，载着满满的仪器，在5号州际公路上行驶，傍晚时分路过圣海伦火山。跟往常在外地做调查一样，我没有时间看报纸，完全不知道圣海伦火山爆发了。不知道哪儿来的细灰覆盖了整条公路达一寸深，我疲倦又归心似箭，虽然疑窦丛生，但只是继续向前开。我唯一能想到的就是保持清醒，不要撞坏小货车。直到第二天读了报纸，才知道细灰是怎么来的。

接下来的两个星期，来自圣海伦火山的羽状灰云环绕整个地球，为了避开火山灰颗粒，飞机驾驶得改变航线，以免危及飞行安全。爆发后产生的一块块浮石，有的比垒球还大，流进哥伦比亚河，然后快速往北漂浮，最远可到达锡特卡镇。往后好几年的时间，海滩拾荒人陆续通报，在北太平洋沿岸发现搁浅的浮石，包括阿拉斯加的科迪亚克岛。不过，这些浮石似乎没有沿着“海龟环流”绕到夏威夷去。很快，我就知道原因是什么了。我从火山爆发现场铲起一些浮石的碎屑，放进盛满水的浴缸中，观察它们如何漂浮。几个星期之后，浴缸里的浮石浸了水，沉到底部，留下巧克力奶昔颜色的黏糊糊的液体。

火山爆发时，会喷出含有大量高温气体的岩浆泡沫，有点像开香槟。不过，岩浆泡沫并不会像香槟泡沫一样消散，而是快速冷却和变硬；由于原本在泡沫中的气体散逸了，于是形成多孔、质轻的火山玻璃，也就是浮石。圣海伦火山爆发提醒了我，要注意浮石的出现，从此，每到一个北太平洋沿岸的海滩拾荒地点，我都会注意到浮石。许多海滩拾荒的新手往往会认为他们发现的石头很不寻常，要我帮忙辨认。其实这些石头十之八九是浮石——只要把它丢进水里，就能够轻易证实。

我进一步研究这些漂浮的石头以及制造出它们的火山后，发现每次火山爆发所喷洒出来的浮石都各有独特的颜色与浮力。浮力主要取决于火山喷出的熔岩大小，体积较小的火山碎屑比体积较大的浮石更容易吸水与沉淀。圣海伦火山喷出的细滑小碎屑漂不了多远，而大块的浮石却能够漂浮数千千米。不过，圣海伦火山爆发所产生的浮石并不是漂流得最远的。印尼的喀拉喀托火山浮石横渡了印度洋。1962 年，英属南桑威奇群岛（South Sandwich Islands）火山爆发所喷出的浮石，则循着“企鹅环流”绕行了南极洲一圈后，又沿“海尔达环流”及“海龟环流”抵达夏威夷——这是目前纪录上最远的“长征”之一。

火山熔岩的喷发与涌流，自地球的婴儿期，在生命出现的数百万年以前，就已经开始了。当地球上的水开始聚集，浮石就漂浮在水面上，肆意横渡海洋。因此，火山灰可以说是最早的漂流物，而它们的漂流范围实在广阔得难以想象。1883 年 8 月 26 ~ 27 日，喀拉喀托火山喷发出 12 ~ 13 立方千米的石头，散布在巽他海峡上。这些浮石漂流了约 21 个月，遍布印度洋十分之一的海面，最远到达南非纳塔尔省的德班港。许多船只都因为数量庞大的浮石阻碍而减慢了速度，甚至停航。某位见证者写道：“多数的浮石群在去年（1884 年）9 月到 10 月间经过纳塔尔省，其中有一大部分在 1884 年 9 月 29 日被海浪抛到岸上。不过，还有另一大片浮石漂浮在马尔代夫与斯里兰卡之间，看起来像大西洋的海藻。只不过，厚厚地覆盖在海面上长达数十海里的，并不是海藻，而是浮石。浮石群上有许多螃蟹，下方则聚集了很多奇怪的鱼群，把浮石当做家和避难所。”

1362 年，瓦特纳火山爆发之后，冰岛南部沿海的浮石和冰块泛滥成灾。“纳帕菲尔冰川（Knappafel Glacier）塌陷，流入海里。”《史卡尔河主教区年鉴》记录道，“同时还发生了这种情况：大量的浮石漂浮在西峡湾外，导致许多船只根本无法通过。”漂浮的浮石绕行了冰岛半周，抵达了西峡湾，浮石所搭乘的沿岸流，就跟多年前维京人寻找港湾时把高脚椅的座杆和“老夜狼”的棺材漂送进港的一样。

74000 年前，更大规模的火山爆发，形成了苏门答腊岛上与喀拉喀托呈对角的多仑湖。该次爆发喷出了一片覆盖面积达 26000 平方千米的浮石，某些地方的厚度超过 300 米，遍及附近的大地与河川。环太平洋火山带上有超过 3007 个活火山，今日的多巴湖只是其中之一。看着这些数字，我不禁想知道：究竟要多少浮石才能够盖满整片太平洋，甚至是全世界的海洋？这很像在估计需要多少加仑的油漆才够漆完整间房子。事实上，如果只是薄薄涂上一层，少量的油漆就足以覆盖很大一面墙壁。同样的，在海浪和海风的帮助下，浮石碎屑可以铺盖在范围极广的海面上。

标准火山爆发指数（VEI）每进一级，就代表一次火山爆发喷出的浮石和火山灰体积会增加10倍。喀拉喀托的VEI6级火山爆发，覆盖了印度洋十分之一的海面，相当于全世界海洋面积的2%。因此，VEI7级的火山爆发（过去一万年里已经发生过4次）喷出的浮石与火山灰，理论上可以覆盖整片印度洋。而形成多巴湖的VEI 8级爆发（这也是最严重的等级）所产生的浮石，或许足以覆盖全世界大部分的海洋。

让我们想象一下海洋刚开始形成时的景象：随着地球逐渐冷却，广泛的火山作用使得大气层变厚，辽阔的海洋也开始出现；海洋一经形成之后，海浪就开始翻涌，将可以载浮的东西四处散播。另一方面，自地球形成到地球上开始有生命出现的9亿年间，发生过1万次以上VEI 8级的火山爆发，海洋上铺满了浮石。当时，只有浮石和冰块冲上毫无生命迹象的沿岸。

即使到了今天，每当我在海滩上发现一块浮石，都会忍不住想象早期的地球究竟是怎样的景象。我会把那块浮石丢进海浪里，看着它漂浮，然后想象海洋最早的样貌。我的视线逐渐模糊，只剩脑海里的声音清晰流动着。

我看着1962年南桑威奇群岛火山爆发的一块浮石漂浮在水里时，心中升起了一个念头，如果这块浮石不是漂在海里，而是漂在我家地下室厕所水箱上的塑料盆里，结果会如何？我把那块浮石带回家，和几颗胡桃一起丢进水盆里。胡桃跟石头一样有深深的缝隙，而且每次冲马桶都会使水盆摇晃，就像轻微的海浪推挤着漂浮物一样，我就这样观察它们如何漂浮，能漂多久。几个星期之后，浮渣形成了，包覆着石头和胡桃。这时，我意识到这简直是孕育生命的完美环境条件：一块缓慢吸水的海绵，一组漂浮的试管。

1993年6月，数以千计的洗澡玩具搁浅在阿拉斯加沿岸。6月22日是星期二，吉姆和我终于有办法使用表层洋流模拟程序来模拟玩具的漂流航线。大久保明碰巧在这一天第49次造访西雅图，于是我们一起到离我家一条街外的圣塔菲小餐馆吃午餐。我一边喝着塔可汤，一边告诉大久保明我脑中浮现的念头：地球上的生命或许源自漂浮在原始海洋上的浮石。午餐结束时，我们已经写下这个生命起源的推论细节。我赶紧回家，把笔记打成稿子。三天之后，我们把它投给了生命科学领域的一流期刊《自然》，标题是《漂浮浮石中的生命本源》。

我们在论文中解释，经过了多久的时间，地球上才有生命出现，且在海洋形成之后不久，浮石就成为海洋中最初的漂浮物。地球在婴儿时期的大规模火山作用，把大量能够漂浮许多年的浮石撒在原始海洋上。浮石主要的成分是二氧化矽，因为充满了孔隙，是渗透性很好的材料，能够吸收许多不同种类的化学物质。

渗入浮石中的化学物质，因为阳光的照射与雷击，在高能量的刺激下形成氨基酸与蛋白质，这两种物质正是构成生命的要素。浮石的浮力可以让化学反应在水面进行，黑色的浮石较容易吸热，也提供了利于反应的条件。此外，由于浮石的形状非常不规则，可供作用的表面积较大，因而成为氨基酸与蛋白质合成的温床。

多项沉积纪录显示，地球在远古时期有非常高的生物多样性。如此多元的生命形态，必须是在充分隔离的环境中，有足够庇护所的条件下，经过长时间演化的结果。还有什么环境能比漂流浮石中的缝隙提供更好的庇护吗？每一块浮石就像一座小型的漂浮岛屿，是充满微环境的隔离世界。比起不断翻涌、均质的海洋，亿万颗漂流的浮石更能够孕育出丰富多样的生命。

一旦浮石搁浅在陆地上，蒸发作用会提高浮石中化学物质的浓度，从而帮助微生物的生长。反之，如果浮石吸满了水、往海底下沉，或是如果微生物离开了保护它们的浮石孔隙，就必须跟其他微生物在波涛汹涌的海上竞争。结果就是适应力强的生存了下来，竞争力弱的遭到淘汰。

关于生命起源自原始海洋的概念，存在许多悬而未决的问题，我们的推论模式似乎能为这些问题提供答案，包括：来自海面上的能量如何穿透密实的水，供给海洋中的生物？为何前驱物质氨基酸在组成蛋白质，形成微生物之前不会被分散呢？如果我们的想法是正确的，将这些推论结果加以检验，或许能得到更多证据。上述生命形成的过程或许如今仍在持续进行当中，因此，我们可以检测漂浮的浮石吸收了哪些复杂的化学物质。此外，将古老的浮石进行切片，也许能够发现古菌类曾生存在其中的痕迹，就像保存在琥珀里的远古昆虫一样。

科学家曾经在实验室里模拟远古时期的大气与海洋状态，让海水暴露在人工闪电之下。我们建议将浮石加进这些实验当中，同时也复制某些可能帮助生命形成的特定海洋作用。在原始海洋上，风吹起的海浪毋庸置疑会制造出泡沫，在海浪与风的作用下，又与漂流的浮石聚集在一起，形成浮石与泡沫的混合体，从而提供了一个富饶的环境，有利于复杂化学物质的合成，尤其在有闪电的状况下。

因此，婴儿期海洋的表面很可能有层薄薄的氨基酸液体，而浮石就是漂浮的试管，让无生命的化学物质可以在其中进行缓慢地变化，最后演变出有活力的生物。我们在论文中鼓励读者着手进行实验，也许能证实这些推论。可惜，《自然》将我们的投稿退回。审稿的编辑指出，虽然这是个好论点，但是现在仍停留于揣测阶段，需要更多的调查佐证才行。我们同意这个说法，而我们原本的目的就是想通过这篇论文激励更多的人进行相关研究。没有资金，我们根本无法执行自己所提议的那些实验。

1994 年圣诞节当天，大久保明第 50 次造访西雅图。他已被严重的腹痛折磨了好几年，我们催促他赶紧去看医生。然而大久保明是属于不相信医生的类型，武士的自尊也不允许他乞求别人的协助。每次腹痛发作，他就会弓起身子，等疼痛过去。

大久保明不久后回到纽约，敬子终于说服他去看医生。在医生的安排下，大久保明接受大肠镜检查，结果发现自己罹患大肠癌，已经是晚期了。这疾病折磨了我父亲，也带走了我祖父以及苏茜母亲的生命。更糟糕的是，癌细胞已经扩散到大久保明的肝脏了。外科医师切除了大久保明 85% 的肝脏，这是维持肝脏再生能力的最大切除极限。然而几个月后，癌细胞又复发，却无法再进行手术。也因为这样，只要一有机会，我就会来一场临时演说，催促朋友们尽快去做大肠镜检查。

那年夏天，大久保明从纽约大学石溪分校退休，我也为这光荣的时刻出席了那场欢送会。当天，大久保明身穿一袭蓝白长袍，脚上穿着武士的拖鞋，腰间还佩带一把长刀，以奉行武士的传统。在告别演讲中，他说希望还有机会可以跟我一起去海滩拾荒。

我们终究没能再一起去海滩拾荒，也永远无法一起完成世界上最难的拼图了。敬子在大久保明生命的最后几个月悉心照顾着他。大久保明逝于1996年2月1日，享年71岁。依照他生前的要求，他的遗体被火化。火化在1600～2000华氏度的高温下进行了数小时，蒸干了16夸脱的水，留下4磅致密的骨灰。3个月之后，敬子带着大久保明的骨灰来到他生前最爱的城市西雅图。我曾经告诉过他们两人，灰烬如何乘着海流漂越了汪洋，然后以非常缓慢的速度沉入海底。于是，他们两人都决定要在生命走到尽头时，让大海成为自己遗骸最后旅行的地方。

许多生活在不同时空的人，都曾想象过让自己的灵魂在海上获得自由。从海上撒下骨灰的仪式不算罕见，不过实际执行起来比想象中要难。有位船舶工程师告诉过我，有一回，他和其他船员借了一艘油轮，要把刚过世的船长的骨灰撒到海里。不幸的是，船长似乎更想回到船上——风将船长的骨灰吹散，骨灰竟黏在船员才刚用白漆刷过的船身上头。船员只好将沾了骨灰的白漆削下，对船长老人家说声抱歉，然后把白色的漆屑撒落海面，才完成了整个仪式。

如果你把船跟遗体一起火化，就不用担心骨灰黏在油漆上了。海上的祭典有长久且神圣的历史，包括维京人、西北印第安人、斐济人、毛利人以及婆罗洲的雅克人，都曾将自己族长的遗体放在海葬船上火化，并放逐漂流。今天，一般民众也负担得起这种仪式，还有专供海葬使用的骨灰坛可取代海葬船。这种已经取得专利的容器叫做Velella，大小与橄榄球相当，采用生物可分解的材质制成，在漂流过程中会逐渐被分解，因此能够带着装在里面的骨灰，在两年内缓缓漂散，让亡者能够进行一趟身后的海洋之旅。

大海是如此辽阔，可以让每个想要这样走完最后一程的人实现愿望。假如现今全球所有65亿人，都进行火化，将骨灰遍撒在海上，覆盖在海面上的骨灰层将会比人类最浓密的头发，还要密集1000倍。

1996年5月10日星期五，我亲手将我最要好的良师益友、合作伙伴大久保明的骨灰加进海洋的纳米表层当中，真是既荣幸又悲伤。我们一行4人（吉

大久保明荣幸登上《海洋科学》期刊的封面。

姆·安德森、敬子、岛美千代与我)，一起从西雅图开车 3 小时，来到北卡斯克德的迪亚布洛湖，就在我父亲最喜欢的度假地点罗斯湖的下方。吉姆·安德森是我的研究所同学，他曾跟大久保明在华盛顿大学的计量科学中心有过紧密合作。岛美千代则跟我一样，是大久保明在世界各地以友相待，且受他启发甚深的众多学生之一。

抵达迪亚布洛湖之后，我们徒步经过上锁的安全闸门，到了访客码头。码头位于 118 米高的迪亚布洛水坝后方数百米远的地方。这水坝曾一度是世界第一高的水坝。因为不是周末，整个码头都没有人。我从背包里拿出装着大久保明骨灰的黑色塑料盒，大伙儿一起盘坐在码头上读诗。我朗诵了德国诗人吕克持的《小灯熄灭了》，奥地利音乐家马勒曾为这首诗谱上哀伤的曲调。接着我们把大久保明的骨灰投进迪亚布洛湖，湖水含有 14 个冰川的溶水所携带的黏土细颗粒，因此是一片灰白色。

我看着曾经是大久保明的小云朵漂向水坝，在乳白色的水中逐渐消失。我知道最细的骨灰将会旋转穿过涡轮机，流进史卡吉特河，进入皮吉特湾，最后漂到太平洋。我的思绪飘回到圣诞雪球上，那是父亲在某次贩卖巧克力的远行当中带回来的礼物。我记得自己总爱摇晃那雪球，注视雪花慢慢地沉淀下来。如今，我坐在迪亚布洛湖畔，一切在我眼中看来，就像是微型海洋装满了逐渐沉淀的尘灰。

我思索着，不知大海会不会将大久保明的骨灰带回东京，他童年时期的家。我知道有些骨灰比冰川中的黏土颗粒更细，因此在海水中沉淀的速率应该只有每天 1000 米而已。这些骨灰若要沉到太平洋的最深处（海面下 11 千米），将需要花上 3 万多年的时间。我在咖啡色的记事本上计算，骨灰要沉到海面下 30 米的位置——这是阳光可以穿透的深度——需要花多长时间（如果命运对调，我相信大久保明也会计算出我的骨灰能够漂浮多久）。计算出来的结果是 83 年，让我大为吃惊。

当我对环流的节奏有些许了解，我对时间的看法也跟着改变了。我想象环流是时钟的钟面，漂浮物则是指针。在接下来的几十年里，大久保明的骨灰将会沿着环流轨道航行数万英里，首先从美国西南边沿着加利福尼亚洋流经过夏威夷，接着往西衔接北赤道海流到菲律宾，然后右转跟着强大的黑潮前进，最后进入东京湾。大久保明的骨灰将绕行“海龟环流”14 圈，才会沉入阳光无法到达的海洋深处，其中一部分则会脱队漂浮在其余 10 个大洋环流中。当然，骨灰也会搁浅在世界各地的海滩上。所以，当你下次在沙滩上漫步时，请记得，你的脚掌掠过的地方，都可能有在海上焚化或海葬的人所遗留下来的原子微粒。

自此之后，“尘归尘”这句话对我而言，就有特别的意义。我们的生命源自火山的灰烬，最后也归于灰烬，并成为航行于各大洋的漂流物。

6 年之后，《海洋科学》刊登了我们的论文，我们那“生命起源来自漂浮浮石”的假说终于公之于众。那是特别献给大久保明的特刊，里头满满地刊载了大久保明的同事、学生及朋友向他致敬的文章。

有好几年的时间，在法庭调查与自己的研究中，我追溯过陌生人遗体的漂流历程。如今，我走到了人生的另一个阶段，脑中总是想着所爱的那些人的骨灰。1996 年 7 月 25 日，大久保明过世 6 个月后，我父亲也撒手人寰。尽管深受帕金森症、癌症、心脏病及其他疾病的折磨，但也许是父亲每天早上对难以控制的细胞所下的行军令奏效了，他依旧活到了 81 岁。我的母亲与父亲意见一致，希望他们的骨灰能一起撒进罗斯湖，于是我将父亲的骨灰放进书桌的抽屉里，整整保存了“海龟环流”的一个绕行周期之久。骨灰放了一段时间之后，会自然结成硬块，我担心撒骨灰那刻来临时，我或许已无法将父亲的骨灰分散开来。

当我想到父母亲和朋友处理自己遗骸的愿望时，我问自己：为什么有这么多人想把骨灰撒在海上？为什么有这么多人住在海边，在海滩拾荒，还要投出漂流瓶呢？我记起父亲如何对他的身体细胞厉声发令，然后联想到，或许每个细胞真的有某种意识，那是对于海洋之母的记忆，让它们向往回到第一个活细胞诞生的环境里。

居住在海里的生物也有同样的向往。就像人类移居到沿海地带，这些生物则会周期性地返回它们出生的地方——鲑鱼返乡，在它们出生的河川里产卵；海龟游回自己孵化的沙滩上，产下后代；灰鲸则是回到自己出生的礁湖里，产下小鲸。

早在几年前，敬子就知道自己的生命即将走到尽头，于是预先做了妥善的安排。她实现了对大久保明的承诺，让大久保明的重要著作《扩散与生态问题》第二版在 2002 年问世。那年夏天，在大久保明去世 6 年后，敬子因遗传疾病造成颈动脉破裂，也离开人世。

敬子在遗愿中展现了对大久保明深长的爱。她要求将自己的骨灰也撒在迪亚布洛湖，希望自己的遗骸能跟随大久保明的骨灰，乘着海流漂到东京湾。敬子还留下 2000 美元，指定她的 7 位朋友——大卫、布丽姬特、唐娜、佛列德、吉姆 · 安德森、还有我与苏茜，必须到西雅图最高级的餐厅之一、位于派克市场的“香槟”一起边吃晚餐边守灵。这是个很明确的指示，就是要我们把这笔钱花光。

大卫与布丽姬特带着敬子的骨灰飞到西雅图。我们计划在 2002 年 8 月 19 日星期一将敬子的骨灰撒在迪亚布洛湖，结果事情出了差错，但我们还是去了“香槟”。那是个炎热的八月傍晚，我们运气很好，露台上正好有座位。敬子的遗骸装在一只高雅的白色小陶瓷碗里，我们拿出来摆在餐桌正中央，接着开始我们奢华的盛宴，大家边吃边聊着对敬子与大久保明的回忆。我们聊了好几个小时，每个人都分享一些敬子与大久保明在世时发生的，其他人没有听过的故事。晚餐吃完了，但我们还剩下 1000 美元，该怎么办呢？我们告诉女服务生这个窘境，她欣然帮助我们花掉这最后的 1000 美元，为我们挑选了上等的夏朵涅白葡萄酒和香槟。这实在是极致的美味，苏茜赶紧将酒名与产地记在一张卡片上，视如宝贝，珍藏至今。

我们当然喝得酩酊大醉，而我确信这正是敬子的本意。最后，话题转到摆在我们面前的骨灰上。我谈到骨灰的颗粒非常细，因此沉淀的速度缓慢得惊人，有足够的时间环绕过太平洋；而且这瓷碗里的一小撮骨灰，就包含了上兆个颗粒。大卫与布丽姬特提到，他们第二天要到风景如画的圣胡安岛旅行，打算将一些骨灰撒在那里的海上。

谈话间，吉姆 · 安德森掀开了瓷碗的盖子，我们全都大吃一惊——碗里装的并不是骨灰，而是脊椎骨，显然它是不可能漂浮的。这下我们要如何完成敬子的心愿，让她的骨灰像大久保明的一样漂回日本呢？有酒精壮胆，吉姆将脊椎骨拿了出来，轻轻地放进装了水的玻璃杯里，再用刀子碾碎，敬子的骨头化成了一层薄雾，漂浮在杯子里。突然间，我有个想法。我对大家说，我们现在就有办法，在“香槟”餐厅里完成敬子的遗愿了。“还记得大久保明在西雅图的第一项工作吗？就是关于西岬的污水处理厂那个？”“香槟”餐厅的厕所下水道会将水排放到那里去，不出几个小时，敬子的骨灰就可以从餐厅流进皮吉特湾，航向日本了。大卫立刻拿起杯子跳了起来，然后我们就围在餐厅的厕所里，低下头，双手交握祈祷，目送敬子启程进入“海龟环流”。

巧的是，大久保明的骨灰从 1996 年 5 月开始漂流，比敬子早了 6 年，而这正是海龟环流的平均绕行周期。算算时间，大久保明的骨灰此刻应该正绕回华盛顿沿岸，刚好可以与敬子的骨灰汇合，敬子与大久保明终于可以再度聚首了，而且事实上将会永远持续这种情形。

一位海滩拾荒人曾经告诉我，他旅行的时候，总是随身带着一小撮父亲的骨灰，因为他父亲是位船员，希望死后也能像生前一样环游世界。一年之后，轮到我深思该如何处理我父母亲的骨灰了。2003 年 10 月 8 日，我母亲过世，5 天之后殡仪馆的人打来电话，通知我前去领取她的骨灰。

我在罗斯湖度假村租了 3 间小木屋，准备与史考特和他的太太凯琳 · 埃贝斯迈尔，以及其他家人一起去完成我父母亲最后的愿望。要到罗斯湖可不像野餐那么简单。我们开车越过迪亚布洛水坝，经过我们撒下大久保明骨灰的访客码头，然后登上一艘拖船。拖船载我们来到罗斯水坝底部，有一辆平板拖车在那儿等着。我们将装备与食物卸下，吊到平板上（来罗斯湖你必须样样自备），接着让车子载我们越过水坝到另一个码头去。度假村的经理乘快艇到码头来迎接我们，在以时速 80 千米航行了一段距离后，我们来到了盖在古老杉木浮桥上的小屋。我们又再次漂浮着。

第二天，我们搭乘一艘 6 米长的小帆船出发，准备进行撒骨灰仪式时，才发现忘了要准备一个容器，好分撒骨灰。我们好不容易找到了一个容量约 20 升的桶，将父母亲的骨灰混在一起，加水搅拌，才不会让风将骨灰扬起。我从传说与经验中学到，要在船边撒下骨灰不是件容易的事，而且骨灰就像火山灰一样，会造成引擎故障。于是，我们将骨灰泥浆从船边轻缓地放下，驾船立刻加速前进，离开这些在船边浮起的小云朵。

这是我最后一次见到父母亲，他们缠绕着彼此，以一朵朵小白云的姿态，漂浮在粼粼的翠绿水波上。他们在高中时便一见钟情，如今永远不会再分开了。泪光中，我看着那朵朵白云往罗斯水坝远去，逐渐在 1000 米外消失。它们将环绕“海龟环流”，一起跟随大久保明与敬子的云朵漂行，当然，也包括那些洗澡小鸭和其他人造漂浮物的粉末——工业制品所使用的有机碳氢化合物材料，终究也是源自漂浮在原始海洋上的浮石。生命最后的尘灰，教会我许多关于生命起源的事。

10 | 垃圾沙滩与垃圾带

海洋是我们文明的良知。

——

所有伟大海神的海洋
是否会洗净我手上的鲜血呢?

——

整个 20 世纪 90 年代，我的大半心力投放在《海滩拾荒快报》、拾荒情报网、追踪球鞋及泡澡玩具和其他漂流物上，同时钻研环流的轨道以及浮石孕育生命的可能性。我的职业生涯有五分之三的时间在担任海洋科学方面的顾问。但我终究迎来了一个转折点，发现自己再也无法在科学的事实与客户的期待之间取得平衡。

鲍勃·汉密尔顿既是埃汉公司的老板，也是我的工作伙伴，他总是能轻易直捣问题的核心。大约 40 年前，我刚踏入这个领域时，有一天鲍勃边喝啤酒边跟我说，对别人而言，海洋科学是份工作，但是对他来说是个使命。如今回想起来，我领悟到就是这份使命感让我决定退休，就像当初它驱使我走向这份工作一样。

我的海洋科学顾问工作主要是为外海钻井平台的设计或是污水处理厂排水口的设置提供评估与咨询。面对眼前的问题，我总是试图寻找科学上最有说服力的解答，那也是我能够秉持良知坚持的答案。然而这些答案往往与工程师构想的设计有所冲突，工程师总是期望自然环境会照着他们的想法运作。

我还在外海为美孚工作时，石油工业还愿意听信数据。我们在卡米尔飓风中测量到的 22 米高浪，促使整个业界开始设计足以应付 23 米高浪的钻油平台，而不再是 17 米的过时标准。20 年后，我们在尼尔森套流涡旋中测量到时速 4 海里的海流，也让石油业界开始留意深水作业中可能遭遇的涡旋。

然而，随着时间过去，我察觉到大家对环境问题越来越不关心。我建议停止捕捞哥伦比亚河的鲑鱼，改捞数量较多的美洲西鲱鱼，好让鲑鱼群的数量恢复，结果，美国国家海洋和大气管理局主办的鲑鱼复育会议把我挡在门外。此外，我在做胡安德富卡海峡的漏油研究时，指出石油往水面下扩散的影响，结果代表石油公司的同事叫我滚开。我也担任过两任州长顾问小组的成员。1993年，华盛顿州长贾德纳委派我加入“海洋科学咨询小组”，组员是来自华盛顿州和加拿大不列颠哥伦比亚的科学家。我们的任务是调查、评估美国与加拿大共有的海洋环境，再依结果提议相关的保护行动。第二年1月，我们于温哥华某个备受瞩目的座谈会发布小组的报告，结果，根据我近距离地观察，该份报告得到的待遇就是被整齐地存档、遗忘，如同其他许多报告一样。

接任贾德纳的罗利州长与加拿大不列颠哥伦比亚省长因为维多利亚港区的污水排水口而起争执，该排水口将未经处理的污水直接排入胡安德富卡海峡。后来双方协议的和解方法，是各指派三名成员，共同组成审议小组，来解决跨界污染问题。我曾写过文章探讨那个排水口，显然我是审议小组的合适人选。于是，我们再一次的召开密集的会议，花了一年的时间写报告，然后呈现给广大民众。华盛顿州政府特地指派几个工作小组评估和执行我们的建议。但我们的提议仍旧遭到忽略，就像之前一样，所有的努力都白费了。如今，州政府又开始了第三波努力，我很期待这一次能真正见效。不过，与其在无止境的委员会议上枯坐，我选择花时间写这本书。

我认为这种官方的研究小组只是披上了政治的外衣，去回避真正的环境问题，我的加入根本起不了作用，而是在浪费时间，因此我选择离开。虽然如此，我仍持续关注那些尚未获得解决的环境问题。

后来，就在我步入退休年龄的时候，国王郡的污水处理企划案找上门来，他们请我负责决定排水口的设置地点。尽管尽了全力，我始终搞不懂污水要如何流出皮吉特湾，无论排水口预定设在哪个位置；也弄不明白污水对惠德比海盆（Whidbey Basin）的缺氧情况有何影响。国王郡的官员根本不理会任何针对这些问题所做的评估调查，他们只推说没有预算做更进一步的调查，他们会再自行深入探究——但是从来没做过。

我心灰意懒，想尽早退休。2002年底，我59岁半，符合领退休金的条件了。

我的挫折感是经年累月累积下来的。那些有权力做事的人，觉得西北沿岸的海洋环境问题并不是迫切需要解决的，但这些环境问题正年复一年不断增多。

20 世纪 90 年代早期，我创造了一个近来广为流传的名词：垃圾带（garbage patch）。垃圾带是巨大的海上宝库，几乎搜集了任何可以漂浮在海面上的东西。其中最轻的漂浮物，在风的吹送下行进得最快，浸水的树干、机翼残骸和其他庞大笨重的漂浮物，则缓慢地跟在后头移动。

就像风与海浪一样，垃圾带的形成源自太阳。阳光照射在地球表面，以赤道地区最为强烈，因此，靠近赤道地表的温暖空气由于密度较低而上升，然后在低温的高空中逐渐冷却。由于受到下方持续上升的暖空气推挤，这团空气便形成向南与向北的气流，直到北纬 30° 和南纬 30° 附近才开始下沉，如此不断循环的大气环流，就是所谓的"哈德里环流圈"（Hadley cells）。

"哈德里环流圈"的下沉气流在亚热带海面会形成高压的"反气旋"。反气旋与形成台风的低压气旋相反，会将中心的空气不断下拉，将海面气流向外辐散；地球的自转作用则接着将辐散出的空气往右轻推，使得气流绕着高压的反气旋旋转（在北半球顺时针旋转，在南半球逆时针旋转）。旋转的气流会使海流往与风向呈 45° 角的方向偏移，于是海流便带着漂浮物流回反气旋下方海面，不断旋转、聚集，最后将附近海面上漂浮的所有东西堆在一起，形成"垃圾带"，里头除了有来自大自然的漂流木、海草、浮石，还有我们人类选择丢入或无力防止进入大海的东西。

大海中的垃圾带，目前只有少数几个有过研究与记录。我自己记录了其中 8 个：4 个在太平洋，3 个在大西洋，1 个位于印度洋。如果以大洋环流为范围，则"海龟环流"、"海尔达环流"与"哥伦布环流"各拥有两个垃圾带。位于"海龟环流"的两个垃圾带，可分为"东大垃圾带"与"西大垃圾带"。顾名思义，东大垃圾带位于北太平洋东侧，从加州延伸到夏威夷，是所有垃圾带中面积最大的，大约有美国的一半大。如果将 8 个垃圾带加起来，所占的面积大于美国 50 州面积总和的两倍。

垃圾带上方的高气压代表该区域的风力较弱，也代表那里是航行者难以穿越的地区。其中最恶名昭彰的是位于“哥伦布环流”西侧，几乎是故障船只葬身之处的垃圾带。由于那儿的海面上有一大片马尾藻与漂浮物所组成的迷宫，因而有人称之为“藻海”。另一个位于北大西洋东侧的垃圾带，则围绕着亚速尔群岛，哥伦布就是在那附近看见引领他航向美洲的海豆、竹子以及其他横渡大西洋的漂浮物。19 世纪和 20 世纪期间，摩纳哥王子艾伯特一世（他是绘制地图标示出垃圾带的第一人）与海洋学家邦珀斯分别在大西洋两端投掷了成千上万的漂流瓶，其中约有五分之一都在亚速尔群岛被寻获。在亚速尔群岛这样小的范围里，五分之一的漂流物寻获量实在高得不成比例。

就历史与海洋科学的种种证据看来，亚速尔群岛显然是大自然在海中部署的重要位置，专门大量收留从海洋环流中漏出来的垃圾。因此，我估计亚速尔群岛应该有数个大型的垃圾汇集沙滩。这种沙滩是珍贵的实验室，让我们得以从中窥探大海的内容物和活动情况。有些垃圾沙滩我非常熟悉，例如马拉利莫海滩与帕德里岛；有些则是我一直想造访的地方，包括大西洋中的亚速尔群岛与百慕大群岛，以及远在南太平洋的杜斯岛；杜斯岛是皮特凯恩群岛中一个特殊的环礁岛。就像电影《无尽的夏日》（Endless Summer）中的冲浪者，环游世界只为寻找最完美的海浪；我则是希望能沿着所有大洋环流，找到世界上垃圾最多的沙滩。

有一个闻名已久的垃圾沙滩，据说是垃圾堆积最严重的，当地人将那里称为“雷欧卡密罗”（Laeokamilo），意思是“漩水之处”，位置就在卡密罗岬角的西边，接近夏威夷主岛的南端。这里可算是美国最南方的边境，或许是波利尼西亚人初次抵达夏威夷的登陆地点。夏威夷语的“卡密罗”意思就是“旋转的水流”，这样的命名十分贴切。“雷欧卡密罗”是几乎完全平直的卡乌海岸唯一的弯处，海岸线在这里向西切入，又再度转向南边，有点像是翻转过来的马拉利莫海岸。由于东北信风的推送，哈拉伊海流从普纳地区顺着卡乌海岸奔流而下。较汹涌的卡威力海流，则从科纳地区沿着大岛的西海岸涌动而下。这两股海流在卡密罗岬角南方 5 海里处的南岬角汇合，形成一个迷你环流，把漂浮物扫进由岬角自然形成的集水区，造就了垃圾沙滩。

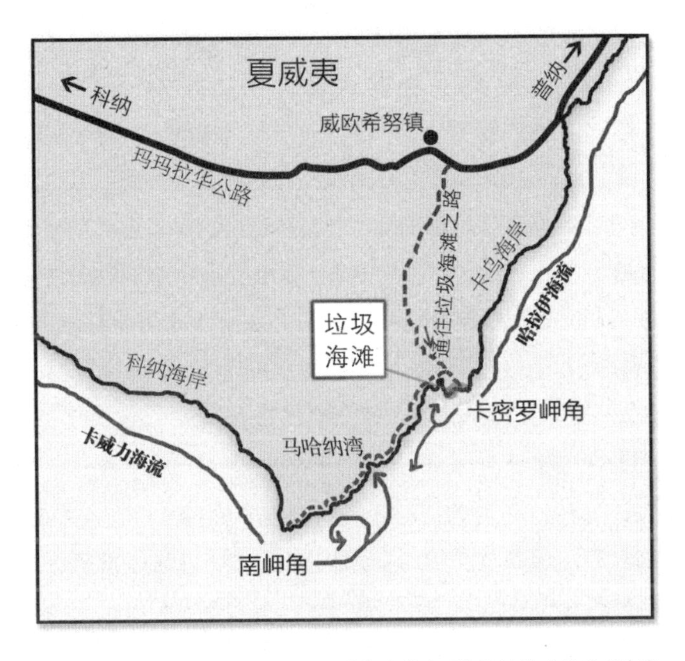

通往“雷欧卡密罗”垃圾沙滩的路径（图中虚线）以及两股海流在夏威夷南岬角的汇合处。

“就像流过小货车车顶的气流会将较轻的东西聚集在车头后方一样。”这是海洋塑料研究船“奥加利塔号”（Algalita）的指挥官查尔斯·莫尔船长如此描述垃圾沙滩的成因。莫尔还说，虽然卡密罗岬角沿海是渔获特别丰富的渔场，然而渔夫都会远离该地区 100 海里之外，以免跟许多堆积在那儿的被丢弃的渔网还有各种垃圾纠结在一起。

不过，对充满冒险精神的海滩拾荒人而言，垃圾沙滩可是金矿。有位名叫诺妮（Noni Sanford）的艺术家，堪称垃圾海滩拾荒人的女王。诺妮住在火山村，身材矮壮，脸上总带着和善的微笑，她的标准造型是灰白的长马尾，常年身穿夏威夷衬衫。

目前担任消防义工单位调配员的诺妮，同时也是出色的艺术创作者。她的创作并不是那种草坪上常见的做作的漂流木雕刻，而是以垃圾沙滩大量供应的塑料碎片为素材，创造了许多风格独具的作品，例如她热爱的黄色消防车的缩小版。

2007年1月的某个星期五下午，诺妮开车绕过岛屿，到机场接我和戴夫·英格拉哈姆。戴夫是吉姆的儿子，也是我在许多考察旅程中不屈不挠的伙伴兼摄影师和摄像师。我们很快就意识到飞到科纳是个错误，应该直接飞到大岛另一边的希洛镇才对。希洛镇上有一群义工，将在星期天举行半年一次的净滩活动，而我已经安排要在星期五晚上为这群人讲些鼓励的话，并且分享一些幻灯片。

诺妮开车载我们横过大岛，我们仿佛穿越过不同的气候带——从干燥的科纳的炙热阳光下，来到草木繁茂的希洛的倾盆大雨中，我们刚好赶上演讲时间。演讲结束后，我们又赶回诺妮在火山村的家，大雨仍然下着。我们忙着收拾背包直到半夜，以便明天一早就能动身。翌日清晨5点钟，吃完诺妮做的烤薄饼后，我们就直接朝垃圾沙滩出发。我希望能赶在星期天的净滩活动之前，先去看看垃圾沙滩恐怖的壮观景象。

前往垃圾沙滩的路从玛玛拉华公路上冷清的威欧希努镇岔出，没有任何路标。这条路完全没有经过修整，我们的车子在冲过几段布满碎土石的路面后，接着爬过石堆，旋即又冲进一个大坑里。要不是四轮驱动车马力强大、越野性能好，肯定会陷在那儿动弹不得。一般小汽车在这里无用武之地，因为车子的底盘很快就会卡到石头。

诺妮熟练地驾驶着她那辆红色的“牧马人”军用吉普车，戴夫与诺妮的丈夫朗恩在我们后头，开着橘色的奔驰乌尼莫克水陆两用越野卡车。车子在路面上跳动，车里的我们则仿佛在接受酷刑。吉普车不断发出我不曾听过的怒吼，我心想幸好还有乌尼莫克做我们的后盾。

这条长13千米的道路，只是过去几世纪以来许多牧场主人和渔夫在茂密的灌木丛中所开辟的道路网之中的一条。即使诺妮已经走过许多次，还是不免转错几个弯。我们花了一个小时才穿过丛林，来到一片仿佛火星表面的熔岩平原，这里的巨石更大，裂缝也更深，我们的车子必须小心翼翼地减速前行。

在我们四周，熔岩墙交错矗立在平原上。诺妮解释说，古代的夏威夷人砌了这些墙，作为各个王室成员领地的界线，眼前这片荒凉的土地曾是岛上人口最稠密的地方。很难想象当时打赤脚的工人是如何徒手搬动那些粗糙的火山石块。我一面祈祷吉普车的轮胎够强韧，一面思考为什么有人要这么辛苦地保卫这片贫瘠、枯萎的土地。其中一个原因是农业，诺妮解释道：这个地方曾一度有淡水蓄积在地面，芋头和其他农作物因此可以在富含矿物质的火山泥中茁壮成长。之后畜牧者来了，种下可作为饲料的地中海角豆，角豆树吸干了淡水，曾在这里安居乐业好几世纪的岛民被迫离开。

我猜测，使这片位于迎风面的荒地有价值的另一个原因是聚集在垃圾沙滩上的漂浮残骸。对古代夏威夷人而言，长年不休的内战和岛屿之间的战争使他们觉得，独木舟或双船体的木筏意味着权力与征服——船越大，可以乘载的战士越多，在近距离作战上就有决定性的优势。当时最大的独木舟可达 30 米长，与哥伦布乘坐的船相当。1795 年，第一位统治所有夏威夷群岛的国王卡米哈米哈（Kamehameha）率领了 500 艘独木舟组成的舰队，攻击北方的毛伊岛和瓦胡岛。

尽管这些岛上也有茂密的丛林，但却像冰岛一样，缺乏可以制造船只的直耸高树。但是，神赐予了岛民另一个礼物。在相隔两三千海里外的大陆上，藏有巨大的雪松、云杉、冷杉、红杉的原木。那里的原木会定期被冲进河流出海，最后漂到类似卡密罗的聚集点。现代的卡乌人就是利用这些漂流木来制作冲浪板。

这些珍贵原木的价值可以从 19 世纪美国传教士康提多（Titus Coan）所记载的故事中明显地看出来。康提多的一位同事想把保罗的告诫翻译成夏威夷文："在你的信心中加入知识，在知识中加入节制，在节制中加入美德。"这位同事询问他的夏威夷助理，希望找出夏威夷文来表示"美德"，于是他形容这个词代表所有人最想拥有的财产。结果那位夏威夷当地助理感到很困惑，"我们所了解的美德的概念或是对应的文字，并不存在于夏威夷文当中。"但是最后那助理说"我明白了"，然后给那位传教士一个词，使最后整句的翻译变成："在你的信心中加入知识，在知识中加入节制，在节制中加入一支洋松木。"

我跟著名的夏威夷历史学家莱文（Ruth Levin）通了好几年信，这次旅行使我们终于有机会见面，地点就在夏威夷火山国家公园博物馆。她告诉我，每当海啸或大水灾袭击夏威夷时，原木会被冲刷上岸，甚至远至熔岩平原上。因此，发生在美国本土的水灾，可能会为夏威夷带来原木的大丰收。1861 ~ 1862 年的冬天，连续的北极风暴和潮湿的热带暴风雨在加州造成了千年一遇的大水灾，萨克拉门托河谷泛滥，沿岸淹水达 3 ~ 6 米深；海浪冲进内陆，把农庄击成碎片，也将大量倒下的树木如木筏般送出大海。一年之后，夏威夷人通报看见一座横躺的森林漂过岛屿，也许当时他们称那堆满了搁浅原木的沙滩为“树沙滩”，而不是“垃圾沙滩”。

今日的新闻媒体总是兴奋地报道所有遭洪水冲走的房子、车子及其他漂浮残骸，但却很少去了解这些因洪水引起的垃圾之后会怎么样。在 1861 ~ 1862 年的大水灾中被冲走的树木，有些就搁浅在加州沿岸；而从卫星影像可以观察得到，沿海的涡旋把一部分树木抛到离岸 100 多海里的外海，在该处的加利福尼亚洋流接着又将它们往西边扫到夏威夷群岛。1862 年 9 月，当时任职于加州科学博物馆的布鲁克斯（Charles W. Brooks）报告，“有棵巨大的洋松木漂过毛伊岛，长约 45 米，断面的直径足足有两米”，“其树根突出水面达 3 米，应该可涵盖至少直径 7.5 米的范围，上头有两根树枝垂直突起 6 ~ 7.5 米高，几吨黏土似的土壤深植在树根周围”，带着不知名的生物侵略者闯入脆弱的岛屿环境。

任何漂流过夏威夷的原木，如果没有被人趁机捞起或冲刷上岸，在接下来的 5 ~ 10 年间，将可能完整地环绕过“海龟环流”或“阿留申环流”，或是两者都环绕一圈。我们驶过车辙和岩石往垃圾沙滩前进，我想象着，这些代表着财富与战争输赢关键的树木，是怎样改变了北太平洋地区的社会。

就像冰岛上的古挪威人一样，夏威夷人会定居在容易取得漂流木的地方。古代的夏威夷国王曾沿着迎风的南海岸派驻哨兵，负责密切注意任何漂浮在近海的大块木头。每当有原木漂近，士兵会划独木舟迅速出海，将木材拉上岸。诺妮和我看到在悬崖顶端有好几座老旧哨岗的废墟，其中之一邻近垃圾沙滩。我意识到我们一路上看到的那些熔岩墙，在这里见证了漂流木的影响力——原木把人们吸引到这儿来生活。当地人为这猛风吹袭的海岸线所取的名字“卡乌”（Ka'u），意思就是“乳房”，也透露出漂流木对他们而言，是何等丰足的礼物。

莱文分享了另一则故事，让我们了解卡乌的居民有多么尊敬强大的近海海流。他们曾借助海流结束了贪婪的哈拉伊酋长的统治，从普纳往南流动的洋流“哈拉伊海流”就是以这故事的主角来命名的。每天傍晚，哈拉伊酋长都会划船出海，去等待返家的渔夫，然后行使他贵族的权力，夺取最好的渔获。哈拉伊酋长往往会拿走所有的渔获，放纵地浪费食物，让老百姓挨饿。终于有一天，渔夫决定合力报复他，当哈拉伊又划着独木舟大声喊道“给我所有的鱼”时，渔夫就一起把大量的渔获往他的独木舟上倒，多得让船沉了，然后看着洋流把他冲走。

一旦有亲友遇上海难失踪，卡乌居民就会到卡密罗岬角两侧的沙滩去寻找遗体，其中一侧沙滩叫做“卡密罗佩阿里”，意思是“将王室贵族冲上岸的旋转水流”，而另一侧的“卡密罗佩卡纳卡”沙滩，则是指“将平民百姓冲上岸的旋转水流”。显然，那些肥胖富有的国王与酋长们，与他们贫瘦的子民会在不同的地点被冲刷上岸。看来，即使在死后，沙滩也会因地位高低有别，而将人们分隔开来。我不禁想起中世纪人们用水进行审判的传统。

据说，在卡密罗附近的海流还有另一项令人比较愉快的用途，就像是某种水上邮政服务。根据当地历史学家卡维娜普库伊（Mary Kawena Puku’i）的描述，从卡密罗到普纳地区的旅人会在抵达之后，把绑着腰布和露兜叶的花环投掷到海里。当这些花环漂回到卡密罗，投掷者的亲人就会知道他们已经平安到达了。

在2003年及2005年，我尝试仿效这种早期岛民对漂流物的使用。我用的是生物可分解的漂流卡——漆成亮橘色的薄夹板——好几年前我曾经用这工具来研究皮吉特湾的污水动态。卡片上印着电话号码及刻写的文字，请任何发现卡片的人通报发现的地点与时间。莱文从普纳的悬崖上丢出35张卡片（丢进风里），其中只有一张在7天之后漂到了卡密罗，后来她又请渔夫在外海投出25张卡片，结果只有两张在13天后冲到卡密罗的沙滩。莱文怀疑卡片是因为投掷地点太靠近海岸，所以被拍岸浪给缠住了，于是她又想办法安排了一个更远的投掷地点，好在远离拍岸浪的地方抛出另一批卡片。到目前为止，就结果来看，从普纳到卡乌的海流似乎并不是值得信赖的邮差。

不过，卡密罗仍然是一个效率极差的漂浮残骸汇集地，只是如今冲上岸的东西已经跟从前的原木、贝壳以及其他天然物品大不相同了。我们一行人在午后抵达垃圾沙滩。这是一个典型的夏威夷海滩，宽度将近2000米，明亮粗糙的沙子面对着平缓的沙棚，离岸的大浪围绕着岩浆岩。然而，这里的沙滩上布满了碎砖，吹聚物堆积了半米高，里头的东西包括被丢弃的渔网和绳索、漂流木和壁板碎块、还有塑料——各种大小、形状和颜色的塑料，从一大块到小碎粒都有。

戴夫、诺妮和我花了大半天的时间在垃圾沙滩上拾荒。烈阳穿过我们擦的防晒油，把戴夫严重晒伤了。信风则一如既往，以每小时30～50千米的风速吹拂。突如其来的一阵雨把我们淋湿，使我有那么一会儿以为自己回到了西雅图，接着太阳又出现，把我们晒干。

太阳可以说是我们眼前所见一切的源头。阳光将空气加热，使气流上升、下降、循环，于是造成了垃圾带，而太阳也间接制造了现在塞满垃圾带及覆盖垃圾沙滩的塑料——阳光滋养了大地万物，动物与植物的遗骸则在数百万年之后，形成了今日我们用来制造塑料的原油。

好几年前，根据当地居民的描述，垃圾沙滩的垃圾堆得比现在更高，大约有2米甚至3米的高度。后来，在2003年，夏威夷州政府拨款进行了一次净滩活动，义工合力清除了50吨的渔网和其他危险的海洋废弃物。2004年9月，美国地质调查局又赞助了另一次净滩，专门侦察塑料垃圾的莫尔船长也参加了那次活动，并且列出了发人深省的垃圾清单。在退潮线与涨潮线之间约0.1平方米大小的沙滩上，莫尔拣了2500个塑料碎片，均为约1毫米宽。其中有500个是BB弹大小的塑料颗粒，那是制造塑料用品的原料，因为装载它们的货柜落海而成了漂流物。加州救生员在他们看管的沙滩上发现了这些塑料颗粒，就称它们为“塑料豆”。而卡密罗的海滩清洁人员并没有捡拾这类数量可能达上百万的微小塑料碎屑，他们只负责清理拳头大小或更大的垃圾。

2005～2006年的冬天，夏威夷的野生动物保育基金会和美国国家海洋和大气管理局联合赞助了另一次规模更大的净滩活动。好几个庞大的义工团体一起清理了南岬角和威欧希努镇之间15千米长的沙滩。他们一共清除了36吨钓鱼线和渔网，运往檀香山的火力发电厂焚烧，以响应“垃圾变能源”。这些致命

作者（左）与诺妮在夏威夷的垃圾沙滩上，惊骇地盯着横渡海洋的残骸。

的鬼魅如果再次被暴风雨冲回海里，将会勒死海龟、鱼类、鸟类以及濒临绝种的僧海豹。另外，他们还拖了重达6吨的塑料、玻璃瓶及其他垃圾到当地的垃圾填埋场埋掉。

完成净滩之后，显然有更多垃圾持续被冲刷上岸。在上述大型净滩活动的一年之后，戴夫和我放眼这片垃圾沙滩，估计有15 ~ 20吨垃圾堆积在此。垃圾堆里散落着绑有玻璃浮球的渔网，以及一大捆约30 ~ 60厘米厚的魔术贴，还有一大块宛如巨石的乳胶，直径超过60厘米，像高地的岩浆岩般，呈暗色且表面布满坑洞。一群蜜蜂正舔食着它黏糊糊的表面。

在岸边，海水表面也铺满了塑料碎片，就像浮着菜渣的炖锅似的，塑料细屑随着海浪起伏，然后冲回岸上。我无法不联想到诡异的派对或游行景象：大海从我们头上撒下五彩纸屑，把我们制造的部分垃圾丢回来，向人类制造的垃圾世界致意。白色和粉蓝色是垃圾最主要的颜色，因为其他颜色在热带烈阳下会褪得很快。当海水变得平静，这些塑料碎屑就会浮上水面，铺盖5 ~ 10米长，看起来非常结实，让人几乎以为可以在上面行走。一阵浪花会将塑料碎屑抛到岸上，并且将它们与沙子和木屑混合在一起。一次又一次，岸上就形成了数条平行的潮水线，线的外缘仿佛还镶了一层金银丝边。我数了数，垃圾沙滩上共有 7 条塑料碎屑形成的潮水线，在西沉的夕阳中闪闪发光。

"塑料浪真叫人不舒服，"戴夫叹道。

"看起来像呕吐物，"我回答，同时也意会到，真的就是这么回事——这是塞满太多人造废物的海洋所吐出来的东西。

不过，许多垃圾带中的塑料从来不曾流出并搁浅在沙滩上。它们难以下沉与分解，会继续漂浮，直到完全粉碎或让动物吞下肚为止。总而言之，塑料分子远比我们想象的要来得顽强。

你或许会以为像这样的塑料垃圾肆虐是从 20 世纪中期塑料时代全面展开后就开始狂扫垃圾沙滩以及夏威夷的其他海滩。但是，根据瓦胡岛一位海滩拾荒人的描述，大量的塑料碎屑开始在瓦胡岛的迎风海岸出现，是从 1998 年 2 月开始的。从那之后，塑料碎屑持续扫进夏威夷群岛迎风面的海岸上，与 1990 年落海的耐克运动鞋、1992 年外泄的洗澡玩具，还有 1994 年外泄的曲棍球手套堆叠在一起。

看来，东大垃圾带是一次释出了大量的漂浮残骸，但原因是什么呢？是因为垃圾带上方的高压反气旋偶然减弱，使漂浮物受到强风推送？或者这是一种周期性的现象？根据表层洋流模拟程序的模拟显示，漂浮物可以沿环流轨道绕行长达 60 年之久，在涡旋、激浪的拍打和阳光照射下，逐渐分解成愈来愈细小的碎块。不过，吉姆和我并没有机会实际探究环流周期与垃圾带释出漂浮残骸之间有什么关联。我只能说，我们对于环流以及其中的内部结构——垃圾带的情况，还有许多有待进一步了解的地方。

装载了十多吨漂流物的垃圾沙滩上，还有些什么呢？我盯着垃圾沙滩喃喃自语，试图压抑反感和惊愕。我想起多年来从海滩拾荒中得到的经验法则：每 3 吨的垃圾当中，就藏有一个科学金块——或许是一根测量标杆，又或者是一个可追溯到来自何时、何地的人工制品。

我检视布满垃圾沙滩的垃圾，想到吉姆和我长久以来一直针对北太平洋海域的漂浮物进行的动态模拟与预测，虽然我并不是十分确定，但是从我们过去的模拟结果推测，北太平洋的垃圾带中，有一大部分的垃圾应该是来自日本。

在日本附近海域进行的研究发现，日本外海供给了“海龟环流”与北太平洋大垃圾带的所需；同时也显示出，在20世纪70年代和80年代，北太平洋海域的塑料残骸每10年就增加10倍，而到了90年代，则是仅仅3年之内就激增10倍。

就像我们已经知道的，海洋中的漂流物有“半衰期”，也就是说，环流每绕行一圈就会抛掉当中一半的垃圾。不过，漂浮的残骸也会不断解体，于是一边绕行环流，残骸的数量也一边增多，如此进行下去，大海中充满了无限多的漂浮微粒。

陆地上的垃圾会经由河川、船舶、下水道、洪水、垃圾掩填场污水以及都市径流被冲进大海环流中。其中的纸类很快就会分解，木头、铁制品及布料的分解则较为缓慢。没有人知道原油制造的塑料在环流中究竟可以保存多久，预估的保存期限从500年到1000年都有。关于这一点，莫尔船长跟我的看法有些不同。2003年，他警告我说：让海滩拾荒人认为洗澡玩具在绕行环流或海洋运送带的11年后依然可能完整的出现在海滩上，“有点像在唬人”，比较可能的是，玩具都已经瓦解成碎片了。但就在2003年，锡特卡镇的海滩拾荒同乐会上，有人给我看了一只塑料海狸，几乎褪成了白色，但外形依旧完好，那位海滩拾荒人说，这只海狸才刚冲上岸。

美国国家海洋和大气管理局放弃继续当漂流卡的档案保管人，于是将管理权移交给我。从那之后，我陆续收到自环流脱出的年代更久远、更古老的漂流卡。2008年5月，我收到一个从西班牙被冲刷上岸，在1976年自美国东岸的楠塔基特岛沿海投出的漂流卡。在海上漂流了32年后，卡片上的印刷字体仍然清晰可辨。由此看来，环流无法清理自己，它们将永远带着塑料垃圾流动。

许多调查研究显示出世界各地令人吃惊的海洋垃圾剧增现象。在环抱“企鹅环流”的南冰洋，巴塔哥尼亚海燕吞下的垃圾量在10年内增加了100倍。莫尔跟他在奥加利塔海洋研究基金会的同事一起查看了全球的漂浮物清单，发现塑料大致占海洋垃圾总量的60% ~ 80%，有时甚至超过90%。此外，他们从研究船“奥加利塔号”在太平洋中央撒下的拖网中也发现，塑料碎屑的数量是浮游生物的6倍以上。

不同材质的塑料有不同的密度。密度较低的聚乙烯、聚丙烯及聚苯乙烯制品（回收编号分别是2、4、5）会漂浮在海面上，密度较高的聚对苯二甲酸乙二酯、聚氯乙烯及聚苯乙烯固体（回收编号分别是1、3、6）则会下沉。这意味着塑料垃圾可以存在于海中的不同深度。一部分漂浮在海面上（市面上卖的塑料制品约有40%属于此类），一部分散布在海水中，一部分则成为深海或浅海的沉积物。

过去几年来，塑料漂浮物的祸害一度引起人们的关注，这一部分要归功于莫尔的努力——大概除了那些在海中迷航的洗澡玩具小鸭子，没有什么比特立独行、奋战不休、从水手变科学家的莫尔船长更能引起媒体和大众的瞩目了。事实上，科学家自20世纪70年代开始就致力于研究塑料垃圾对海洋环境的冲击。20世纪80年代，漂浮垃圾让民众感到恐慌，尤其是针筒和其他医疗垃圾；纽约地区的100个海滩被迫关闭，造成海滩城镇数十亿美元的经济损失。1988年，世界各国力图解决海洋垃圾问题，联合订立“防止船舶造成污染国际公约”，也就是大家所称的MARPOL（Marine Pollution，海洋污染的缩写），禁止船只倾倒任何塑料和废弃物到海里。截至2005年，已经有122个国家正式签署。有些研究显示，MARPOL确实在某些地区减少了海洋垃圾量以及海生动物、船只遭废弃渔网纠缠的事件，其中以阿拉斯加和加州海岸最为明显。然而，针对南冰洋、南大西洋和夏威夷群岛及其他地区的研究则显示，MARPOL并没有带来多大的改善。虽然MARPOL的附文规定，签署国必须提供岸上设施，以利船舶妥善处理垃圾，但许多发展中国家却无力做到这项要求；即使有船长和海运人员想要遵守规定，也是不可能的事。

看来，就如同许多环境保护的国际公约一样，MARPOL的执行远远落后于宣示的目标。根据奥加利塔号研究船的拖网成果显示，海洋垃圾中，有80%来自于陆地而非船舶。因此就算各国彻底执行MARPOL，船员对相关规定也严格遵守，因而神奇地减少了船只的垃圾倾倒量，但那也只能稍微减轻海洋的垃圾负担而已。绿色和平组织也估计，每年世界各地制造的一亿吨的塑料当中，有十分之一最后是丢弃在海里。而根据各种估算，在全球的塑料制品当中，包含了 5000 亿至一兆个塑料袋，而只要一个塑料袋就足以噎死一只饥饿的海龟。如果那十分之一的塑料垃圾全都是塑料袋的话，那么每年流入海里的数量，就足以杀死所有的海龟 1000 遍了。一个海运货柜大约可以装载 500 万个塑料袋，而就我所知，至少有两个这样的货柜掉落，遗失在海龟环流中，没有人知道那 1000 万个塑料袋的去向。海运业者引以为傲的是，每年约有一亿个货柜在海上运送，而他们已经把年度货柜遗失量从大约 10000 个降到了 2000 个。但我告诉他们，只要一个货柜落海，就足以酿成大灾难了。

查尔斯·莫尔船长，一位精力充沛，长期对抗海洋垃圾倾倒和塑料污染的战士，手上拿着从北太平洋东大垃圾带中拖出的“宝物”。

我在垃圾沙滩上进行抽样统计，推估大约有20000个用来捕捉盲鳗的塑料圆锥筒和20000支生蚝插植杆散布在近2000米长的垃圾沙滩上。盲鳗是原始的似鳗的深海鱼类，日本和韩国人都视之为佳肴。生蚝插植杆则是与铅笔等长的塑料管子，在养殖生蚝时专门用来隔离贝壳个体的。此外，我们还在抽样区找到半打来自日本的调查标杆——30厘米长的沉重塑料把手，有些还留着印记，或许能够提供我们关于它从何时、何地开始旅行，以及航行途径等宝贵资料。我们也找到了4个印有“Creap”的盖子，那是将英文“creamy powder”（奶精粉）合并后的单词，同样来自日本。其他还有数不清的塑料浮标和章鱼捕笼，以及30个玩具车轮。我必须承认，自己捡这些小轮子捡得很开心，因为它们让我想到海洋环流。

尽管这些发现证实了我们的推测，垃圾沙滩依旧让我震撼不已。我的茫然和惊骇，让我忘了要依照计划采集五彩塑料碎屑的样本。我希望能查明，这些塑料屑对于它们所漂浮的海水表面的反射能力会造成什么样的影响。我很担心，在这个暖化的地球上，这会是个严重的问题。

那天晚上，戴夫用喷枪点燃了煤球，然后在上头烤鲔鱼排。我们用啤酒搭配鲔鱼，隐身在亚热带的夜空下，忘记那些围绕在我们身边，暂时看不见的破坏。突然间刮起一阵风，大雨顷刻间落下。朗恩和诺妮展开一片帆布围栏，将风挡住，接着用更多的帆布遮住乌尼莫克的车斗，布置出一个干燥的通铺。

星期天早晨，狂风依旧呼啸。诺妮和我开始进行海滩拾荒，戴夫和朗恩则把乌尼莫克当做牵引机，将十个被丢弃的渔网拖离海浪可以席卷的范围，让它们无法再杀害海洋生物。此时，狂风大约每个小时都要刮过一次。

到了中午，原本计划中的净滩活动显然无法如期举行了，于是我们顺道沿着崎岖的卡乌海岸走走。这里是岛上仅存尚未开发的最长的海岸线，美国人曾经尝试开发这里，但却失败了——他们就是无法做得跟夏威夷人一样成功。从19世纪中期一直到20世纪末，船舶曾艰难地停靠在岩浆岩形成的粗糙码头边，等待装载从坡上运营点送来的牲畜和甘蔗。后来，岛上的最后一座甘蔗种植场在1996年关闭，如今牲畜也不再以船只运送了。其他的开发提案如度假村、监狱甚至是太空中心，都曾在这里浮现又沉没。

今日的卡密罗属于保护区，州政府将此地划为野生动物保育区和考古研究保存区，不再做畜牧的用途。当地的居民会跳下岩浆岩，去钓鱼、露营、享受海岸粗犷的美。濒临绝种的僧海豹，则会在卡密罗沿岸稀罕特有的海岸植物丛里，抚养幼小，海龟和海鸟也时常结伴在这里出现。

前往南岬角途中，朗恩和诺妮把车子停在路边，带我们看一个名叫“阿哇哇罗”（Awawaloa，意思是太咸）的小湾，约有 45 米宽、几百米长，两侧全是熔岩峭壁。巨浪狂怒着拍打岩壁，形成一个大旋涡，仿佛能击碎任何掉进去的东西或生物。我们仔细一看，有两只巨大的海龟在 3 米高的浪中摆动着身体，尽情享用在这高氧环境中茂盛滋长的海藻。但是，它们的处境很危险，因为不远的一旁，就有几个被丢弃的塑料渔网浮动着，即使是强而有力的海龟，只要不幸被卷入其中，就可能丧命。

净滩的人们在几个星期后回到卡密罗岬角，狂风已止。只不过，他们并没有清除那些五彩塑料细屑，以及其他塑料碎片。就让海浪再次将它们收回、让环流把它们磨得更碎吧，大海将会保存这份记忆，直到下个世纪。我沉思着，即使在原油用尽以后许久，我们所制造的塑料屑仍会继续环绕着大海漂流。这幅光景让我不禁汗毛直竖。垃圾沙滩是个闹鬼的地方，过往的塑料鬼魂以及未来的不祥之兆，都会在这里出没。

11 | 流毒

它吃了从未吃过的食物，

然后就转啊转的流动。

——《老水手之歌》

塑料是最大的伪造集团，它们专门模拟天地间的自然万物。我们甚至可以说，世界上第一批工业塑料，就是为了仿冒而诞生的。19 世纪中期，随着美国和欧洲人逐渐变得富有且更加注重身份地位，有两样设施成了彰显优渥生活不可或缺的配件。对男人而言，这东西是台球——只要是男士汇聚在一起的地方，从街角的酒馆、理发店，到百万富翁的豪宅，台球桌都会成为焦点。有人甚至还用驴子将这笨重的桌台运上山，到加拿大的育空和美国的克朗代克金矿区里。在男士磨炼球技的同时，女士、孩子和其他家庭成员则聚在客厅的钢琴旁，用手指头敲响象牙琴键。

台球与钢琴，在当时构成了维多利亚式的家庭娱乐中心，也碰巧拥有同样的特色——两者都使用同一种来自国外、昂贵并迅猛减少的资源来制造，那就是象牙。象牙可以为音乐家的手指提供恰到好处的按键，不仅软硬适中，甚至还能吸汗。也只有象牙，才有办法兼顾轻巧与弹性，还能在碰撞时发出那撞球玩家渴望的清脆的“喀”声。象牙曾经多到足以留在地上任其腐朽，然而撞球制造商和贪婪的消费者对象牙的渴求日益增加，终于严重伤害了非洲象群及当地居民。猎人与交易者一再扩大搜寻象牙的范围，导致每年有数十万头象遭到猎杀。1867 年，苏格兰探险家戴维 · 利文斯通（David Livingstone）估计“有 44000 只大大小小的象遭到猎杀，从它们身上劫掠的象牙，只为供应给英国”。

象牙价格腾贵，布伦瑞克公司（Brunswick）一颗无斑、特选的开仑球要价 7.5 美元，这是当时一名技工一周的薪水。忧心象牙短缺的撞球制造商也急欲寻找适当的象牙替代品。19 世纪 60 年代初，根据流传下来的片段记载描述，另一家主要的撞球制造商飞德（Phelan & Collender）提供了一万美元的奖金，希望有人可以找出低价的象牙替代品，于是一大批工匠奔回他们的工作室研究，最后是海厄特（John Wesley Hyatt）想出了办法。

海厄特是自学的万事通，原本是神学院的学生，后来从油漆匠变成了发明家。他采用一种叫做“硝化纤维素”的新材料来制作撞球。硝化纤维素是化学家于1846年偶然创造出来的，制作方式是将植物纤维以硝酸和硫酸加以处理。在海厄特之前，英国的发明家帕克斯（Alexander Parkes）就曾尝试把硝化纤维素与各种油类混合，希望能调制出可以塑形的塑料原料，然而成品不是会弯曲变形，就是容易起火燃烧。起初，海厄特是以压缩的木料加上虫胶作为球体，表面再涂覆一层硝化纤维溶液，结果发现涂层在干燥过程中会收缩、起泡，只好再另想他法。后来，海厄特试着避开各种油类与溶剂，改将硝化纤维素磨成粉，再加入有香气的樟脑晶体（萃取自亚洲的樟树，樟树是经常在太平洋出现的漂流木），然后将该混合物以高温、高压处理，结果成功做出了坚硬、透明的固体，而且可以塑造成任何他想要的形状。海厄特不仅从樟脑中发现了最早的工业塑化剂——可以使另一种材料软化且具可塑性的原料，同时也成为成功创造出热塑性塑料的第一人。

海厄特将自己发明的新东西命名为“赛璐珞”（celluloid，衍生自cellulose-like，意指类似纤维素），仿造就此展开。“赛璐珞”可以塑形，也可以染色，不仅可用来模仿象牙，还可以模仿贝壳、骨头、玻璃、木头、宝石、大理石、珍珠和布料，人们用它塑造出各式各样的东西，从梳子到雕刻花都有。尽管以赛璐珞制作的撞球直到20世纪60年代都还在市面上贩售，却从未大量流行过。反而是在假牙托制作上的应用，才让赛璐珞大受欢迎。后来，赛璐珞也广泛用于制作领子与袖口的内衬。19世纪80年代，一位姓伊斯门（George Eastman）的玻璃底片制造商想到要改用有弹性的、可多重曝光的赛璐珞胶片，从此将摄影从上流社会才能接触的工序复杂的艺术，转变为平价的大众化技术，同时也把神奇的影像复制魔法交到了大众手中。之后，赛璐珞胶片又促成了电影的诞生，并且间接引领了电视及后来所有数字媒体的发展。所有曾看过电影或拍过快照的人，都应该要感谢海厄特。

话题回到赛璐珞。在诞生之初，这种可塑性高的塑料就已经显露出它危险的一面。事实上，硝化纤维素及其衍生产品都有个令人担忧的特性——容易燃烧或爆炸。

海厄特所发明的表层涂有硝化纤维素的台球，有时候只要有支点燃的雪茄靠得太近，就会突然着火。或者，如海厄特形容的，当球撞在一起时，就会“像点燃雷管似的发生小爆炸”。有一位科罗拉多州的酒馆主人写信告诉海厄特，他并不在意这点小轰鸣，但让人困扰的是，“这会马上让在场的人都掏出枪来”。同样的，伊斯门利用赛璐珞研发出的软胶片，无论是放映电影时或保存在仓库，都是出了名的危险。当时的放映室里头，得到处铺满石棉，这情形一直到20世纪50年代，性质稳定的醋酸纤维胶片取代了硝酸纤维（赛璐珞）胶片才停止。

赛璐珞撞球的替代品其实出现得更早。1909年，比利时裔美国籍化学家贝克兰（Leo Baekeland）发明了电木，这是最早的可铸型的酚醛树脂，也是最早的真正的人工合成塑料，比赛璐珞更坚硬、耐用，且更不易燃烧。从此之后，随着塑料越来越多的取代天然材料，应用得越来越广泛，塑料工业的创新速度与产量也随之成倍增长。

可怕的是，塑料的模仿天赋早已超乎我们的控制范围。塑料在海洋里逐渐分解，随着体积越来越小，也同时诡异地变幻成各种生物，一开始可能是鳗鱼，然后是桡脚类动物，最后变成了浮游植物——全都是海中生物捕食的对象。塑料一旦进入海洋食物链，就会随着捕食关系层层往上移动，逐渐累积在更大、更长寿的动物身体里。这就好像用磨成粉的塑料来腌渍食物一样，掉进海里的塑料正通过食物链逐渐移入我们的身体中。

你很难怪罪海鸟和海龟怎会把塑料碎片或颗粒误当成食物，因为研究人员在海洋实验室里也曾把塑料豆误认为鱼卵。这些可怜的生物中，最倒霉的或许要属信天翁，因为它们会在滑翔时捞起任何在海面上闪闪发光的东西。1969年，科学家调查了100只陈尸在夏威夷群岛上的黑背信天翁的尸体，结果发现，平均每只信天翁的胃里就有8件无法消化的物品——其中约70%是浮石，30%是塑料碎片。经过30年之后，塑料变成了主要部分。2005年，自然摄影师李特舒瓦格（David Liittschwager）请我看过他的同事拍的一张照片，拍摄地点在夏威夷群岛北边的中途岛，照片内容是一只死掉的信天翁幼鸟胃里的东西。这只幼鸟吞下的垃圾碎片起码有 500 件，包括海豆、比克打火机、弹壳罩、玩具车轮以及日本的养殖生蚝插植杆（这种塑料管无论长短，都会在日本被冲刷上岸，但较长的塑料管更有可能横渡太平洋。因此我们推测，也许这只信天翁是在经过日本海域时吞食了短的生蚝插植杆）。

这堆垃圾碎屑中，大部分的物品已经分解到难以辨识的程度。但是其中一件诉说了一则不寻常的故事，同时也为海上的塑料漂流物平添了一笔完好无缺的纪录。这样东西是约 2 厘米长的塑料标签，上头印着“VP-101”的字样。《国家地理杂志》（National Geography）于 2005 年 10 月份的专题报道中登出这张照片后，一位读者写信告诉杂志社，第二次世界大战中，美国海军空中巡逻中队在太平洋执行任务时，番号就是“VP-101”。“在过去 60 多年来，这标签是否有可能一直漂浮在太平洋上呢？”杂志社的一位研究人员问我。

在这之前，我所能追溯到的漂浮最久的物品，是一颗来自 1955 年的玻璃球，以及上头印有 20 世纪 50 年代初期华纳卡通人物的橡皮球，这两样东西都在 2003 年被冲刷上岸。我联络了几位那个年代的老战士，其中有一位退休的

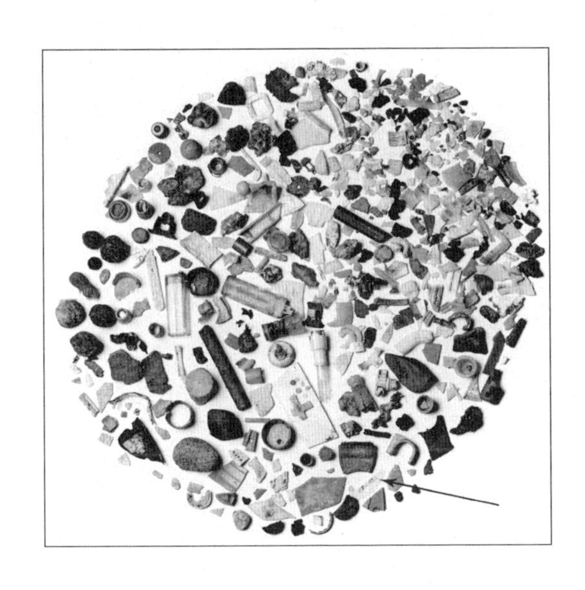

夏威夷群岛西北端的中途岛，发现了一只信天翁幼鸟的尸体，消化道中藏有超过 500 件漂浮残骸。图中右下角印着 VP-101 的塑料标签，追溯后发现是来自 1944 年坠海的海军巡逻轰炸机。

海军中校，他刚好在写 VP-101 中队的历史，于是我拼凑出最有可能发生的故事。VP-101 巡逻中队驾驶的是水陆两用的 PBY 巡逻轰炸机，执行任务的时间从 1940 年 12 月到 1943 或 1944 年。那个标签或许是用质地坚韧的电木制成的，不过不是用来装饰飞机，而更可能是用来标示飞机上的工具箱、导航镜或其他装置。我们可以确定，VP-101 巡逻中队在菲律宾、印尼和澳洲外海等 7 个地点都曾有军机坠海；那标签极有可能就是从菲律宾进入黑潮里，接着在海流的运送下，绕行过“海龟环流”9 次，最后遇上滑翔于海面的信天翁——它那锐利的眼睛看到了这片人类很难注意到的小东西。

塑料致命的模仿能力甚至细微到分子的程度。许多用于现代塑料原料中的化学物质都仿自荷尔蒙（尤其是雌激素），会干扰人类及其他生物的生殖与生理作用。尽管研究者和塑料化学工业的代表们仍在争论这些“内分泌干扰素”究竟有多少会实际影响健康，以及已确知会产生的影响是什么。但是，已经有越来越多证据显示问题的严重性，以及这些化学物质遍布世界各大海洋的情形。

我们通常将环境中的内分泌干扰素称为“环境荷尔蒙”，因为这些化学物质会与动物体内的雌二醇受体结合，雌二醇是动物体内天然的雌激素，可促进发情、乳汁分泌、生殖器官的发育以及其他女性性征的发展。在女性体内，当雌激素暴增，又无法以生殖作为代谢出口时，将可能引发各种癌症，而且，这样的影响甚至不只发生在直接摄取这些化学物质的一代人身上。20 世纪 50 ~ 70 年代，世界上最早的人造雌激素——己烯雌酚（diethylstilbestrol，DES），曾经广泛用于预防流产（也曾用来治疗乳癌、催肥牲畜及使用于荷尔蒙补充疗法上）。许多母亲服用过 DES 后，产下的女儿出现了生殖器官畸形或发育不全的现象，或者罹患各种癌症（包括一种罕见的阴道癌），服用 DES 的母亲所产下的儿子也无法幸免，许多人出现生殖器官畸形或病变，包括睾丸癌、隐睾症、阴茎发育不全、尿道受损等。DES 成为经临床证实，会通过胎盘传给受孕胎儿的首例致癌物。

大约在同一时期，另外两种化学物质也因为性质与雌激素相近而声名狼藉，即崛起于 20 世纪 40 年代的神奇杀虫剂 DDT 和化学性质超级稳定的多氯联苯

(PCB)。多氯联苯的用途非常多，包括电子用品的绝缘溶液、电线、油漆、填料、液压油、复写纸及许多生活用品。

20世纪六七十年代，科学家不断对DES、DDT、多氯联苯的危害发出警告。由于多氯联苯会导致多种毒害，包括贫血、肝癌及神经系统损坏，工业国家明令禁止多氯联苯的生产。然而，稳定、不易分解的多氯联苯仍持续从垃圾填埋场、工业区、海港沉积物中溶出，进入食物链，毒害一代又一代人。在皮吉特湾里，居食物链最高层级的捕食者——虎鲸，体内蓄积了大量多氯联苯，是目前所有测量过的脊椎动物当中累积毒物最多的。

DDT对生态环境的残害，则在于造成鸟类产下薄壳且注定永远不会孵化的鸟蛋，彻底毁灭了鸣鸟和猛禽族群。受此激发，雷切尔·卡森写下揭露真相的畅销书《寂静的春天》，继而又启发了现代环保运动，促使美国制订禁用DDT的法令（不过直到今日，许多疟疾盛行的国家仍在使用DDT）。此后，科学家又陆续发现其他杀虫剂和工业化学物——安杀番、甲氧DDT、飞布达、德克杀芬、地特灵、灵丹、草脱净以及金属镉，也都会与雌激素受体结合。此外，许多化学物质包括戴奥辛、铅、多氯联苯等，也会对内分泌系统的其他部分产生干扰，例如阻碍甲状腺分泌成长、新陈代谢、生殖所必需的荷尔蒙。

20世纪90年代，研究者陆续在美洲与欧洲发现野生动物性别扭转、生殖力丧失的现象。在高度污染的美国圣劳伦斯河流域，快速灭绝的白鲸体内几乎拥有完整的两性生殖器官，这是科学上第一次发现雌雄同体鲸鱼的实例。波罗的海与荷兰沿海也有类似的情况发生，那里的海豹出现异常升高的繁殖衰退率，而且攀升的幅度跟该地区多氯联苯的生产量几乎同步。此外，据调查，美加五大湖的水貂与英国的水獭，也因摄食鱼类，在体内囤积了过量的多氯联苯而导致灭绝。

另一个重要的案例，是生长于佛罗里达州，高度濒危的美洲豹出现免疫系统衰退、甲状腺功能失常及不孕比率增高，公豹则出现了精子数降低与隐睾的症状。几十年来，专家都将这些问题归咎于近亲繁殖，甚至还引进西部的美洲豹，希望可以丰富基因库，直到真正的原因浮现：佛州的“大沼泽”保护区经由河流接收了来自附近蔬菜农场、果园和甘蔗田溶出的杀虫剂。

毫无例外，人类当然也会受到波及。许多研究者纷纷指出，生育力降低、遗传性畸形案例增加，不仅止于 DES 的受害者而已。1992 年，一份备受瞩目却也颇具争议的丹麦研究报告指出，过去半个世纪以来，人类的平均精子数量下降了 50%；其他研究有的显示了类似的调查结果，有的则说是“略微下降”，也有的指出精子数量“毫无降低的迹象”。

唯一比较明确的是，调查的地点似乎对研究结果有很大的影响——不同地区的人类平均精子数量有极大的差异，即使在美国境内也是如此。一项经过重新分析的研究发现，在欧洲和北美，精子数量有显著的降低情形，然而在其他国家则没有这种情形发生。这份报告大致反映出大部分的工业化国家有更多机会暴露在人造化学物质的危害之中。

几十年来，塑料逐渐变得无所不在，然而其中大多数都未经过安全检验。毕竟，塑料是固态的、难以分解的、相对稳定的材质，不会像液态的多氯联苯一样容易从电容器中漏出，或像 DDT 般喷洒在整片大地上。尽管如此，还是有人预先发出了警报。1997 年，科普作家黛博拉 · 卡布里在她的著作《雌性化的自然》中提到，研发出 DES 的英国化学家查尔斯（Charles Dodds）早在 1936 年就明确指出，DES 并不是联苯类或含二苯基的为数众多的化学物质中唯一会与雌激素受体结合的。查尔斯所说的这一类环境荷尔蒙家族，除了多氯联苯之外，还有它的化学兄弟多溴联苯醚（PBDE）。PBDE 广泛应用于阻燃剂、塑料、电路板及人造纤维当中，约占电视外壳重量的 15%，装潢或家具垫衬物重量的 27%。PBDE 不仅像多氯联苯一样难以分解，而且还更容易经由空气与水进入环境中。自从研究者在母乳中发现 PBDE 的存在后，几个美国州政府和欧洲国家就禁止某些产品使用 PBDE。然而，许多使用 PBDE 的工厂强调，若不能使用 PBDE，就无法确保产品的安全性。

近年来，有另外两种常见的塑料添加物成为民众心目中的头号化学公敌。首先是同样含有二苯基的“双酚 A”，广泛用于环氧树脂、罐头内层、聚氯乙烯和聚碳酸酯塑料中，主要作用是使塑料更为坚固，包括犀牛牌运动水壶、塑料奶瓶和光碟片的制造，都会使用双酚 A。另一种是一群统称为“邻苯二甲酸酯类”

的化学物质，作用与双酚 A 相反，主要是使乙烯基塑料的产品富有弹性与可压缩性，在婴儿玩具、浴帘、食物容器、防漏填料、地板材料以及俗称“果冻胶”制成的情趣玩具中都可能使用。有些厂商甚至会建议，在使用情趣玩具时加用保险套，以避免与有毒物质接触。

20 世纪 80 年代初期，人们原本以为添加双酚 A 的塑料是稳定且无害的，直到斯坦福大学的研究人员有了不寻常的发现。他们原本是要观察单细胞的酵母菌是否也能够产生雌激素，实验证明确实如此。他们甚至还发现，酵母菌所产生的荷尔蒙似乎与人类的雌二醇相同。然而诡异的是，他们同时在没有酵母菌的培养皿中，发现有雌激素的反应，显示有其他物质与雌激素受体联结在一起。最后他们终于追查出原因：用来盛装消毒水的聚碳酸酯容器，溶出了双酚 A。

虽然目前尚未有双酚 A 对人体健康会产生什么影响的报告，不过，已在动物身上发现双酚 A 可能导致乳癌、前列腺肿大、提高前列腺癌的罹患率，以及睾固酮降低、母性行为减少、新生儿体重不足与其他先天性缺陷。

至于邻苯二甲酸酯类，虽然对塑料的作用与双酚 A 相反，但是化学性质在某方面却与双酚 A 相近——两者都与男性的隐睾症和生殖器异常有关联（可能同时伴随着肝脏损害和其他问题）。过去研究者多半将邻苯二甲酸酯类视为外源性雌激素的一种，直到更进一步的实验指出，它们其实是雄性素拮抗剂，在动物体内主要会压抑男性荷尔蒙的分泌，而不是模仿女性荷尔蒙的作用。此外，

正在形成“浮游生物”的五彩塑料碎屑，覆盖在夏威夷卡密罗岬角附近的海面。

邻苯二甲酸酯类分子可以像滚珠般零散地游移在塑料分子之间，这种滑溜的性质使其成为效果极佳的塑化剂。不幸的是，这也使得邻苯二甲酸酯类能够轻易地进入我们周遭的环境里。

邻苯二甲酸酯类与双酚A如今已充斥在我们的生活环境与身体里。不过，在海上的垃圾带当中，含有这两种化学物质的塑料有多少呢？令人苦恼的是，我们没有太多资料可供进一步探究。1999年，海上塑料研究船第一次在东北太平洋垃圾带巡航时，莫尔船长与队员网罗了浮游生物样本，并且统计了他们捞起的塑料物品的数量和寄生在上面的浮游生物，统计结果是塑料比浮游生物还多，比例是6：1。2007～2008年的冬天，莫尔等人又在同一地点重复进行相同的统计，据莫尔报告，初步的调查结果显示，自1999年起，“塑料对浮游生物的比例明显增长，悬殊最高的比例是49个塑料颗粒比1个浮游生物。”

莫尔后来将其中270个塑料颗粒寄到澳洲塔斯马尼亚岛的实验室进行化学分析。好消息是，其中有75%是聚乙烯，18%是聚丙烯，1.8%是聚苯乙烯——全都是性质相当稳定的塑料，尚未发现可溶出的内分泌干扰化学物质，其中只有一个颗粒是含有邻苯二甲酸酯类的聚氯乙烯（PVC）。

然而，这仅仅是从环流中的一个小区域采集到的少数样本而已。带有环境荷尔蒙或其他有毒物质的塑料制品的问题不只是出在原料而已。如莫尔所说，以及所有用塑料桶清洗过碗盘的人都会认同的，塑料简直是“专门吸附油性物质的海绵”。聚乙烯清洁布能够有效分离油和水，在原油外泄时，可用来把油吸起。而多氯联苯、DDT及其他许多会干扰内分泌的化合物都是油性的，因此，即使再稳定的塑料，也可能成为有害化学物质的载体。

2001年，有机化学家高田秀重（Hideshige Takada）与他在东京农工大学的同事证实了这项假设。他们从日本的4个海滩搜集了变黄、褪色的聚丙烯塑料豆，测量其中多氯联苯、DDE（DDT的分解产物），以及用于化妆品、清洁剂和其他产品的壬基苯酚的含量。结果发现，这些塑料豆中的有毒物质含量跟各个海滩的沉淀物及贻贝中测得的含量相关度较高。高田于是向日本政府提议，利用塑料粒以较经济的方式监测水体污染的程度。

高田的研究小组接着将全新的聚丙烯颗粒悬吊在高度污染的东京湾里，持续 6 天，定时测量上述三种污染物的吸附量。实验开始之前，研究小组在塑料颗粒上完全测量不到多氯联苯和 DDE，但在实验过程中，则呈现出“显著且稳定的增加”，而壬基苯酚的含量则一直维持不变。高田告诉《科学通讯》(Science News)，他认为塑料颗粒最终可能累积的毒素浓度，会比周围的水体高 100 万倍。

毫无疑问，石油外泄是许多人心中忧虑的终极海洋灾难。特别是在皮吉特湾，当我们望着延伸到威廉王子湾的海岸，很难不担心一旦“艾克森瓦迪兹号”在这狭隘的水域发生漏油，结果将会是多么可怕的生态浩劫。相对的，人们通常会认为垃圾对海洋造成的伤害很小，除了看起来很脏之外，没什么大不了的，除非那垃圾是会让动物窒息的袋子、气球或渔网。

当我告诉人们“事实上，在所有海洋污染源当中，石油的危害相对轻微”时，听到的人都十分震惊。无疑，石油外泄看起来很可怕，黑色的油污覆盖在海面、岸边以及无助的海鸟身上，会造成严重的短期伤害。不过，石油终究会消散与分解，成为微生物的食物。大量的石油外泄在太平洋及大西洋海域都曾经发生过，特别是第二次世界大战期间，太平洋东岸的某些沙滩甚至曾覆盖十几厘米深的石油，而如今早已不见任何残留。

然而，石油若是制成塑料，这些石化工业产物不但比石油更不易分解，我也担心它们比石油更加致命。当动物吃下塑料豆或塑料碎片，这些难以消化的人造物，便开始慢慢溶出各种毒素与内分泌干扰物。

通过大众媒体对“大垃圾带”的报道，这些化学物质的有害影响开始受到应有的关注。不过，塑料固然是新的海中恶棍，但仍不是我们倒进海里的污染物中最糟糕的——汞、铅、镉、砷，这些金属元素或类金属，不仅永远不会分解，而且只要极少的剂量，就足以造成破坏性极大的中毒、神经系统破坏以及高度的致癌风险。我们在工业生产过程中，如燃烧煤炭或纸浆加工，一再为海洋掺入有毒金属及有毒垃圾。在墨西哥湾，曾经发现可能来自钻油平台的含汞荧光灯管，遍撒在帕德里岛的沙滩上。我在那里发现的一支灯管，里面的磷光剂已经让海浪冲个干净，汞气也早已泄尽。海滩拾荒达人麦克劳则在俄勒冈州沿岸找到了一支接上电源还会亮的灯管。

许多电子产品，尤其是以阴极射线成像的电脑屏幕和电视机里，都含有铅、汞、镉及其他重金属。一具大型的显示器或显像管玻璃里头，可能含有 3.6 公斤重的铅。尽管许多国家对显示器与显像管的处置规定愈来愈严格，然而显示器多半跟其他废弃物一样，最后都进了垃圾填埋场，而新的显示器也会像其他进口货物一样，偶尔从海运船上落海流走。2000 年 1 月 28 日，7 个装有大约两千台 17 寸电脑屏幕的货柜在北太平洋海上倾覆落海，位置就在 1990 年耐克球鞋外泄的地点附近（其中一个货柜完好地搁浅在阿拉斯加东南部，一位幸运的海滩拾荒人将这一箱货物打捞了起来并卖了出去）。这批电脑屏幕的进口商是爱达荷州的美光科技公司，他们慷慨提供了货物的海运资料，让我们可以追踪这些有害货物的行经路线。从 2000 年仲夏至 2001 年间，我先是在华盛顿州的格雷兰发现了一台屏幕，接着又陆续接到来自俄勒冈州到加拿大不列颠哥伦比亚沿岸的 15 起相关通报。通报内容通常是发现“数台”屏幕，其中之一则是“许多”一起被冲上岸。

无论你认真地查看过多少漂浮残骸，都绝对不要以为自己已经看遍海洋可以吐出来的所有东西，因为海流永远会为你带来惊奇。在一年一度的“海岸海滩拾荒同乐会”上，我总是负责鉴定“垃圾争夺战”的战利品。这是个大地寻宝的活动，也是兼顾净滩和教给民众海上漂浮残骸与污染物知识的研讨会。在 2008 年的活动中，几名参加“垃圾争夺战”的战士捡了相当特别的东西回来：好几个热水瓶大小的铝罐，没有任何标签，表面被海浪洗得晶亮，上头还有个沉重的红色塑料盖。有些人将盖子转开，看到里面装有白色的粉状物，然后凑上鼻子闻闻看那是什么——直接嗅闻绝不是个好方法，幸好里头的粉末都已结成硬块，才没有人误吸进身体里。碰巧我隔壁就坐了一位害虫防治专家，我问他是否愿意协助检视这些铝罐，他面露恐惧地退缩了一下。

这些铝罐看似神秘，但我想起了《海滩拾荒快报》的一则消息，是说 2003 年在荷兰，曾有类似的铝罐搁浅事件。原来，铝罐里装的白色粉末是磷化铝，接触到水之后会产生有毒的磷化氢气体，是强效的杀虫剂和灭鼠药（因此制造商直截了当地将这项商品命名为“毒气”）。粮食供应商通常会利用这些药剂来熏要运往亚洲的小麦和玉米，方法可能是将两百个打开的铝罐放置在密闭的货舱内，让这些磷化氢气体将蟑螂和老鼠全部消灭。

事实上，在 2008 年以前，这一批铝罐就开始在华盛顿沿岸搁浅。当我们通过媒体发出警讯之后，海岸防卫队和海滩拾荒人纷纷传来更多的通报：在奥泽特附近发现到 20 个铝罐，在库伯利司发现了超过 50 个铝罐……华盛顿州政府的环境官员认为，这些铝罐很可能是从温哥华的船上落入海里的，因为美国的磷化铝经销商会将卖出的罐子回收再利用。

虽然这些杀虫漂浮炸弹令人恐惧，然而在领海之外将它们投进海里并没有犯法。相关的国际法规只禁止倾倒塑料和某些特定的污染物，而磷化铝不在禁止之列。尽管在法律上，我们难以向该责任人追讨公道，但我仍希望找到一些线索，就算是在罐底用铅笔潦草写上的日期也好。

这些有毒的罐子当然不是第一次在美国海岸出现。后来，有位海滩拾荒人告诉我，2000 年就曾发现过被冲上岸的铝罐。我想这次也不会是最后一次。

20 世纪 50 年代初到 60 年代，人们开始担心自己对海洋造成的影响，污染物接二连三引起大众的关注：从水俣症盛行时的汞、DDT、石油、多氯联苯，一直到今日的塑料垃圾和导致海洋酸化的二氧化碳。不过，重点并不在于我们该注视哪一种毒害，因为海洋会记得所有一切；我们必须防止所有的有害物质进入海里，知道污染物在海洋及周围环境中逐渐累积，对生物所造成的影响，并且尽力减少这些影响。或许，我们可以先从托运者和海运业者着手，请他们务必通报任何在海上遗失或丢弃的物品。按照现况，他们甚至没有义务要报告遗失的海运货柜中装了些什么。只有在一次遗失 8 个以上的货柜时，才需要报告，因为那会危及航运。

12 | 环流之歌

音乐在水上缓慢地绕在我身边。

深渊的规矩是否遭人破坏了?

塑料微粒搅和在浪涛里，肉眼根本看不出来，除非大海的表面像镜子般平滑，但北太平洋几乎不可能有平静的一天。很可能你飞到了垃圾带上空（如果你去过夏威夷，或许就飞越过），但完全不知道塑料微粒就隐藏其中。两年前气候学家诺顿（Jerry Norton）问我一个颇具争议的问题：在垃圾带中漂浮的垃圾，会不会改变光线的反射与再辐射，改变的程度大到让太空里的卫星能够侦测到？如果会，也许就有办法准确测量垃圾带的分布范围——至今还没有人能做到这件事。

如果漂浮的塑料当真会改变海面的反射率，这对于引起全球暖化的总吸热量与热反射总量又有何影响呢？有一种叫做“苔藓虫”海洋无脊椎动物，会像青苔似的生长在塑料上，使塑料变得像雪花一样白。假如这种漂白了的塑料像雪和冰一样，可以帮助反射光线，说不定也能减少地球的吸热率，稍稍减缓温室效应。

无论海洋环流聚集起来的垃圾能不能扭转温室效应，另一个效应是非常确定的：地球暖化势必将改变其中几个环流的流动状况。暖化对开阔海域上的8个环流会有哪些影响，这很难预测，但是对于其余3个冰封在北极圈的环流影响却颇为清楚，而且必定是剧烈的。

过去50年间，北极的大块浮冰融化了将近一半，剩下的一半极有可能在接下来半个世纪全部消融，让商船可以横渡北极。现在受冰阻挡的表层洋流，流速将会加快十几倍，从平均一天0.6海里增快到一天8海里。这样的结果将造成连锁反应，使目前冰封的3个北极环流的流速增快，急遽改变地球吟奏出的基本音乐——不只是节奏，还有和声。要理解这个可能发生的效应，就必须从一个不寻常的，以前未曾注意到的角度来认识环流。

海滩拾荒义工从各地寄来的漂浮物长征报告越来越多了，促使我开始整理这些资料，我按照 11 个环流来归纳上千个漂流物。根据这些资料，我算出了每个环流的平均环绕周期。（根据我的经验法则，只要样本数有 20 个左右，计算出来的平均值就可以相信了。）

我的平均环绕周期纪录表中，显示出一个惊奇的模式：环流的环绕周期彼此成两倍的关系。开阔海域中的 8 个环流，从环绕周期可看出各自的规模。

规模最小的维京环流（北大西洋亚北极环流），环绕一次大约是 1.7 年。另外 5 个大小相近的环流，即大西洋的哥伦布环流和航海家环流、北太平洋的阿留申环流、印度洋的马吉德环流、环绕南极的企鹅环流，平均周期都是 3.3 年。太平洋的两个巨大环流，即北边的海龟环流和南边的海尔达环流，环绕一次平均要花 6.5 年。位于北极圈的 3 个环流，因为有大块浮冰之故，流速缓慢，环绕周期是 13 年，历时最久。

接着，我又比较了一下小型环流、套流、锋面涡旋的短周期，结果也出现了两倍关系的模式。漂浮物需要花 10 个月才能环绕一次位于北太平洋东部的大垃圾带，这个周期正好是维京环流（最小的环流）的一半。要环绕大小仅次于海龟环流的 5 个环流中的垃圾带（最有名的垃圾带是哥伦布环流中的藻海），要花 5 个月的时间，其余依此类推，最后一个是墨西哥湾流衍生出的短暂锋面涡旋，它的周期是墨西哥湾套流涡旋的一半。

我试图找出相反的证据来推翻这个互成二倍关系的现象，但是加入的数据越多，却越能证实这种关系。后来我发现这种现象不只代表一种节奏模式，也代表了和声的模式。

拿一根管风琴管子、或一条小提琴弦、或一支木笛，然后你把管子切成一半、或是压住琴弦一半的位置，或在木笛的一半位置打个洞，这样就会让音高提高一个“八度”，八度是最基本也几乎是世界通用的音程。相隔八度的两个音，听起来“就像同一个音”，例如中音 do 跟高音 do。每提高八度发出的声波，振动频率是原来的两倍。

就连没有受过音乐训练的耳朵（即使是猴子的耳朵），也可以辨认出八度音。有些学者相信，八度音程已经内建在哺乳动物的大脑里。或许这现象在大自然中更加根深蒂固。11 大类的涡旋、套流、小型环流及环流，形成一组全球的乐器，具备 10 个八度的惊人音域。相较之下，最杰出的人类歌唱家的音域加起来也仅仅只有 4 ～ 5 个八度，而一架钢琴的音域是 7 个八度多一点。

人的耳朵可以听到 10 个八度范围内的声音：频率从每秒 20 次到每秒 2 万次。但是，这些八度音跟环流发出的声音非常不一样。环流旋转发出的音高比人耳可以听到的最低音还要低数 10 亿倍。如果可以加快录音机的速度，加速到把 17 个世纪压缩成 1 秒，就可以听见环流的声音了。所以，只有心灵和想象力听得见环流，我们的感官只能察觉洋流遗留在海滨的漂浮物。

随着地球暖化，环流奏出的音乐会变得如何呢？对八个开阔海域中的环流来说，可能的影响既复杂又难以预测。温度越高、空气和水的温差越大，所造成的强风越强，这个变化过程正在发生，我们已经看到，北大西洋和北太平洋都出现了更高的骇浪。更强的风代表更快的海流，这理应加快环流的流速——不过，这种效应并非全球各地都如此。冰川及北极浮冰的融化，正把大量的淡水灌进北半球的环流里，西伯利亚各河川水量的上升也将促使大量的水流涌入。

2005 年，英国国家海洋科学中心的布赖登（Harry Bryden）带领的研究团队，发现往南顺着加纳利洋流流入北大西洋亚热带环流（哥伦布环流）的海水逐渐增多。与此现象有关的是另一道洋流水量的骤减：把墨西哥湾暖流带来的温暖海水，往东北方送到欧洲和维京环流的那道洋流，从 1957 年至今，水量已减少了 30%，令人不禁担忧欧洲恐怕会再次出现冰川时期。

基于同样的原因，东北太平洋一带的夏季延长了，从 1900 年的 4.8 个月，变成 2000 年的 6.9 个月。换句话说，夏季从阿留申环流的东南角落，吹往美国西北沿岸地区的北风会吹得更久，使更多冷海水从阿留申环流逃脱，流进海龟环流，而让海龟环流的水温稍微下降。但是，比起从北极涌入海龟环流和哥伦布环流的淡水洪流，这效应还是次要的：涌入的淡水堆积在环流边缘将使环流的流速加快，环绕周期（即环流的记忆）也会越变越短。

不知道有没有“涡度守恒”这种定律——某地区的流速加快时，其他地区的流速会变慢，使全球系统维持恒定不变？布赖登已经发现，亚热带纬度地区的洋流正逐渐变慢。然而，随着冰帽融化，北极的洋流不再受阻，流速必定会急速加快，而冰帽融化之后，北极海暴露在强风之下，会进一步加快环流的流速。环流越流越快，就会把温暖海水以更快的速度运送到寒带纬度地区，让更多的冰融化，进一步暖化，形成一个反馈回路循环。

从冰冻中解放的 3 个北极环流，平均流速将会跟温带的环流一样，每天流 7 海里，不过，极区的风较强，因此这些环流的流速有可能更快，像南极洲的企鹅环流一样一天流 10 海里。此外，新的环绕周期也会大致与周长对应：梅尔维尔环流和史多科森环流的大小，与维京环流相近，环绕一圈的时间也将会从现在的 13 年，缩短为 1.7 年；横跨北极的北极熊环流将会加速，周期从 13 年变成 3.3 年，跟哥伦布环流一样快——现在主导北极洋流的 13 年周期将会完全消失。

如果这 11 个环流是一系列泛音的组成音，这个泛音列将会失去基础音，也就是支撑住其他各个音的最低音。地球的合唱团将会失去它的男低音，剩下男中音在低音部衬托住男高音、女低音和女高音。在人声合唱团中如果做了同样的删除动作，把最低的八度音从音域中剔除，唱出的音乐将会很滑稽。我们要怎么形容这种施加于大自然的暴力呢？环流奏出的音乐，预言了一个非常不同的未来，我们长久以来从这个环流旋转木马享受到的闲适之乐，将不复存在。

40 年前，巴恩斯曾教导我珍爱皮吉特湾的水域。之后，通过海洋科学的调查研究和实际操作，我的视野变得更宽广，从人博湾到胡安德富卡海峡、北太平洋、北大西洋，最后通过海滩拾荒人际网，接触到整个漂浮世界。了解得越广，我对水的形式、动态，以及水承载的宝藏，也有越来越深的热爱。

我们只会保护所爱，而且只爱我们所知道的。知识就是力量，而知识的力量可以让世界更美好。这个逻辑以某种形式鞭策和抚慰许许多多的科学家、自然学家、环保人士和老师努力了解真相，让世人看到大自然每天都遭受到破坏

作者坐在自家的前廊，坐的椅子是用漂浮在罗斯湖上的老杉木做成的，旁边摆着几个有纪念价值的漂浮物：日本渔网玻璃浮球、动画主角“Tommy Pickles”玩偶的头、耐克全能型运动鞋以及从货柜外泄到大海上的浴缸玩具。

和损耗，而且他们经常是在艰难的环境中奋斗，只求微薄的报酬。

虽说知识能够切入核心，但它也是一把双刃剑。我们吸收知识的能力，也同样使我们有能力去摧毁理应了解和珍惜的一切。我们已经拆开了“地球上的海洋”这只巨大的手表，开始解读里头精细的齿轮和弹簧的精密运作方式，不过，假如我们不控制自己的行为，一不小心就会毁了这些精巧的小零件。

海洋或地球的运转就跟钟表一样，靠的只有自制力。克制欲望，不要动不动就用新款塑料产品来填满自己的生活，而是去要求我们所必需的物品，以负责任的方式制造和销毁，如此一来，就不会让垃圾塞满海洋、毒害海洋生物。

遗憾的是，从发生过的先例看来，人类的集体自我控制能力颇令人失望。叫我们如何不悲观呢？如果只观注我的这一代以及其他成年人那一代。我们是一群在盲目乐观中长大且拥有无限消费欲望的人，而我无法不感到绝望。但是，当我看到迈向成年的孩子，那些将继承海上垃圾带和我们这些大人搞出来的所有烂账的孩子，我又重拾起希望。这些孩子正意识到（至少是隐约注意到），人类的轻率行为会带来可怕的后果，因此他们未来会强烈渴望解决之道。

耐克球鞋、小鸭及其他洗澡玩具，多少起了一些作用。在儿童杂志、童书、电视节目的大肆报道之后，我敢打赌，北美洲几乎每个青少年和其他地方成千上万的青少年，都知道了这些有趣漂浮物的故事，因此也知道了海洋环流的概念，以及规模遍及全球的垃圾带。在海滩拾荒同乐会上，青少年一个接一个地来告诉我，他们把球鞋或洗澡玩具当做学校科学报告的题目。

我们大人往往会盲目迷恋漂浮物中的珍品，把漂流物变成偶像玩具或吉祥物或收藏品，而忘了制造漂流物的过程。但是，那些本该会爱上可爱玩具小鸭的孩子，却有能力看透这一切。他们一再告诉我："天啊，鸭子博士，这些不就是垃圾吗？"

跟孩子说话的经验重新燃起了我的决心，要去解读大海的秘密，而这又带我回到了童年——回到那两只仿佛能预知未来的小鸭玩具"浮浮"和"漂漂"，以及父母教过我的许多事。我之所以发现这个漂浮世界，是当年母亲问起为什么那些球鞋会冲上西北海岸时，我听从了她的话去把原因找出来。

唯有真心聆听生命之母——这片伟大的海洋，倾听她用环流之音唱出的歌曲，我们才能继续生活在这个富有水资源的星球上。

附录 A 与海洋有关的谣传

这些年来，我听过的海上漂流物的故事数也数不清，而且千奇百怪。许多人相信了这些故事，把它们当作事实来写。我追查过每个故事背后的真相，拿来与我所知道的海洋现象做比对，然后依照一到十分的评分，评估每个故事为真的可能性："一分"代表百分之百是假的，"五分"代表有一半机会是真的，"十分"则是铁一般的事实。

这本书描述的都是我评价为"十分"的内容，例外的部分也都做了适当的注明。如果能做更进一步的研究，可能会提高其他传说的真实性，但就目前为止，经过我 20 年来的探究，以下是我对 6 个最广为人知且永久流传的海流传说的看法：

泰奥弗拉斯特斯的瓶子

这些年，我一直很喜爱索尔（Gardner Soule）的这本《挑战海洋的人》（*Men Who Dared the Sea*），书里描写道，亚里士多德的门徒泰奥弗拉斯特斯（Theophrastus）把许多瓶子投进直布罗陀海峡，然后观察是否有海流从大西洋流进地中海。索尔在许多地方都加上了注脚，却没有一个章节描写泰奥弗拉斯特斯。不过，我还是继续调查下去。这个实验极可能让泰奥弗拉斯特斯成为两千年来史上第一位在科学上应用漂流物的人，而这样的手法似乎很符合他一贯的研究方式。1911 年版的《大英百科全书》，也记载了同样的描述。为了证实这件事，我联络了一群罗格斯大学的学者，他们正在汇编泰奥弗拉斯特斯的著作全集。这群学者热心地帮我查阅，但无法证实泰奥弗拉斯特斯向海里丢过漂流物。因此，这个迷人的传说只获得"四分"。

皇家开瓶官

这故事一般是这么说的：1560 年，英国女王伊丽莎白一世，特别指派一名官员负责打开任何漂流到英国岸上的漂流瓶，这样万一是派驻欧陆的密探捎来的消息，她就能第一个知道。不过，其他人要是打开了漂流瓶，就处以死刑。我追查这个传说，最后查到雨果所写的一个故事中含有许多细节似乎相当有道理。我尽力寻找，却无法再更进一步证实，所以，我只能给这个传说“三分”。

幽灵船“屋大维号”

这则广为流传的故事描述，在1775年捕鲸船“先锋号”在格陵兰的东方外海因无风而停航，就在那时，一艘神秘的空船漂进他们的视线范围。由于那艘空船对信号灯没有做出回应，“先锋号”的船长于是派了一组人员前往登船搜查。靠近空船的时候，侦查员看到船身上褪色的字样“屋大维”。登船之后，他们在甲板下发现了船员，都已经冻僵了。冻住不动的船长坐在桌前，手上握着笔，桌上摊着航海日志，身旁是太太和小孩的尸体。侦查队员快速返回，只带走了船长的日志。最后一个纪录是13年前写的。“屋大维号”于1761年从英国启程前往东方，在第二年抵达，船长后来冒险走一条之前从没有人成功横渡的捷径：传说中的西北航道。他和他的船员是第一批航行这条航道的人——只不过，是在给北极冰洋冻死之后。继“先锋号”之后，就再也没有人看见过“屋大维号”。

从海洋科学的角度来看，这个故事不算离谱。假定“屋大维号”遇难后漂浮了13年，13年是史多科森环流绕行一圈的时间。我们可以想象，“屋大维号”可能只环绕了半圈，接着就由环绕北极海的大型北极熊环流接手，载到东边的格陵兰。除此之外没有其他解释，但是，这则故事听起来十分怪诞，严肃的权威人士认为它是虚构的，真实性很低。我给它“两分”。

幽灵救生带

轻巡洋舰“悉尼号”是澳洲最著名的军舰之一，1941年于一场战役中沉入西澳外海，船员全部罹难。研究南半球的漂流模式时，我遇到几位探勘过“悉尼号”船骸的海洋学家。他们提到一条据说漂到了法国的救生带，是史上记载最远的漂流之一。时间范围看起来很合理，于是我进一步探究。最后我追溯到一位法国海岸巡逻员普埃莱特（Henri Pouelet），就是他于1951年1月在圣吉尔斯维河畔（Saint Gilles-sur-Vie）发现了被冲上岸的救生带。普埃莱特的儿子相信这件事是真的，但是那条救生带已经不见踪影了。据我所知，法国政府从普埃莱特手上没收了救生带，而这就是我能找到的最后一个线索。我给这个传说“七分”，几乎是真的，但还是不够确定，因为第二次世界大战期间一定有许多救生带被冲到了岸上，我们没办法知道这一条是否就是来自“悉尼号”。

价值六百万美元的漂流瓶

广播和电视主持人经常会问：“瓶子里发现过最有价值的东西是什么？”如果我母亲从《环境年鉴》剪下的故事是真实的话，这问题的答案是十分肯定的。故事要由一夫多妻的缝纫机大亨辛格（Isaac Merritt singer）说起。辛格有五房子女，并设法隔离他们，直到1860年，其中两位情妇坐马车经过纽约市第五大道时，看见彼此，才戳破真相。辛格死后，留了一大笔财产给14个私生儿女。最小的女儿黛丝·亚历山大似乎遗传了父亲的怪癖。她在旧金山长大，嫁给英国贵族之后搬到了伦敦，在那儿她把数个漂流瓶丢进泰晤士河。1939年，她以81岁高龄去世时，没有人找得到她的遗嘱——这没什么好意外的，因为那份遗嘱正在北极海上漂流。

到了1949年，亚力山大的财产已经涨到了1200万美元。同年，已经破产的餐厅老板维尔姆（Jack Wurm）碰巧沿着旧金山湾散步，意外发现了一只装有纸条的瓶子。他打破瓶子，纸条上写着：“为避免制造困扰，我把所有的财产，留给发现这瓶子的幸运儿以及我的律师贝瑞·科恩，由这二人平分。黛丝·亚历山大，1937年6月20日。”这个漂流瓶漂流了12年、一万海里，沿着泰晤士河顺流而下，横渡北海，绕过斯堪的纳维亚半岛、俄罗斯和西伯利亚，穿过白令海峡与白令海，最后顺着太平洋沿岸往南流到了旧金山，抵达亚历山大成长的故乡。维尔姆出面索讨应得的一半财产，但是，因为亚历山大并没有公证她的遗书，胜家公司提出质疑。最后维尔姆赢了，据说拿到了六百万现金和胜家公司的股份。

我对这瓶子的漂流历程抱有极大的兴趣，它应该环绕过4个环流：两个位于北极的环流，以及太平洋的阿留申环流和海龟环流。更值得注意的是，我还发现了另外6个漂流物，流经过同一条一万海里的路线，我甚至还与其中一位发现者谈过。这些漂流物的漂流时间平均起来与亚历山大瓶子据说的 12 年长征相差不远。不管这故事传自何处，都包含了准确且非常稀有的漂流资料！但是，我却找不到任何媒体报道、法庭纪录，或其他可以证明这个官司的证据。基于其他 6 个我可以用文件证明的类似漂浮物，我给这个传说“五分”，真实的可能性只有一半。

“有志者，事竟成，”吉姆 · 英格拉哈姆特别提到。

潘伯恩之轮

1993 年某天晚上，我在华盛顿州的波斯伯（Poulsbo）演讲结束后，一位记忆力非凡的老绅士走上前来，说他记得 20 世纪 30 年代初“雷普利的全球大惊奇”[1]当中的一则漫画，而我可能会有兴趣知道。根据他记得的内容，飞行先锋潘伯恩（Clyde Pangborn）第一次以直达飞行方式飞越太平洋时，他抛弃了一个飞机轮胎，以减少阻力，这个轮胎后来从日本漂到了华盛顿州。这就是我仅有的线索。

要确认这个故事的真实性，我首先必须找到那则漫画，日期不明。花了好多天翻找图书馆的微缩胶片，我终于找到了我要的。漫画的内容就跟老绅士记得的一样，但是我仍然充满怀疑，因为漫画里并没有提供可辨识那个轮子的细节。要追查这个轮子并不容易，太平洋上一定有许多轮子随波漂流。我要怎么确定，华盛顿州海边发现的，正是潘伯恩丢弃的那个轮子？

1958 年潘伯恩去世之后，他的手迹收藏在华盛顿州立大学。我联络该校的档案管理员，希望可以查出那个轮子的下落。这么有历史价值的知名物品，一定会保存起来！果然不出所料，凡士通（Firestone）轮胎公司保存了那个轮子，而且凡士通正是当初制造它的公司。遗憾的是，凡士通公司随后卖给普利司通公司，而那个轮胎似乎在购并过程中给丢掉了。

我查到潘伯恩的哥儿们克利夫兰（Carl Cleveland），克利夫兰曾为潘伯恩

① “Ripley's Believe It Or Not!”，从1918年开始在《纽约环球报》上连载的漫画专栏，20世纪三四十年代又转型为广播节目和电视节目，介绍世界各地发生的奇人异事。

写过一本传记，而且碰巧就住在西雅图。克利夫兰仍留着潘伯恩的许多照片，而且随便我想拿哪一张都行。我挑了那些有拍到“淑女薇杜号”飞机细部的照片，拍照当时，飞机正在日本的淋代（Sabishiro）海滩上进行起飞前的检修。这些照片拍摄到拆装轮子的细部，其中一张还拍到了轮胎上的序号。

后来我得知，这个失而复得的轮子，还引发了一场官司，而法庭纪录就保留在西雅图。这些纪录包括了轮胎的序号，与照片中的序号相符。而雷普利漫画所描述的漂流历程，在时间和地点上，都与沿着相同航道漂流的许多漂流物不谋而合。这则传说确实值得相信：画雷普利漫画的人显然做了一番功课。就给这则极具信服力的传说“十分”的满分吧。

附录B 百万漂流讯息

关于漂流瓶的投掷地点与发现地点、有多少漂流瓶丢入大海、回收率，以及送回漂流瓶后得到的奖励。

过去一个半世纪以来，世界各地投入大海的漂流物成千上万，总计有999677个漂流瓶，后面的列表汇整了其中32个已知的资料。约31%的漂流瓶（305951个），是来自热心传教士的“福音炸弹”。这个列表并不包括卫星追踪的浮标，也不包括由日本学生和日、美、英、德各国海军所投掷的不计其数的信息。

这些漂流物依照回收率排列，先列出回收数目不详的，然后从回收率最低的排到最高的。

投掷地点 / 投掷者	回收率（投掷数目）	回收奖励	发现地点
Mrs.Gause 高斯女士	不详（500）	不详	普兰特市（佛罗里达州）
Walter E.Bindt 宾特	不详（801）	不详	旧金山
Ethel Tinkham 汀克汉	不详（3950）	不详	波特兰（俄勒冈州）
出版福音协会	不详（20500）	宣传小册	贝尔法斯特（爱尔兰）
Captain Walter Bindt 宾特船长	不详（上万）	宣传小册	世界各地
Nigel Wace 维司	1%（1400）	无	德雷克海峡（南极洲）
南非	1.6%（50000）	无	好望角
澳洲（John Bye 拜伊）	2.2%（91000）	不详	近澳洲的南冰洋海域
Kraig Voigt Rice 莱思	4%（92400）	《圣经》、衣服	从加州到菲律宾
施瓦茨洛斯（斯克里普斯海洋研究所）	4%（201034）	无	加州海岸

菲利普斯牧师	4%（40000）	心灵小手册	世界各地
帕帕海洋气象站（1956 ~ 1959）	5%（33869）	不详	东北太平洋
George Tinker 汀可	5.1%（1400）	无	俄勒冈州外海 60 海里处
艾伦・舒瓦兹	6%（233）	美元 $1（新钞）	太平洋彼岸
J.B.Matthews 马修 （蒲福海沿岸）	7%（2070）	不详	阿拉斯加北极海沿岸
默西赛特郡（Merseyside） 的传教瓶	8.5%（65000）	灵性的支持	世界各地
漂流木桶	9.4%（32）	无	北极海
Everett Bachelder 巴伽德	10%（60000）	灵性的支持	白令海
斑伯斯（坞兹荷海洋研究所） Seamen's Church Institute	10%（165566）	美元 $0.50	美国东海岸
水手教会机构	12%（5000）	绘画	北大西洋
奥勒冈州立大学	14%（21615）	无	俄勒冈州沿岸
墨西哥湾科学家	15%（85000）	少许	墨西哥湾、加勒比海
Boyd C.Baird 贝尔德法官	16%（68）	美元 $1 回邮	世界各地的大洋中央
Deborah Diemand 狄曼	18%（8600）	无	从加拿大纽芬兰一 拉布 拉乡省到欧洲
Louanne Peck 沛克	20%（30）	不详	北太平洋中部
Jewel T.Pierce 皮尔斯	20.3%（27800）	灵性的支持	库萨河（阿拉巴马州）
Avalon 两百周年纪念	24%（200）	硬币组	加州海岸
美国地质调查局	32%（2780）	不详	旧金山湾
长岛海峡	38%（154）	不详	长岛海峡
浮标	44.4%（不详）	奖徽	北墨西哥湾
北海漂流物	50%（不详）	不详	北海
普捷湾漂流卡	50%（17000）	无	普捷湾

附录 C 海洋环流

11 大海洋环流的平均环绕周期、规模大小以及环绕速率。

环流	环绕周期（年）	长宽（海里）	周长（海里）	环绕速率（海里 / 天）
北极熊环流（跨极环流）	13.0	500 × 2400	6000（冰覆地带：4800 开阔海域：1200）	0.6 ~ 7.0
梅尔维尔环流	14.1	200 × 1200	3000	0.6
史多科森环流（蒲福环流）	12.1	500 × 1000	2500	0.6
海龟环流	6.5	1600 × 5000	14000	5.9
海尔达环流	6.5	2200 × 5100	14750	6.2
企鹅环流（南极洲环流）	3.7	3600 × 3600	12000	8.9
马吉德环流	3.7	1200 × 3600	10000	7.4
航海家环流	3.0	2100 × 2400	9500	8.7
哥伦布环流	3.3	1200 × 3000	8000	6.6
阿留申环流	3.0	800 × 3500	6800	6.2
维京环流	1.7	1000 × 1200	4500	7.3

附录D 环流记忆

资料来自11件长期追踪、环绕过11大海洋环流中的六大环流的漂流物。

当环流绕行一个周期之后，仍留在环流内的漂流物占原来所有漂流物数量的比率，我们称为环流记忆。后面的表格中，我们依环流记忆的多寡，由少至多依次排列。举例来说，当1000只玩具小鸭进入阿留申环流，此环流的绕行周期为3年，表示鸭群每3年会绕过环流轨道一圈。而由不同的漂流物记录，我们估算出阿留申环流的环流记忆分别为0.40与0.44。将这两个数字加以平均，就可以推算，当鸭群绕过阿留申环流一圈后，约有420只小鸭会留在环流里；绕过阿留申环流两圈后，420只小鸭中的42%，也就是176只小鸭会留在环流里。如此循环下去，直到环流中一只小鸭都不剩。

冰封的北极海域中的环流，有较长的绕行周期，也似乎有较少的环流记忆——史多科森与梅尔维尔环流，每经过一次13年的循环，就会流失约90%的漂流物。不过，在北极海域之外，环流记忆的变化可能达两倍之多，如海龟环流的环流记忆，最少为0.34，最多的则是0.80；从表格中的10次估算结果来看（除了史多科森与梅尔维尔环流），10个环流记忆估算值的平均数为0.50。这代表，平均来说，北极海域以外的海洋环流，每次绕行结束之后，都有约一半的漂流物会留下来——这比例令人想到放射性物质的半衰期。

也就是说，在8个开阔海域中的环流，第一次绕行之后，会有约一半的漂流物留下来，第二次绕行之后则会留下四分之一，第三次绕行之后是八分之一，第十次绕行之后则留下千分之一……直到最后一件漂流物也离开环流，才算结束。

就目前搜集到的长期漂流物的漂流时间来看，我们所估算的每个环流记忆，平均有94%的变异性。这意味着，有百分之一的可能，在我们看来像环流记忆的，其实纯粹只是随机出现的结果。不过，目前纪录中的漂流物符合这模式的程度之高，让我们可以将这百分之一的可能排除在外。不可否认，不同的环流应该有不同的环流记忆，只可惜，我们尚未搜集到足够的长期漂流物资料，可以估算出环流记忆的差异性。

环流	记忆（绕行一周后残留的比率）	绕行十年后残留的比率	历史最久的漂流物所完成的绕行次数	漂流物类型	最久的漂流（年）	寻获的数量
梅尔维尔环流	0.11	0.18	1.5	漂流卡	20	36
海龟环流	0.34	0.19	4.5	漂流瓶	29	103
哥伦布环流	0.38	0.053	8.2	龙虾捕笼标签	27	119
阿留申环流	0.40	0.047	4.8	泡澡玩具	16	120
阿留申环流	0.44	0.065	5.2	瓶子	17	97
企鹅环流	0.41	0.14	4.9	卡片	18	199
海龟环流	0.48	0.32	6.5	陶罐	42	61
哥伦布环流	0.52	0.52	9.7	卡片	32	183
哥伦布环流	0.55	0.16	12.7	瓶子	42	152
海龟环流	0.61	0.47	4.6	用 OSCURS 追踪过的漂流物	30	1120（追踪30年）
海龟环流	0.80	0.71	8.6	玻璃浮球	56	数千万

附录E 海洋环流的和声

环流及其他绕行海流，依照音调（环绕周期长度）来归类，从最长排到最短。

八度音，音调	平均环绕周期	涡流类型：环流 / 环状流 / 涡旋
1）基础音	13.0 年	梅尔维尔环流、史多科森环流、北极熊环流
2）第二分音	6.5 年	海龟环流、海尔达环流
3）第四分音	3.3 年	哥伦布环流、航海家环流、马吉德环流、企鹅环流
4）第八分音	1.7 年	维京环流
5）第 16 分音	10 个月	东北太平洋大垃圾带
6）第 32 分音	5.0 个月	各种垃圾带，可能是固定的小环流
7）第 64 分音	2.5 个月	固定小环流，如阿拉斯加湾及其他小海湾
8）第 128 分音	1.3 个月	冰岛周围的小环流 （直径 400 海里，流速每天 36 海里）
9）第 256 分音	19.1 天	墨西哥湾流的大型环状 （直径 300 海里，流速每天 48 海里）
10）第 512 分音	9.6 天	短暂出现的大涡旋：墨西哥湾流环状流、套流涡旋
11）第 1024 分音	4.8 天	墨西哥湾流锋面涡旋

实例与影响
漂流时间最长。全球暖化和冰帽融化将使这个基础音消失。
未爆水雷、漂流弃船及漂流 50 年之久的漂浮物，循着北太平洋的海龟环流绕行。 探险家海尔达，则是乘木筏顺着南太平洋的亚热带环流航行。
哥伦布环流帮助哥伦布抵达美洲。
维京人循着维京环流的北半轨道，抵达了美洲。
表层洋流模拟程序（OSCURS）显示，该垃圾带可把漂浮物保存 30 多年。
藻海是最著名的例子。
在阿拉斯加湾海底，发现卡特麦火山喷发出来的浮石。
漂流的传家宝帮助维京人选择定居的家园。
藻海的环状流可循环达数年之久。
逃离古巴，奔向自由的漂流民，不幸遇上套流涡旋。
墨西哥湾流甩出的较小涡旋。

致谢

在这段漫长的旅程中，一路上协助过我们的人非常多。华盛顿大学的John Roy Beck和Eugene E. Collias，以及华盛顿州立渔业局的Ronald E. Westley，大力帮助我进行蛇鲨之猎。在美孚研发公司，Jack Hubbard将我纳入他的羽下，引领我走进近海钻油平台结构设计的世界；Cornelius W. Langley提供简练的数学模型，来描述石油在海上的扩散，刚好可以应用在蛇鲨研究上。

世界各地成千上万的海滩拾荒人订阅了《海滩拾荒快报》，并提供重要的漂浮物资讯，包括：英国康瓦耳郡的Nick Darke和Stella Turk、威克岛的Louis E. Hitchcock、百慕大的Judie Clee、美国德州的Cathy Yow、可可亚海滩的Margie Mitchell、凯奇坎市的Scott Walker、加拿大不列颠哥伦比亚的Janet Etzkorn、缅因州康登郡的Kay Gibson、奥林匹亚市的Doris Hannigen、华盛顿州福克斯镇的John Anderson、夏洛特女王群岛的Neil and Betty Carey、华盛顿州海岸市的Gene Woodwick、阿拉斯加荷马镇的Michael Armsttong、锡特卡镇的Dean Orbison、荷兰的Wim Kruiswijk、Irene Maas和Henk Noorlander、罗塔岛的Mark Michael、昔得兰群岛的Martin Huebeck、科罗纳德尔玛郊区港湾日校的Judy d'Albert，还有为漂浮物绘图的Carol Wickenhiser-Schaudt。

另外还要感谢50多个海滩拾荒同乐会的筹办单位：佛罗里达州可可亚海滩的“海豆研讨会”、华盛顿州海岸市的“海滩拾荒同乐会”、华盛顿州格雷兰镇的“漂流木展”，以及阿拉斯加锡特卡镇的“海滩拾荒同乐会”。

如果没有各方朋友的热情款待，我们的全球垃圾海滩考察就不可能成行：墨西哥探险——感谢Christopher Boykin和Marcia Bales；马塔哥达岛——感谢德州的Sam Barnett和Mike Barnett；拉奈岛探险——感谢Rick Rogers船长；为寻找在下加利福尼亚外海失踪的马尼拉大帆船的旧金山的Edward P. Von der Porten；驾驶“晨雾号”载我们到锡特卡镇附近海滩的Larry T.

Calvin 船长；“奥加利塔号”的 Charles Moore 船长，感谢他带我和吉姆到西北夏威夷群岛去采集塑料样本；当然还要感谢夏威夷大岛上的 Noni Sanford 和 Ron Sanford。

几位忠实的拥护者让《海滩拾荒快报》得以在世界上传播：总编辑 James R. White、图片编辑 David Byng Ingraham、网站站长 Kari Sauers、会计 Dave McCroskey、校对人员 Sally A.Mussetter、管理邮寄名单的 Jan White。还有协助我撰写科学文章的人：Jeffrey M. Cox、Carol Coomes、Brent Johnston、David W. Thomson、Timothy J. Crone，以及埃汉顾问公司的 Jonathan M. Helseth、德州 A&M 大学的 Glen N. Williams、西雅图的一位顾问 Charles D. Boatman，以及 NOAA 西雅图太平洋海洋环境实验室的 Glenn A. Cannon。

Ella Phillips 分享了亡夫乔治·菲利普斯牧师的书信与照片。Roy Overstreet 和 Debbie Payton 协助开启了海洋和大气管理局的历史存档，分别是北极漂流卡档案和追踪有害物质的漂流卡档案。南澳弗林德斯大学的 John A. T. Bye，提供了许多南半球漂流物的资料。堪培拉国立大学的 Nigel M. Wace，分享了远征过企鹅环流和海尔达环流的漂流物的资料。Carl M. Cleveland 提供了他的好友克莱德·潘伯恩的相关照片。《*The Shogun's Reluctant Ambassadors*》一书的作者 Katherine Plummer，跟我分享了她所知道的麦克唐纳和漂过太平洋的日本船故事。

许多媒体记者帮助我们把球鞋、洗澡玩具、乐高积木等冲上岸的漂浮物的消息，散播给社会大众知道。特别感谢西雅图的广播节目主持人兼制作人 Steve Scher 和 Katy Sewall，努力协助把信息传播出去。苏茜和 Maria Lucia Hansen 满怀着爱和智慧，协助我们走过每个阶段，从海滩拾荒，一直到润饰草稿。

最后还要特别感谢耐心十足的编辑 Elisabeth Dyssegaard，他从一开始就非常清楚这个写书企划案的方向，并且使每个阶段都渐入佳境；另外还要感谢不辞辛劳的经纪人 Elizabeth wales，她以她的专业，把漂浮世界呈现在书页上。

图片来源

第 4 页：Ebbesmeyer Family photo；第 6 页：Pi Kappa Tau photo；第 11 页：Curtis Ebbesmeyer PhD dissertation；第 13 页：Curtis Ebbesmeyer illustration；第 21 页：Barnes Family photo；第 25 页：Ebbesmeyer Family photo；第 28 页：Evans-Hamilton photo；第 35 页：Paul Ebbesmeyer illustration, published in the Journal of Physical Oceanography ,March 1986；第 39 页：Bruce R.Johnson photo；第 43 页：Paul Ebbesmeyer illustration；第 47 页：Naval Historical Center photo；G. W. Melville drawing；第 49 页：Nancy Hines photo；第 56 页：Nancy Hines photo；第 59 页：Jim White photo；第 64 页：Curtis Ebbesmeyer illustration,Jim Ingraham simulation,published in EOS August 25, 1992；第 69 页：Curtis Ebbesmeyer illustration, Jim Ingraham simulation；第 71 页：Dave Ingraham photo；第 84 页：Curtis Ebbesmeyer illustration；第 87 页：Dorothy Lang Orbison photo(left)Judith Selby-Lane photo(right)；第96页：Museum of Industry and History,Seattle；第 98 页：Jim Ingraham photo；第 104 页：Kell Ingraham photo；第 107 页：Cliff Barnes photo；第 119 页：Jim Ingraham illustrations；第 122 页：Museum of Industry and History, Seattle；第 124 页：Jim Anselmino photos；第 128 页：Chinook Observer photo；第 131 页：Dave Ingraham illustration；第 140 页：Dave Ingraham illustration；第 141 页：Dave Ingraham illustration；第 150 页：Leah Keshet photo；第 159 页：Dave Ingraham illustration；第 165 页：Dave Ingraham photo；第 169 页：Joel Paschal photo；第 175 页：Susan Middleton photo；第 179 页：Eric Scigliano photo；第 188 页：Dave Ingraham photo

名词解释

拾荒情报网：由世界各地成千上万的海滩拾荒人组成，通报有哪些漂流物冲刷上岸，他们的发现皆刊登在《海滩拾荒警报》（*Beachcomber Alert*）季刊里。

海滩拾荒人：搜集、收藏、研究或检视海滩上各种物品的人。

苔藓虫（bryozoan）：似青苔的海洋无脊椎动物，生长在塑料漂流物上，让塑料表面呈白色。

海洋运送带（conveyor belt）：地球上11个环流相互连接成的洋流系统，让各环流可以把漂流物交棒给下一个环流。

海水密度：一立方米的海水（差不多是盘腿而坐的两个人所占的体积），约有一吨重。

涡旋（eddy）：在海洋或其他水体回旋的水流，例如涡流。

欧拉法（Eulerian）：观测者位于空间中固定一点，当做参考坐标。

漂浮物学（flotesamology）：专门研究漂浮物的科学（此名词由作者埃贝斯迈尔的女儿温娣创于2003年7月8日）。

漂浮物度量学（flotsametrics）：针对漂浮物进行的量化研究（此名词由吉姆·英格拉哈姆创于2001年2月4日”。

海上垃圾带（garbage patch）：环流内的漂浮物聚集地带。大型的海上垃圾带，通常出现在海面上的高气压反气旋下方（此术语是作者在20世纪90年代提出来的）。

壮流（grand tour）：绵延不断的漂浮环球路线，漂浮物会从一道环流进入另一道环流，行经五大洋。

环流（gyre）：涵盖范围与大陆板块不相上下的封闭洋流流环路，漂浮物会随此漂流。环流的直径可相差8倍之多：北极海史多科森环流的主轨道范围宽约1000海里，而南太平洋海尔达环流的直径却有8000海里那么长。我们为11个最大的环流重新命名，一方面是为了让大家更容易记住，另一方面是更能反映各环流特有的特征与历史。

十一大环流：

海洋	本书所使用的名称	传统海洋学所使用的名称
北极海	史多科森环流（Storkerson Gyre）	蒲福环流（Beaufort Gyre）
北极海	梅尔维尔环流（Melville Gyre）	无
北极海	北极熊环流（Polar Bear Gyre）	无
北太平洋	海龟环流（Turtle Gyre）	北太平洋亚热带环流（North Pacific Subtropical Gyre）
北太平洋	阿留申环流（Aleut Gyre）	太平洋亚北极环流（Pacific Subarctic Gyre）
南太平洋	海尔达环流（Heyerdahl Gyre）	南太平洋亚热带环流（South Pacific Subtropical Gyre）

北大西洋	哥伦布环流 (Columbus Gyre)	北大西洋亚热带环流 (North Atlantic Subtropical Gyre)
北大西洋	维京环流 (Viking Cyre)	大西洋亚北极环流 (Atlantic Subarctic Gyre)
南大西洋	航海家环流 (Navigator Gyre)	南大西洋亚热带环流 (South Atlantic Subtropical Gyre)
南冰洋	企鹅环流 (Penguin Gyre)	南极洲环流 (Antarctic Circumpolar Gyre)
印度洋	马吉德环流 (Majid Gyre)	印度洋亚热带环流 (Indian Subtropical Gyre)

环流记忆 (gyre memory)：漂流物沿环流轨道绕行一周之后，仍留在环流内的比率。环流记忆的平均值约为0.5，这代表环流每绕行过一周，会保有50%的漂流物，其余的50%则会冲刷上岸，或进入另一个环流或是沉入海底。而在第二次绕行后，环流中所剩的漂流物是原来的四分之一，第三次绕行后剩下八分之一，如此不断循环，直到最后一件漂流物也离开环流为止。

哈德里环流圈 (Hadley cell)：热带地区主要的大气环流模式。近赤道处的空气受热后形成上升气流，靠近海面的气流则会流向赤道。上升气流在高空中冷却，同时受到下方不断涌升的暖空气推挤，于是分头流向南、北两极，直到北纬与南纬约30° 的位置开始沉降，如此持续不断的循环。

国际地球物理年 (International Geophysical Year, IGY)：从1957年7月1日至1958年12月31日的国际科学大会，议题涵盖11个地球科学的学门，包括海洋科学。

拉格朗日法 (Lagrangian)：（用来形容一个空间参考坐标）附着于流动物体上，与流体一起流动，而非处在固定的位置。

漂流瓶（message in a bottle）：把书信或文件装进瓶子里，任其漂流。（本书作者埃贝斯迈尔把它简称为MIB）

海里：距离单位，等于1.852千米或1.15英里。

塑料豆（nurdle）:塑料树脂圆粒（20 世纪 50 年代，由南加州救生员所创的词）。

轨道（orbit）：环流的外围周长。

绕行周期或环绕周期（轨道周期）：漂流物或水板随着环流绕行一周所需的时间，此周期反映出水流、风力及海浪的累积效应。

表层洋流模拟程序（OSCURS, Ocean Surface Current Simulator）：由吉姆·英格拉哈姆开发出来的电脑程序，可重现和预测洋流及漂流物的动向。

海豆（sea bean）：借着海漂到处繁殖的种子或果实，有好几百种，其中二十几种可以漂流许多年，横越整片海洋。

蛇鲨（snark）：作者埃贝斯迈尔在华盛顿州大博湾发现的水板。

追水者：利用漂流物以及海水的温度、盐度、溶氧量，来追踪水团或水板（大多是涡旋）的海洋学家。

水板（water slab）：温度、盐度、密度、溶氧量、颜色及气味周围海水有异的大量海水。

外源性雌激素（xenoestrogens）：外来物质，包含几种海洋污染物，会与人体的雌激素（尤其是雌二醇）受体结合，模仿荷尔蒙的行为，因此也可称为“环境荷尔蒙”。

延伸阅读

依主题归类，且加上注解。

骨灰

把大久保明的骨灰随风撒在迪亚布洛湖（Lake Diablo）的时候，我察觉到，骨灰当中有一些就跟最细小的黏土颗粒一样。史佛卓、强森及佛莱明合著的《海洋》，是海洋科学家的《圣经》，根据该书中的表—105，黏上颗粒约0.12微米大，沉淀速率是一天一厘米。假设环绕海龟环流的表层海水深达1000米，那么这些颗粒就会待在表层长达2740年，相当于海龟环流绕行500圈的时间。我不知道有没有人做过人类骨灰的颗粒大小分析。为了海葬，焚化时应该要尽可能产出最细的骨灰，以确保漂浮和沉淀时间愈久愈好。可参考Sverdrup，H.U.，Martin W.Johnson，and Richard H.Fleming，1942. *The Oceans:Their Physics，Chemistry，and GeneralBiology.* Englewood Cliffs，New Jersey:Prentice Hall.

亚速尔群岛垃圾带

萧特马分析了搜集在坞兹荷海洋研究所档案室的480个跨大西洋漂流瓶。Scheltema，Rudolf s.,1966. “Evidence for Transatlantic Transport of Gastropod Larvae Belonging to the Genus Cymatium.” *Deep-Sea Research* 13:83 ~ 95.

摩纳哥王子艾柏特一世，分析了从北大西洋寻获的227个漂流瓶。H.S.H. Albert，Prince of Monaco，1892. “A New Chart of the Currents of the North Atlantic.” *Scottish Geographical Magazine* (October 1892):528 ~ 531.

殖民地植物学家古比，仔细找出了珍贵的报告，记录许多漂流瓶的漂流史。Guppy，H. B.,1917.*Plants, Seeds, and Currents in the West Indies and Azores: The Results of Investigations Carried Out in Those Regions Between 1906 and 1914.* London:Williams and Norgate.

《圣经》

古德里克及科伦柏格两位,列举了 665 则引用自《圣经》的与水相关的描述,以及 355 则关于海的描述,分别放在他们合写的词语索引全集的 808 ~ 809 页 及 989 ~ 992 页。Goodrick, Edward W., and John R.Kohlenberger III, 1981.*The NIV Complete Concordance.* Regency Reference Library. Grand Rapids: Zondervan Publishing.

浮标

1871 ~ 1884 年间,用来标示浅滩和水道的 31 个浮标,从北美洲沿海水域挣脱,随着哥伦布环流四处漂浮。A. B. Johnson, 1884. "North Atlantic Currents." *Science* (October 31, 1884):415 ~ 418.

哥伦布

也请参考"亚速尔群岛垃圾带"及"航海家亨利"。

传记:由哥伦布的儿子费迪南执笔的 *The Life of the Admiral Christopher Columbus by his Son Ferdinand.* NewBrunswick, New Jersey: Rutgers University Press.

莫瑞森所写的哥伦布传,是近代极其重要的传记。Morison, Samuel Eliot,1942.*Admiral of the Ocean Sea, a life of Christopher Columbus.* Boston: Little, Brown.

哥伦布的天时地利:布鲁克博士是经验丰富的气象学家,与莫瑞森合作,照着哥伦布的航程重新走一次,并且重现了哥伦布遭遇两场暴风时的航线。Brooks, Charles E.,1941. "Two winter storms encountered by Columbus in 1493.near the Azores." *Bulletin of the American Meteorological Society* 22(October 8, 1941):303 ~ 309.

货柜外泄

耐克全能型运动鞋外泄，1990年。由于有我母亲对搁浅运动鞋的疑问，我对“汉撒船运号”货轮的查问，我传给研究所老同学吉姆·英格拉哈姆的传真，以及吉姆用表层洋流模拟程序进行盲测，预测出运动鞋搁浅的位置等，才造就了这篇论文。Ebbesmeyer，C. C.，and W. J. Ingraham，1992. “Shoe spill in the North Pacific.” *EOS, Transactions of the American Geophysical Union* 73(34)：361 ~ 365.

这篇放进教科书里的文章，选修初级海洋学的40%大学生都会读到。Ebbesmeyer，C. C.，1994. “Thegreat sneaker spill.” In *An Introduction to the World's Oceans* by A. C. Duxbury and A. B. Duxbury，227 ~ 228. Dubuque：Wm. C.Brown.

玩具外泄，1992年。第一个关于著名玩具外泄事件的报道，刊登在《夕卡守卫日报》上。Punderson，Eben，1993. “Solved：Mystery of the Wandering Bathtub Toys.” *Daily Sitka Sentinel,* September17，1993，Sitka Weekend.

一篇后续报道，请海滩拾荒人踊跃回函和寄上地图，写上他们在海滩上捡到的玩具。Will，S.，1994. “Scientists Trace Odyssey of Bathtub Toys.” *Daily Sitka Sentinel.* April 8，1994.

我们在EOS期刊发表的另一篇论文，分析玩具外泄。Ebbesmeyer，C. C.，and W. J. Ingraham，Jr.，1994. “Pacific Toy Spill Fuels Ocean Current Pathways Research.” *EOS, Transactions of the American Geophysical Union* 75(37)：425，427，430.

在这篇近期的论文里，我们同时探讨了4种漂流物（自然产生的、测定用的、电脑模拟的、意外发生的），这是我们首次针对环流轨道周期做的学术研究结果。Ebbesmeyer，C. C.，W. J. Ingraham，Jr.，T. C. Royer，and C. E. Grosch，2007. “Tub Toys Orbit the Pacific Subarctic Gyre.” *EOS, Transactions of the American Geophysical Union* 88(1)：1，4.

描写玩具外泄的童书。有几本书很受欢迎，显示这个事件引起了不少共鸣。

Bunting, Eve, with illustrations by David Wisniewski, 1997. *Ducky*. Boston: Clarion Books. Carle, Eric, 2005. *10 Little Rubber Ducks*. New York:HarperCollins. Burns, Loree Griffin, 2007. *Tracking Trash*. Boston: Houghton Mifflin.

大博湾（Dabob Bay）

荣恩·柯迈尔的水板研究，为我铺好了前面的研究之路。Kollmeyer, R. C., 1965. "Water Properties andCirculation in Dabob Bas; Autumn 1962." Master of Science thesis, University of Washington.

我自己的博士论文中有我追踪水板的经过。Ebbesmeyer, C. C., 1973. "Some Observations of Medium ScaleWater Parcels in a Fjord: Dabob Bay, Washington." Ph.D. thesis, University of Washington.

这篇论文后来发展成为一篇期刊论文。Ebbesmeyer, C. C., C. A. Barnes, and C. W. Langley, 1975. "Applicationof an Advective-Diffusive Equation to a Water Parcel Observed in a Fjord." *Estuarine and CoastalMarine Science* 3: 249 ~ 268.

漂流卡和玻璃瓶

花了一辈子追踪漂流物之后，我得到一个结论：必须有数十万个漂流物，才能解释大范围水体的动态。20 世纪 70 年代早期，附上回邮的塑料漂流卡，成了海洋科学上的标准工具，70 年代和 80 年代，有成千上万张漂流卡投到海里，有的在 20 多年之后仍在漂流，带回了许多宝贵的资料，揭露塑料在海上的命运及各环流的记忆。以下这份报告描述 50000 张在南非外海释出的漂流卡，揭露了马吉德环流、航海家环流及企鹅环流的绕行周期。Shannon, L. V., G. H. Stander, and J. A. Campbell, 1973. *Oceanic Circulation Deduced from Plastic Drift Cards*. Sea Fisheries Branch Investigation Report No. 108. Cape Town: Republic of South Africa Department of Industries.

超过 4 万个漂流物，让我得以观察到胡安德富卡海峡的涡旋对于漂浮物聚集地点的影响。Sauers, K. A., T Klinger, C. A. Coomes, and C. C. Ebbesmeyer, 2003. "Synthesis of 41,300 Drift Cards Released in Juan de Fuca Strait (1975 ~ 2002)." *2003 Georgia Basin Puget Sound Research Conference Proceedings* 1: 1 ~ 12. Olympia, Washington: Puget Sound Action Team.

从墨西哥湾投出的85000个漂流物，让我们可以观察到漂浮物会聚集在相同的沙滩上（佛罗里达州东岸的海滩，以及德州南部海龟产卵的海滩）。Lugo-Fernández, A., M. V. Morin, C. C. Ebbesmeyer, and C. F. Marshall, 2001. "Gulf of Mexico Historic (1955 ~ 1987) Surface Drifter Data Analysis." *Journal of Coasta 1 Research* 17(1): 1 ~ 16.

漂流物（一般）

吉姆·英格拉哈姆跟我为《北太平洋导航图》(*North Pacific Pilot Charts*) 写了一篇文章，谈漂浮在美国西北海域的各种物品。Ebbesmeyer, C. C., and W. J. Ingraham, Jr., 1994. "Some History of Objects Drifting on the Ocean." In *Atlas of Pilot Charts: North Pacific Ocean*, NVPUB108. Washington, D.C.: Defense Mapping Agency, U.S. Department of Defense and U.S. Department of Commerce.

这篇文章涵盖丰富的漂浮物资讯，包括漂流瓶、弃船，以及哥伦布使用过的线索。Krümmel, Ottovon, 1908." "Flaschenposten, treibende wracks und andere triftk rper in ihrer bedeutung für die enthullung dermeeresstr mungen." Meereskunde. Heft 7. Berlin: Institut für Meereskunde zu Berlin, Ernst Seigfried Mittler und Sohn.

这本科学选集中有几篇文章，探讨世界各地的塑料和自然垃圾。Coe, J. M., and D. B. Rogers, eds.,1996.*Marine Debris, Sources, Impacts, and Solutions.* Heidelberg and New York: Springer-Verlag.

概述海洋科学的许多面向。Schlee, S., 1973. *A History of Oceanography.* London: Robert Hale & Company.

漂流木

堆叠在沙滩上的漂流木来自世界各地。偶尔我会发现成功长征的漂流物，可证明木头确实可漂浮好几年，足以横渡任何一片海洋。史德龙与史寇门追踪过环绕海龟环流的漂流木。Strong, C. C., and R. G. Skolmen,1963. "Origin of Drift- Logs on the Beaches Of Hawaii." *Nature* 197(March 2, 1963): 890.

史密斯、鲁道和凯吉也追踪了绕行企鹅环流的漂流木。Smith, J. M. B., P. Rudall, and P. L. Keage, 1989. "Driftwood on Heard Island." *Polar Record* 25(154): 223 ~ 228.

南森探讨行经北极海的浮木。Nansen, F., 1911. *In Northern Mists*. Vol. 2. New York: Frederick A. Stokes Company.

雷恩戴克探究从育空河流到佛洛比西尔湾（Frobisher Bay）的漂流木。Laeyendecker, Dosia, 1993. "Wood and Charcoal Remains from Kodlunarn Island." In *Archeology of the Frobisher Expeditions*. Edited by W. W. Fitzhugh and J. S. Olin. Washington, D.C.: Smithsonian Institution Press, 164.

雷恩戴克参考了这篇分析报告。Eggertsson, O.,1991. "Driftwood in the Arctic, a Dendrochronological Study." In *Lundqua Reports*. Lund, Sweden: Department of Quaternary Geology, University of Lund.

浮岛

Van Duzer, Chet, 2004. *Floating Islands, a Global Bibliography*. Los Altos: Cantor Press.

垃圾带（garbage patch）

Ebbesmeyer, C. C., J. M. Cox, J. M. Helseth, L. R. Hinchey, and D. W Thomson, 1978. "Dynamics of Port Angeles Harbor and Approaches, Washington." U.S. Department of Commerce,

EPA-600/7-79 ~ 252, December 1979.

摩纳哥王子艾柏特一世，针对投入北大西洋的227个漂流瓶进行分析，而成为描述垃圾带的第一人，该垃圾带就位于哥伦布环流中、亚速尔群岛的高气压区底下。H.S.H. Albert, Prince of Monaco, 1892. “A New Chart of the Currents of the North Atlantic.” *Scottish Geographical Magazine* (October 1892): 528 ~ 531.

迪恩·斑伯斯沿着美国东海岸投掷大约15万个漂流瓶，其中有许多最后都漂到了亚速尔群岛的垃圾带。这份重要的论文，含有斑伯斯搜集的480个跨大西洋漂流瓶的分析，存档于坞兹荷海洋研究所。Scheltema, Rudolf S., 1966. “Evidence for Trans-Atlantic Transport of Gastropod Larvae Belonging to the Genus *Cymatium.*” *Deep-Sea Research* 13: 83 ~ 95.

请参考这份研究经典第460 ~ 462页的注解12：“亚速尔群岛的漂流瓶”。Guppy, H. B., 1917. *Plants, Seeds, and Currents in the West Indies and Azores: The Results of Investigations Carried out in those Regions Between 1906 and 1914.* London: Williams and Norgate.

玻璃浮球

伍德的著作，是学生及渔网玻璃浮球迷的《圣经》。Wood, Amos, 1967. *Beachcombing for Japanese Glass Floats.* Hillsboro, Oregon: Binford & Mort.

有两人接续了伍德的研究。其中一位是皮契，写了这本书和另外一本讲海滩拾荒的著作。Pich, Walter, 1997. *Beachcomber's Guide to the Northwest.* Ocean Shores, Washington: Walter C. Pich Publishing.

全球暖化和海洋循环

Bryden, Harry L., Hannah R. Longworth, and Stuart A. Cunningham, 2005. “Slowing of the Atlantic Meridional Overturning Circulation at 25Â°N.” *Nature* 438(December 1, 2005): 655 ~ 657.

葡萄牙王子“航海家亨利”（Prince Henry the Navigator，1394 ~ 1460）

虽然他不是探险家，却创立第一所海洋学校，推动了探险的思想。Guill, James H., 1980. “Vila do Infante(Prince-Town), the First School of Oceanography in the Modern Era：An Essay.” In *Oceanography of the Past：Proceedings of the Third International Congress on the History of Oceanography,* edited by M. Sears and D. Merriman. Woods Hole, Massachusetts：Woods Hole Oceanographic Institution，596 ~ 605.

漂浮人类遗骸

比尔·哈兰德和我，把我们的监识调查结果发表在两篇论文中。Ebbesmeyer，C. C., W. P. Haglund，1993. “Drift Trajectories of a Floating Human Body Simulated in a Hydraulic Model of Puget Sound.” *Journal of Forensic Sciences* 39 (1)：231 ~ 240.

Ebbesmeyer，C. C., and W. P. Haglund，2002. “Floating Remains on Pacific Northwest Waters.” In *Advances in ForensicTaphonomy：Method，Theory，and Archaeological Perspectives,* edited by W. P. Haglund and M. H. Sorg. Boca Raton：CRC Press,219 ~ 240.

人体的比重：一具尸体会不会漂浮，取决于许多因素，包括衣着、肺容量、气体分解，以及海水密度（反映出水温和盐度）。尽管这个问题具有明显的重要实用价值，但就我所知，目前只进行过一项研究，而且设定的条件范围狭窄有限。此研究预估，69% 的人体会漂浮在海水中。根据我自己的经验，如果有许多人针对更广的条件进行研究，将会发现有一半的尸体会下沉、一半会浮起。Donoghue，E. R., and S. C.Minnigerode，1977. “Human Body Buoyancy：A Study of 98 Men.” *Journal of Forensic Science* 22 (3)：573 ~ 579.

人类尸体在海水中的耐久度：这份研究描述残留千年的骨骼。Arnaud，G., S. Arnaud，A. Ascenzi，E. Bonucci，and G. Graziani，1978. “On the Problem of the Preservation of Human Bone in Sea-Water.” *Journal of*

Human Evolution 7:409 ~ 420.

正北海漂浮4个月之久的尸体。Giertsen, Johan Christopher, and Inge Morild, 1989. "Seafaring Bodies." *American Journal of Forensic Medicine and Pathology* 10 (1): 25 ~ 27.

在普捷湾残留了3年的人体。见第11个案例研究。Haglund, William D., 1993. "Disappearance of Soft Tissue and the Disarticulation of Human Remains from Aqueous Environments." *Journal of Forensic Sciences* 38 (4): 806 ~ 815.

冰山和冰屿

汤姆·巴丁格是巴恩斯的得意门生，博学多闻，在华盛顿大学同时注册就读法学院、医学院和海洋科学专业，校方不允许他这么做，所以他就选择了海洋科学；巴恩斯告诉我，汤姆还想当个太空人。汤姆在大英百科全书的这篇文章中，描述巴恩斯亲身经历的巨大冰山与第二次世界大战舰队的故事。Budinger, T. F., 1974. "Icebergs and Pack Ice." In *Encyclopedia Britannica*, 15th ed. Vol. XX, 154 ~ 161.

关于冰岛的概述，请见Jeffries, M. O., 1992. "Arctic Shelves and Ice Islands: Origin, Growth and Disintegration, Physical Characteristics, Structural-Stratigraphic Variability, and Dynamics." *Reviews of Geophysics* 30 (3): 245 ~ 267.

史多科森搭乘冰山成了头条新闻。"Five on an Ice Cake Test Polar Current." *New York Times*, February 26, 1919.

紧接着是同样充满戏剧性的"北极星号"远征。Blake, E. V., 1874. *Arctic Experiences. Containing Captain George E. Tyson's Wonderful Drift on the Ice Floe, a History of the Polaris Expedition, the Cruise of the Tigress, etc.* New York: Harper Brothers.

随后的许多探险，更进一步探究出北极冰山的动态Smith, E. H., 1931. *The Marion Expedition to Davis Strait and Baffin Bay, 1928, Scientific*

Results, Part 3: Arctic Ice, with Especial Reference to Its Distribution to the North Atlantic Ocean. CoastGuard Bulletin No. 19. Washington: U.S. Treasury Department.

冰岛

我第一次知道维京人使用过漂浮物，是从一位冰岛学生写的论文中得知的，幸运的是他寄给巴恩斯一份拷贝 Stefánsson, Unnsteinn, 1962. *North Icelandic Water (Atvinnudeild Haskolans–Fiskideild)*. Ph.D. dissertation, Department of Fisheries, University Research Institute, Reykjavik.

Palsson, H., and P. Edwards, trans., 1972. *The Book of Settlements (Landnamabok)*. Winnipeg: University of ManitobaIcelandic Studies.

Jones, G., trans., 1960. *Egil's Saga*. Syracuse, New York: Syracuse University Press.

日本漂流物

Plummet, Katherine, 1991. *The Shogun's Reluctant Ambassadors: Japanese Sea Drifters in the North Pacific*. 3rd ed., revised.Portland: Oregon Historical Society Press.

麦克唐纳（Ranald MacDonald）

Lewis, W. S., and N. Murakami, 1990. *Ranald MacDonald, the Narrative of his Life*, 1824～1894. Portland: Oregon Historical Society Press.

Roe, J. A., 1997. *Ranald MacDonald, Pacific Rim Adventurer*. Pullman, Washington: Washington State University Press.

莫锐（Matthew Fontaine Maury）

莫锐对《圣经》的海洋之路所保持的坚定信念，开创了海洋科学。他所汇整的惊人船舶报告，显示出另一种坚定。请参考他们的家族历史。Anne Fontaine Maury，1941. *Intimate Virginiana, a Century of Maury Travels by Land and Sea*. Richmond：Dietz Press，311 ~ 334.

Perry，M. E，1965. *Infernal Machines：The Story of Confederate Submarine and Mine Warfare*. Baton Rouge：Louisiana State University Press，3.

乔治·梅尔维尔（George W. Melville）

梅尔维尔以及其他人描述他在"珍妮特号"上恐怖的航海探险，此历程使他遭遇船难，被迫攀上大块浮冰，却也同时激发了他想在无人控制的北极浮冰上漂流的想法。Melville，G. W.，1897. "The Drift of the *Jeannette*." *Proceedings of the American Philosophical Society* 36：156.

Guttridge，L. F，1986. *Icebound：The Jeannette Exepedition's Quest for the North Pole*. Annapolis：Naval Institute Press.

梅尔维尔也说明了他的橄榄球形漂流木桶的设计。

Melville，G. W.，1898. "A Proposed System of Drift Casks to Determine the Direction of the Circumpolar Currents." *Bulletin of the Geographical Society of Philadelphia* 2 (3)：41 ~ 45.

想知道这些漂流木桶的搁浅地点，请参考Smith，E. H.，1931. "The Marion Expedition to Davis Strait and Baffin Bay, Scientific Results, Part 3：Arctic Ice，with Especial Reference to its Distribution to the North Atlantic Ocean." U.S.Coast Guard Bulletin 19：26 ~ 29.

漂流瓶

爱伦·坡的短篇小说《瓶中手稿》，是在1833年10月首次刊登在《*Baltimore Saturday Visitor*》上。爱伦·坡自己却表示第一次出版是在1831年。

关于早期的漂流瓶，我所参考的资料有三份，我认为这三份报告是由海军少将亚历山大·贝克汇整的。第一份报告附有一张表格，日期是在1843年2月1日。“Bottle Chart of the Atlantic Ocean by A. B. Becher, Commander Royal Navy.” In *Nautical Magazine and Naval Chronicle* 12, no. 2 (February 1843): 181 ~ 184.

第二份报告的日期是1852年11月，未曾正式公开。“The Bottle Chart of the Atlantic Ocean.” *Nautical Magazine and Naval Chronicle* 21 (11): 4D, 569 ~ 572.

第三份报告的日期是1852年12月，同样也未曾正式公开，附了一个记录“瓶签”的表格。*Nautical Magazine and Naval Chronicle* 21 (12): 671 ~ 672.

有系统的在沿岸进行的调查当中，规模最大的其中一项调查，涵盖了至少17年内投掷出的148000个漂流瓶，由加州的一群研究员共同完成。Crowe, F. J., and R. A. Schwartzlose, 1972. “Release and Recovery Records of Drift Bottles in the California Current Region, 1955 through 1971.” *California Cooperative Oceanic Fisheries Investigations, Atlas No. 16.* Data Collection and Processing Group, Marine Life Research Program. La Jolla, California: Scripps Institution of Oceanography.

水雷

Johnson, E. A., and D. A. Katcher, 1947. *Mines Against Japan.* Released for public distribution June 1973. White Oak, Maryland: Silver Spring: Naval Ordnance Laboratory.

Hartmann, G. K., and S. C. Truver, 1991. *Weapons That Wait: Mine Warfare in the U.S. Navy.* Annapolis: Naval Institute Press.

关于太平洋上35000枚漂流水雷的预测，在战争结束3年后出版了。Bristol, J. A., 1948. “Here Come the Jap Mines.” *Saturday Evening Post* 220 (March 20, 1948): 12.

1955 ~ 1956年，在夏威夷被冲上岸的水雷。Lott, A. S., 1959. *Most*

Dangerous Sea: A History of Mine Warfare, and an Account of U.S. Navy Mine Warfare Operations in World War II and Korea. Annapolis: U.S. Naval Institute, 264.

培瑞描写联邦水雷造成的沉船事件。Perry, M. F., 1965. *Infernal Machines: The Story of Confederate Submarine and Mine Warfare.* Baton Rouge: Louisiana State University Press, 199.

大久保明

我和大久保明的合作成果。Okubo, A., and C. C. Ebbesmeyer, 1976. "Determination of Vorticity, Divergence, and Deformation Rates from Analysis of Drogue Observations." *Deep-Sea Research* 23: 349 ~ 352.

Okubo, A., C. C. Ebbesmeyer, and J. M. Helseth, 1976. "Determination of Lagrangian Deformations from Analysis of Current Followers." *Journal of Physical Oceanography* 6, no. 4 (July 1976): 524 ~ 527.

接着，我们探究蚊子群聚的现象。 Okubo, A., C. Chiang, and C. C. Ebbesmeyer, 1977. "Acceleration Field of Individual Midges, *Anarete Pritchardi* Kim Within A Swarm." *Journal of Canadian Entomology* 109: 149 ~ 156.

研究蚊子群聚的工作，引领我们写了这篇论文，探讨冰山的迁徙现象。Ebbesmeyer, C. C., A. Okubo, and J. M. Helseth, 1980. "Description of Iceberg Probability Between Baffin Bay and the Grand Banks Using a Stochastic Model." *Deep-Sea Research* 27A: 975 ~ 986.

Okubo, A., C. C. Ebbesmeyer, and B. G. Sanderson, 1983. "Lagrangian Diffusion Equation and its Application to Oceanic Dispersion." *Journal of the Oceanographical Society of Japan* 39, no. 5 (October 1983): 259 ~ 266.

史崔蓝发现了漂流瓶，继而促成一篇论文的完成，这可能是第一篇因为泛舟者停下来小解而衍生的科学论文。Ebbesmeyer，C. C.，W. J. Ingraham，R. McKinnon，A. Okubo，R. Strickland，D. P. Wang，and P. Willing，1993. “Bottle Appeal for the Release of China’s Dissident Wei Jingsheng Drifts Across the Pacific.” *EOS, Transactions of the American Geophysical Union* 74 (16)：193 ~ 194.

奥西利斯（Oeris，冥府之神）

这本书在我父亲一生当中给过他许多启发，也引领我接触到奥西利斯的海洋科学神话。Pike，A.，1871.*Morals and Dogma of the Ancient and Accepted Scottish Rite of Freemasonry*. Reprinted 1930. Richmond，Virginia：L. H. Jenkins.

轮船“太平洋号”

我花了好几个月查阅太平洋西北地区各大报纸的微缩胶卷，试图寻找“SS太平洋号”的船骸被冲刷上岸的相关报道，接着把所有的目击位置标示在地图上，并且将各个搁浅事件标上日期。我在加州大学柏克莱分校的班克洛夫图书馆发现了一封信，由第一手的目击者所写，形容看见一条垃圾带一路延伸到胡安德富卡海峡。这份资料至今仍是风暴把垃圾从海岸扫进内陆水域的唯一档案。Ebbyesmeyer，C. C.，J. M. Cox，and B. L. Salem，1991. “1875 floatable wreckage driven inland through the Strait of Juan de Fuca.” Puget Sound Research’91 Proceedings 1:75 ~ 85. Olympia：Puget Sound Water Quality Authority.

潘伯恩（Clyde Pangborn）

在潘伯恩41小时横渡太平洋的飞行当中，所有发生的恐怖意外都似乎毫无生还希望。不过，我觉得最精采的部分是，在4300米的高空，潘伯恩爬到机翼支架上准备好敲掉降落用的机轮，先敲掉一边，接着再敲另一边。我找到潘伯恩的知友克卫夫兰所写的珍贵著作，并且访问了克利夫兰。Cleveland，Carl M.，

1978. *Upside-Down Pangborn, King of the Barnstormers.* Glendale, California：Aviation Book Company.

漂浮物度量学家的先锋

Gumprecht, T. E., 1854. *Zeitschrift fur allgemeine erdkunde,* vol. 3. Berlin：Reimer, Berlin.

这篇文章没有列出参考文献。Carruthers, J. N., 1956. "Bottle Post' and Other Drifts." *Journal of the Institute of Navigation* 9 (3)：261 ~ 281.

塑料的发明

钢琴销售量的激增，导致象牙的消费与资源枯竭，请参考 Ehrlich, Cyril, 1976. *The Piano：A History.* London：J. M.Dent&Sons, 128 ~ 131.

海厄特在获得美国化学工业学会之普金奖章（Perkins Medal）时，讲述了他如何制造出"假象牙"（赛璐珞），并提到爆炸的撞球和其他关于硝化纤维的问题。Hyatt, John Wesley, 1914. "Address of Acceptance." *Journal of Industrial and Engineering Chemistry 6,* no. 2 (February 1914)：158-61. In the same issue, see also remarks by Leo H.Baekeland, 90-91, and Charles F. Chandler, 156 ~ 158.

Meikle, Jeffrey L., 1995. *American Plastic：A Cultural History.* New Brunswick, New Jersey：Rutgers University Press.

塑料污染

塑料豆：Environmental Protection Agency, 1992. "Plastic Pellets in the Aquatic Environment, Sources and Recommendations." Final Report. EPA 842-B-92-010.

把塑料对荷尔蒙和生育的影响带到大众眼前的两本畅销书。Colborn, Theo, Dianne Dumanoski, and Jonathan Peters, 1996. *Our Stolen Future.* New York：Dutton .

Cadbury, Deborah, 1999. *Altering Eden: The Feminization of Nature.* New York: St. Martin' s Press.

也参见：Haeba, Maher H., Klára Hilscherová, Edita Mazurová, and Ludek Bláha, 2008. "Selected Endocrine Disrupting Compounds (Vinclozolin, Flutamide, Ketoconazole and Dicofol): Effects on Survival, Occurrence of Males, Growth, Molting and Reproduction of Daphnia Magna." *Environmental Science and Pollution Research International* 50, no. 3 (May 2008): 222 ~ 227.

Oregon Department of Human Services Environmental Toxicology: "About PBDE Flame Retardants." Fact sheet, undated.

Swan, S. H., E. P. Elkin, and L. Fenster, 1997. "Have Sperm Densities Declined? A Reanalysis of Global Trend Data." *Environmental Health Perspectives* 105 (11): 1228 ~ 1232.

有毒化学物质的吸附：Mato, Y., T. Isobe, H. Takada, H. Kanehiro, C. Ohtake, and T. Kaminuma, 2001. "Plastic Resin Pellets as a Transport Medium for Toxic Chemicals in the Marine Environment." *Environmental Science Technology* 35, no. 2 (January 15, 2001): 318 ~ 324. Raloff, Janet, 2001. "Plastic Debris Picks up Ocean Toxics." *Science News* 159, no. 5 (February 3, 2001): 79.

北太平洋大垃圾带：Moore, C. J., S. L. Moore, M. K. Leecaster, and S. B. Weisberg, 2001. "A Comparison of Plastic and Plankton in the North Pacific Central Gyre." *Marine Pollution Bulletin* 42: 1297 ~ 2300.

浮石（Pumice）

生命之起源：Ebbesmeyer, C. C., and W. J. Ingraham, Jr., 1999. "Pumice and Mines Afloat on the Sea." In "Tribute to Akira Okubo." *Oceanography* 12 (1): 17 ~ 21.

维京人：想了解1362年瓦特纳火山爆发所产生的浮石，请参考 Byock, Jesse L., 2001. *Viking Age Iceland.* London/New York: Penguin Books, 61 ~ 62.

喀拉喀托火山：最完整的记载，请参考Simkin and R. S. Fiske, 1983. *Krakatau 1883: The volcanic eruption and its effects.* Washington, D.C.: Smithsonian Institution Press.

甫力克和肯特只在印度洋上发现到1983年喀拉喀托火山爆发所产生的浮石，大西洋的海滩上则完全不见踪影。Frick, C., and L. E. Kent, 1984. "Drift pumice in the Indian and South Atlantic Oceans." *Transactions of the Geological Society of South Africa* 87 (1): 19 ~ 33.

跨太平洋：浮石横渡太平洋，从墨西哥到菲律宾。Richards, A. F., 1958. "Transpacific Distribution of Floating Pumice from Isla San Benedicto, Mexico." *Deep-Sea Research* 5: 29 ~ 35.

英属南桑威奇群岛：1962年南桑威奇群岛的火山爆发所产生的大量浮石，漂到了澳洲和新西兰。Wace, Nigel, 1991. "Garbage in the Oceans." *Bogong, Journal of the Canberra and Southeast Regional Environment Centre* 12, no. 1 (Autumn 1991): 15 ~ 18.

这份研究针对浮石的漂流，提供概论。Coombs, D. S., and C. A. Landis, 1966. "Pumice from the South Sandwich Eruption of March 1962 Reaches New Zealand." *Nature* 209 (5020): 289 ~ 290.

贾司和他的同事为5200平方千米的大量浮石，描绘出轮廓范围。Gass, I. G., P. G. Harris, and M. W. Holdgate, 1963. "Pumice Eruption in the Area of the South Sandwich Islands." *Geological Magazine* 100, no. 4 (July-August1963): 321 ~ 230.

裘基尔和考克司追踪来自喀拉喀托火山及南桑威奇群岛的浮石，绕行全球的远征。Jokiel, P. L., and E. F.Cox, 2003. "Drift Pumice at Christmas Island and Hawaii: Evidence of Oceanic Dispersal Patterns." *Marine Geology* 202:121 ~ 133.

海豆（sea bean）

“收豆家”有3本《圣经》，包括：

Gunn，C. R.，and J. V. Dennis，1976. *World Guide to Tropical Drift Seeds and Fruits.* Originally a Demeter Press Book from Times Books. Reprinted 1999，Malabar，Florida：Krieger Publishing.

Perry IV，E.，and J. V. Dennis，2003. *Sea-Beans from the Tropics.* Malabar：Krieger Publishing.

Nelson，E. C.，2000. *Sea Beans and Nickar Nuts.* Handbook No. 10. London：Botanical Society of the British Isles.

另外，也请参考Armstrong，Wayne P.,1990. “Seed voyagers.” *Pacific Discovery* (Summer 1990)：32 ~ 40.

这份通讯也不可忽略。Perry，Ed，ed. *The Drifting Seed.* Melbourne，Florida.

海玻璃

Lambert，C. S.，and P. Hanbery，2001. *Sea Glass Chronicles.* Rockport，Maine：Down East Books.

海岸线堆积物

我花了30年的时间，利用漂流卡研究普捷湾的水系。不久我就发现，峡湾的水流会把漂流卡送到某些海岸线去。这份早期研究中的环流，是由回旋潮水所形成的涡旋，跟在各大陆之间环绕的大型环流类似。Ebbesmeyer，C. C.，C. A. Coomes，J. M. Cox，and B. L. Salem，1991. “Eddy Induced Beaching of Floatable Materials in the Eastern Strait of Juan de Fuca.” In *Puget Sound Research ‘91 Proceedings.* Olympia：Puget Sound Water Quality Authority，86 ~ 98.

Sauers，K. A.，T. Klinger，C. A. Coomes，and C. C. Ebbesmeyer，2004. “Synthesis of 41,300 drift cards released in Juan de

Fuca Strait (1975 ~ 2002)." In T. W. Droscher and D. A. Fraser, eds., *Proceedings of the 2003 Georgia Basin/Puget Sound Research Conference*. Puget Sound Action Team, Olympia, Washington. Available at http://www.psat.wa.gov/Publications/03_proceedings/start.htm.

泰奥弗拉斯特斯（Theophrastus）

伦敦大学学院研究泰奥弗拉斯特斯的学者沙坡斯（R.W.Sharples），在1991年12月20日写给我的私人信件中，告诉我史丹莫兹对于亚里士多德的这位大弟子所做的断语："泰奥弗拉斯特斯是第一位研究流动现象的物理学家。"史丹莫兹所指的"流动"为何，还有待商榷，但很可能是指气流。Steinmetz, Peter, 1964. *Die Physik des Theophrastos von Eresos* (Palingenesia, I) p. 328. Bad Homburg: Max Gehlen.

漂流船和弃船

可惜，我们并没有全球的弃船统计资料。以下的这些研究，是在最为人所知的两个海域所做的。

北大西洋：李查生写的这篇文章，包含一份数据统计，记录了北大西洋最后航海时期的漂流弃船数量。特别留意第四部分，有关27000支树干遗失在此的描述。Richardson, P. L., 1985. "Drifting Derelicts in the North Atlantic 1883 ~ 1902." *Progress in Oceanography* 14: 463 ~ 483.

Richardson, P. L., 1985. "Derelicts and Drifters, Old Abandoned Sailing Ships and New Satellite-Tracked Buoys Tell Us Where Some Ocean Currents Come from and Where They're Going." *Natural History* 94 (6): 42 ~ 49.

北太平洋：这是一份针对日本船舶漂越北太平洋的重大调查。Brooks, C. W., 1875. "Japanese Wrecks Stranded and Picked Up Adrift in the North Pacific Ocean." *Proceedings of the California Academy of Sciences* 6: 50 ~ 66.

Davis, H., 1872. *Record of Japanese Vessels Driven Upon the North-West Coast of America and its Outlying Islands.* Worcester:American Antiquarian Society.

Meggers, Betty J., and Clifford Evans, 1966. "A Transpacific Contact in 3000 B.C." *Scientific American* 214 (1): 28 ~ 35.

Plummer, Katherine, 1991. *The Shogun's Reluctant Ambassadors, Japanese Sea Drifters in the North Pacific.* 3rd ed., rev.Portland: Oregon Historical Society Press.

水板（蛇鲨）

普捷湾：Ebbesmeyer, C. C., C. A. Barnes, and C. W. Langley, 1975. "Application of an Advective-Diffusive Equation to a Water Parcel Observed in a Fjord." *Estuarine and Coastal Marine Science* 3: 249 ~ 268.

北大西洋：我曾参与合著一本结集6篇论文的书，这是其中的一篇，描述"多边形中大洋动力学实验"的结果。其中两个结果描述，两个水板如何在两个月的海洋勘查中重现好几回。两个月的时间，对研究而言是延期，却是这些长寿水板的短暂片刻。我们研究了从北大西洋各处游来的10个蛇鲨，位置就在百慕大南边。Ebbesmeyer, C. C., B. A. Taft, J. C. McWilliams, C. Y. Shen, S. C. Riser, H. T. Rossby, P. E. Biscaye, and H. G. Östlund,1986. "Detection, Structure, and Origin of Extreme Anomalies in a Western Atlantic Oceanographic Section." *Journal of Physical Oceanography* 16, no. 3, (March 1986): 591 ~ 612.

墨西哥湾流:Glenn, S. M., and C. C. Ebbesmeyer, 1994. "Observations of Gulf Stream Frontal Eddies in the Vicinity of Cape Hatteras." *Journal of Geophysical Research* 99 (C3): 5047 ~ 5056.

Glenn, S. M., and C. C. Ebbesmeyer, 1994. "The structure and Propagation of a Gulf Stream Frontal Eddy Along the North Carolina

Shelf Break." *Journal of Geophysical Research* 99 (C3): 5029 ~ 5046.

捕鲸

Heizer, R. F, 1938. "Aconite Poison Whaling in Asia and America: An Aleutian Transfer to the New World." *Bulletin of the Bureau of American Ethnology* 133: 417 ~ 468.

Heizer, Robert F., 1938. "Aconite Arrow Poison in the Old and New World." *Journal of the Washington Academy of Sciences* 28 (8): 358 ~ 364.

平康赖的浮圆牌

McCullough, H. C., trans., 1988. *The Tale of the Heike.* Stanford, California: Stanford University Press.

中国国家地理·图书

CHINESE NATIONAL GEOGRAPHY

水下天堂 | 海 洋 | 最后的漂流 | 跟我去阿拉斯加

我们始终牵手旅行 | 只为这一刻 | 秘境不丹 | 微笑吧，缅甸

是非洲 | 自在台湾 | 不放过路上的风景 | 最好的时光在路上

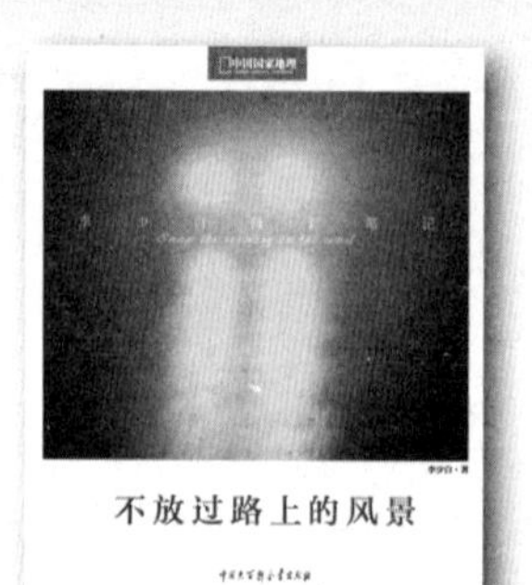